複合材料雷射增材製造技術及應用

李嘉寧,鞏水利　著

崧燁文化

智　慧　製　造

前言

　　先進複合材料的研究開發是多學科交叉融合的結果，雷射增材製造融合電腦輔助設計、高能束流加工及材料快速成形等技術，以數位化模型為基礎，透過軟體與數控系統將特製材料逐層堆積固化製造出實體產品。 雷射增材製造先進複合材料因具有優異的綜合性能而成為設計、製造高技術裝備所不可缺少的材料，主要應用於高性能艦船、航空航天、核工業、電子、能源等工業領域。

　　雷射增材製造先進複合材料的研發是發展高新技術的重要基礎，該類複合材料性能穩定性問題是工業生產中經常遇到的，有時會延緩甚至阻礙整個生產進展。 為適應現代化製造工業的發展需要，實現雷射增材製造材料局部組織與性能一體化精準調控，進一步改進雷射增材製造複合材料的品質已非常重要。

　　本書注重先進性、新穎性與實用性，對複合材料雷射增材製造技術的發展及應用進行介紹，全書共 7 章：第 1 章介紹雷射加工與增材製造技術的基本原理與發展情況；第 2 章介紹雷射增材製造工藝與裝備；第 3 章介紹複合材料雷射熔覆層局部－整體界面的結構、演變機理、結合機製及性能；第 4～6 章針對近年來廣受人們關注的先進材料，如金屬基/陶瓷複合材料、非晶－奈米化複合材料、金屬元素改性複合材料等的雷射製造問題進行介紹；第 7 章給出一些雷射增材複合材料的應用示例，用於指導相關理論研究及實際工業生產。 本書力求突出先進性、新穎性與實用性等特色，為解決複合材料雷射增材製造過程中的疑難問題及保證產品品質提供重要的技術資料和參考數據。

　　本書可供從事材料開發及雷射增材製造領域的相關工程技術人員使用，也可供大學相關科系師生閱讀參考。

　　本書由李嘉寧、鞏水利撰寫，在書稿寫作過程中戚文軍、馬群雙、田傑、單飛虎提供了幫助，在此表示感謝。

　　由於筆者水準有限，書中不足之處在所難免，敬請讀者批評指正。

著　者

目錄

83 第 3 章　複合材料雷射熔覆層局部-整體界面

114 第 4 章　雷射熔覆金屬基/陶瓷複合材料

169 第 5 章 雷射熔覆非晶-奈米化複合材料

207 第 6 章 金屬元素雷射改性複合材料

248 第 7 章　雷射熔覆及增材製造技術的應用

第1章

雷射加工與
增材製造技術

雷射（Laser）是英文 light amplification by stimulated emission of radiation 的縮寫，意為「透過受激輻射實現光的放大」。作為 20 世紀科學技術發展的重要標誌和現代資訊社會光電子技術的支柱之一，雷射技術及相關產業發展受到世界先進國家的高度重視。雷射加工是雷射應用最有發展前景的領域，特別是雷射焊接、雷射切割和雷射熔覆技術，近年來更是發展迅速，產生了巨大的經濟效益和社會效益。

1.1 雷射加工的原理與特點

雷射加工技術是利用雷射束與物質相互作用的特性對材料（包括金屬與非金屬）進行切割、焊接、表面處理、打孔、微加工等的技術。雷射加工作為先進製造技術已廣泛應用於汽車、電子、電器、航空、冶金、機械製造等工業領域，其優點是提高產品質量和勞動生產率、自動化、無污染、減少材料消耗等。

1.1.1 雷射加工原理

雷射加工是以聚焦的雷射束作為熱源轟擊工件，對金屬或非金屬工件進行熔化形成小孔、切口從而進行連接、熔覆等的加工方法。雷射加工實質上是雷射與非透明物質相互作用的過程，局部上是一個量子過程，整體上則表現為反射、吸收、加熱、熔化、氣化等現象。在不同功率密度的雷射束的照射下，材料表面區域發生各種不同的變化，包括表面溫度升高、熔化、氣化、形成小孔以及產生光致等離子體等。

當雷射功率密度小於 $10^4\,W/cm^2$ 數量級時，金屬吸收雷射能量只引起材料表層溫度的升高，但維持固相不變，主要用於零件的表面熱處理、相變硬化處理或釺焊等。

當雷射功率密度在 $10^4 \sim 10^6\,W/cm^2$ 數量級範圍時，產生熱傳導型加熱，材料表層將發生熔化，主要用於金屬的表面重熔、合金化、熔覆和熱傳導型焊接（如薄板高速焊及精密點焊等）。

當雷射功率密度達到 $10^6\,W/cm^2$ 數量級時，材料表面在雷射束輻射作用下，雷射熱源中心加熱溫度達到金屬沸點，形成等離子蒸氣而強烈氣化，在氣化膨脹壓力作用下，液態表面向下凹陷形成深熔小孔；與此同時，金屬蒸氣在雷射束的作用下電離產生光致等離子體。這一階段主要用於雷射深熔焊接、切割和打孔等[1]。

當雷射功率密度大於 $10^7\,\mathrm{W/cm^2}$ 數量級時，光致等離子體將逆著雷射束入射方向傳播，形成等離子體雲團，出現等離子體對雷射的屏蔽現象。這一階段一般只適用於採用脈衝雷射進行打孔、衝擊硬化等加工。

早期的雷射加工由於功率較小，大多用於打小孔和微型焊接；到 1970 年代，隨著大功率 CO_2 雷射器、高重複頻率釔鋁石榴石（YAG）雷射器的出現，以及對雷射加工機理和工藝的深入研究，雷射加工技術有了很大進展，使用範圍隨之擴大。數千瓦的雷射加工設備已用於各種材料的高速切割、深熔焊接和材料表面處理等方面；各種專用的雷射加工設備競相出現，並與光電追蹤、電腦數位控制、工業機器人等技術相結合，極大提高了雷射加工的自動化水準，擴大了使用範圍。

雷射加工設備可解釋成將電能、化學能、熱能、光能或核能等原始能源轉換成某些特定光頻（紫外光、可見光或紅外光）的電磁輻射束的一種設備。轉換形態在某些固態、液態或氣態介質中很容易進行。當這些介質以原子或分子形態被激發，便產生相位幾乎相同且近乎單一波長的光束——雷射。由於雷射具有同相位及單一波長，差異角非常小，在被高度聚集以提供焊接、切割和熔覆等功能前可傳送的距離相當長。

雷射加工設備由四大部分組成，分別是雷射器、光學系統、機械系統、控制及檢測系統。從雷射器輸出的高強度雷射束經過透鏡聚焦到工件上，其焦點處的功率密度高達 $10^6\sim10^{12}\,\mathrm{W/cm^2}$（溫度高達 10000℃ 以上），任何材料都會瞬時熔化、氣化。雷射加工就是利用這種光能熱效應對材料進行焊接、打孔和切割的。用於加工的雷射器主要是 YAG 固體雷射器和 CO_2 氣體雷射器。

1.1.2　雷射加工特點

世界上第一個雷射束於 1960 年利用閃光燈泡激發紅寶石晶粒所產生，因受限於晶體的熱容量，只能產生很短暫的脈衝光束且頻率很低。

1960 年代至 1970 年代，電子束、離子束（含等離子體）、雷射束開始進入工業領域、表面處理領域，引發了全世界科學家和工程師們的廣泛興趣，各國政府紛紛投入巨資進行開發性研究，從而推進了表面處理技術的突破性進展。1990 年代形成了新的系統表面工程技術，出現了表面工程學，極大地推動了各行各業科學技術的進步，繼而加速了表面工程技術本身的發展。

使用釹（Nd）為激發元素的釔鋁石榴石晶棒（Nd：YAG）可產生 $1\sim8\mathrm{kW}$ 的連續單一波長光束。YAG 雷射（波長為 $1.06\mu\mathrm{m}$）可透過柔

性光纖連接到雷射加工頭，設備布局靈活，適用焊接厚度 $0.5\sim6mm$；使用 CO_2 為激發元素的 CO_2 雷射（波長 $10.6\mu m$），輸出能量達 25kW，可對厚度 2mm 板單道全熔透焊接，工業界已廣泛用於金屬的加工。

自 1960 年代以來，人們以絕緣晶體或玻璃為工作物質製得了固體雷射器，又以氣體或金屬蒸氣作為工作物質製得氣體雷射器。因二極管的體積小、壽命長、效率高，人們製得了半導體二極管雷射器。

雷射加工技術與傳統加工技術相比具有很多優點，尤其適合新產品的開發。一旦產品圖紙形成即可立刻進行雷射加工，可在最短時間內得到新產品實物。

雷射加工主要特點如下。

① 光點小，能量集中，所加工材料的熱影響區相對較小；雷射束易於聚焦、導向，便於自動化控制。

② 不接觸加工工件，對工件無污染；不受電磁干擾，與電子束加工相比應用更方便。

③ 加工範圍廣泛，幾乎可對任何材料進行雕刻切割；可根據電腦輸出的圖樣進行高速雕刻和切割，且雷射切割速度與線切割速度相比要快很多。

④ 安全可靠，採用非接觸式加工，不會對材料造成機械擠壓或產生機械應力；精確細緻，加工精度可達 0.1mm；效果一致，保證同一批次的加工效果幾乎完全一致。

⑤ 切割縫細小，雷射切割的割縫寬度一般為 $0.1\sim0.2mm$；切割面光滑，雷射切割的切割面無毛刺；熱變形小，雷射加工的割縫細、速度快、能量集中，因此傳到被切割材料上的熱量小，引發材料的變形幅度也非常小。

⑥ 適合大件產品加工，大件產品的模具製造費用很高，雷射加工不需任何模具製造，而且雷射加工完全避免材料沖剪時所形成的塌邊，可以大幅度地降低企業生產成本，提高產品的等級。

⑦ 成本低廉，不受加工數量限製，對於小量加工服務，雷射加工更加便宜。

⑧ 節省材料，雷射加工採用電腦編程，可以把不同形狀的產品進行材料套裁，從而最大限度提高材料的利用率，大大降低材料的加工成本。

1.1.3 雷射加工工藝

從材料傳統加工方面來看，雷射加工工藝包括切割、焊接、表面處

理、熔覆、打孔（標）、劃線等。不同材料的加工方式對雷射製造系統的雷射功率和光束品質要求如圖 1.1 所示。

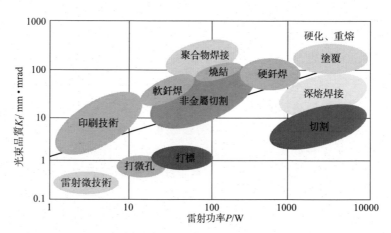

圖 1.1　不同材料的加工方式對雷射功率和光束品質的要求

（1）雷射焊接技術

　　雷射焊接是雷射加工技術應用的重要方面之一。雷射輻射加熱工件表面，表面熱量透過熱傳導向內部擴散，透過控制雷射脈衝的寬度、能量、功率密度和重複頻率等參數，使工件熔化，形成特定熔池。雷射技術因其獨特優點，已成功應用於微小型零件的焊接中。大功率 YAG 雷射器的出現，開闢了雷射焊接的新領域。以小孔效應為基礎的深熔焊，在機械、汽車、鋼鐵等領域獲得了日益廣泛的應用。雷射焊接可焊接難以接近的部位，施行非接觸遠距離焊接，具有很大的靈活性。雷射束易實現按時間與空間分光，能進行多光束同時加工，為更精密的焊接提供了條件。例如，雷射焊接可用於汽車車身厚薄板、汽車零件、鋰電池、心臟起搏器、密封繼電器等密封器件以及各種不允許焊接污染和變形的器件的焊接。

　　雷射焊接技術具有熔池淨化效應，能淨化焊縫金屬，適用於相同和不同金屬材料間的焊接。雷射焊接能量密度高，適用於高熔點、高反射率、高熱導率和物理特性相差很大的金屬材料焊接。

　　雷射焊接主要優點：速度快、熔深大、變形小，能在室溫或特殊條件下進行焊接。雷射透過電磁場，光束不會偏移；雷射在空氣及某種氣體環境中均能施焊，並能對玻璃或對光束透明的材料進行焊接[2]。雷射聚焦後，功率密度高，焊接深寬比可達 5∶1，最高可達 10∶1；可焊接

難熔材料如鈦、石英等，並能對異種材料施焊，效果良好，例如，將銅和鉭兩種性質不同的材料焊接在一起，合格率可達 100％；也可進行微型焊接，雷射束經聚焦後可獲得很小的光斑，能精確定位，可應用於大量自動化生產的微小型元件的組焊中，如集成電路引線、鐘錶遊絲、顯像管電子槍組裝等，由於採用了雷射焊，生產效率高，熱影響區小，焊點無污染，極大地提高了焊接品質。

（2）雷射切割技術

雷射切割是應用雷射聚焦後產生的高功率密度能量來實現的。在電腦的控制下，透過脈衝使雷射器放電，輸出受控的重複高頻率的脈衝雷射，形成一定頻率、一定脈寬的雷射束。該脈衝雷射束經過光路傳導、反射並透過聚焦透鏡組聚焦在加工物體的表面上，形成一個個細微的、高能量密度光斑，焦點位於待加工區域附近，以求瞬間高溫熔化或氣化被加工材料。

高能量的雷射脈衝瞬間就能在物體表面濺射出一個細小的孔。在電腦控制下，雷射加工噴頭與被加工材料按預先繪好的圖形進行連續相對運動，加工成想要的形狀。切割時一股與光束同軸的氣流由切割噴頭噴出，將熔化或氣化的材料由切口底部吹除。與傳統的板材加工方法相比，雷射切割具有切割品質好（切口寬度窄、熱影響區小、切口光潔）、切割速度快、高的柔性（可切割任意形狀）、廣泛的材料適應性等優點。

雷射切割技術廣泛應用於金屬和非金屬材料的加工中，可極大減少加工時間，降低加工成本，提高工件品質。現代的雷射切割技術成了人們理想的「削鐵如泥」的寶劍。以早期的 CO_2 雷射切割機為例，整個切割裝置由控制系統、運動系統、光學系統、水冷系統、氣保護系統等組成，採用先進的數控模式實現多軸聯動以及雷射不受速度影響的等能量切割；採用性能優越的伺服電機和傳動導向結構可實現高速狀態下良好的加工精度。

雷射切割可應用於金屬零件和特殊材料，如圓形鋸片、彈簧墊片、電子機件用銅板、金屬網板、鋼管、電木板、鋁合金薄板、石英玻璃、矽橡膠、氧化鋁陶瓷片、鈦合金等。使用的雷射器有 YAG 雷射器和 CO_2 雷射器。脈衝雷射適用於金屬材料，連續雷射適用於非金屬材料，後者是雷射切割技術的重要應用領域。

（3）雷射熔覆技術

雷射熔覆技術指以不同添料方式在基體表面上經雷射輻射使之與基材表面層同時熔化，並快速凝固後形成稀釋度極低、與基體成冶金結合

的雷射熔覆層，從而改善基層表面的耐磨、耐蝕、耐熱、抗氧化性及電氣特性的工藝方法。雷射增材再製造技術即以雷射熔覆技術為基礎，對服役失效零件及誤加工零件進行幾何形狀及力學性能恢復的技術。

利用雷射束的高功率密度，添加特定成分的自熔合金粉（如鎳基、鈷基和鐵基合金等），在基材表面形成一層很薄的熔覆層，使它們以熔融狀態均勻地鋪展在零件表層並達到預定厚度，與微熔的基體形成良好的冶金結合，並且相互間只有很小的稀釋度，在隨後的快速凝固過程中，在零件表面形成與基材完全不同的、具有特殊性能的功能熔覆材料層。雷射熔覆技術可完全改變材料表面性能，使價廉材料表面獲得極高的耐磨、耐蝕、耐高溫等性能[3]。

雷射熔覆技術可實現表面改性、修復或產品再製造的目的，可修復材料表面的孔洞和裂紋，恢復已磨損零件的幾何尺寸和性能，滿足材料表面對特定性能的要求，節約大量的貴重元素。與堆焊、噴塗、電鍍和氣相沉積相比，雷射熔覆技術具有稀釋率小、組織緻密、所製備塗層與基體結合好等特點，在航空航天、模具及機電行業應用廣泛。當前，雷射熔覆使用的雷射器以大功率 YAG 雷射器及光纖雷射器為主。

（4）雷射熱處理（雷射相變硬化、雷射淬火、雷射退火）

雷射熱處理是指利用高功率密度的雷射束加熱金屬工件表面，達到表面改性（即提高工件表面硬度、耐磨性和抗腐蝕性等）的目的。雷射束可根據要求進行局部選擇性硬化處理，工件應力和變形小。這項技術在汽車工業中應用廣泛，如缸套、曲軸、活塞環、換向器、齒輪等零部件的雷射熱處理，同時在航空航天、機床和機械行業也應用廣泛。中國的雷射熱處理應用遠比國外廣泛得多，目前使用的雷射器以 YAG 雷射器及光纖雷射器為主。

雷射熱處理可以對金屬表面實現相變硬化（或稱表面淬火、表面非晶化、表面重熔淬火）、表面合金化等表面改性處理，產生表面淬火達不到的表面成分和組織性能。雷射相變硬化是雷射熱處理中研究最早、最多、應用最廣的工藝，適用於大多數材料和不同形狀零件的各部位，可有效提高零件的耐磨性和疲勞強度。經雷射熱處理後，鑄鐵表面硬度可以達到 60HRC，中碳及高碳鋼表面硬度可達 70HRC。

雷射退火技術是半導體加工的一種工藝，效果比常規熱處理退火好得多。雷射退火後，製件雜質替位率可達 98%～99%，可使多晶矽電阻率降低 40%～50%，極大提高集成電路的集成度，使電路元件間間隔減小到 0.5μm。

(5) 雷射快速成形技術

雷射快速成形技術集成了雷射技術、CAD/CAM 技術和材料技術的最新成果，根據零件的 CAD 模型，用雷射束將材料逐層固化，精確堆積成樣件，不需要模具和刀具即可快速精確地製造出形狀複雜的零件。該技術已在航空航天、電子、汽車等工業領域得到廣泛應用。目前使用的雷射器多以 YAG 雷射器、CO_2 雷射器為主。

(6) 雷射打孔技術

雷射打孔技術具有精度高、通用性強、效率高、成本低和綜合技術經濟效益顯著等優點，已成為現代製造領域的關鍵技術之一。在雷射出現之前，只能用硬度較大的物質在硬度較小的物質上打孔，但要在硬度最大的金剛石上打孔就極其困難。雷射出現後，這一類的操作既快又安全。但是雷射鑽出的孔是圓錐形的，而不是機械鑽孔的圓柱形，這在有些地方是不方便的。

雷射打孔技術主要應用於航空航天、汽車製造、電子儀表、化工等行業。雷射打孔的迅速發展主要體現在打孔用 YAG 雷射器的輸出功率已由 400W 提高為 800～1000W，打孔峰值功率高達 30～50kW，打孔用的脈衝寬度越來越窄，重複頻率越來越高。雷射器輸出參數的提高改善了打孔品質，提高了打孔速度，也擴大了雷射打孔的應用範圍。中國比較成熟的雷射打孔應用是在人造金剛石和天然金剛石拉絲模的生產及鐘錶、儀表的寶石軸承、飛機葉片、印刷線路板等的生產中。

(7) 雷射打標技術

雷射打標技術是利用高能量密度的雷射束對工件進行局部照射，使表層材料氣化或發生顏色變化的化學反應，從而留下永久性標記的加工方法。該技術可以打出各種文字、符號和圖案等，字符大小可以從奈米到微米量級，這對產品防偽有非常特殊的意義。聚焦後極細的雷射束如同刀具，可將物體表面材料逐點去除。雷射打標技術的先進性在於標記過程為非接觸性加工，不產生機械擠壓或機械應力，不會損壞被加工物品。雷射束聚焦後的尺寸很小，所加工工件熱影響區小，加工精細，可以完成常規方法無法實現的工藝。

雷射加工使用的「刀具」是聚焦後的光束，不需要額外增添其他設備和材料，只要雷射器能正常工作，就可以長時間連續加工。雷射打標加工速度快、成本低，由電腦自動控制，生產時不需人為干預。準分子雷射打標是近年來發展起來的一項新技術，特別適用於金屬打標，可實現亞微米打標，已廣泛用於微電子工業和生物工程。

雷射能標記何種資訊，僅與電腦設計的內容相關，電腦設計出圖稿只要滿足打標系統的識別要求，打標機就可將設計資訊精確還原在合適載體上。因此，雷射打標軟體的功能實際上很大程度上決定了打標系統的功能，該項技術在各種材料和幾乎所有行業得到應用。所使用雷射器有 YAG 雷射器、光纖雷射器及半導體泵浦雷射器等。

(8) 雷射表面強化及合金化

雷射表面強化是用高功率密度的雷射束加熱，使工件表面薄層發生熔凝和相變，然後自激快冷形成微晶或非晶組織。雷射表面合金化是用雷射加熱塗覆在工件表面的金屬、合金或化合物，與基體金屬快速發生熔凝，在工件表面形成一層新的合金層或化合物層，達到材料表面改性的目的。還可以用雷射束加熱基體金屬及透過的氣體，使之發生化學冶金反應（例如表面氣相沉積），在金屬表面形成所需要物相結構的薄膜，以改變工件的表面性質。雷射表面強化及合金化適用於航空航天、兵器、核工業、汽車製造業中需要改善耐磨、抗腐蝕及高溫等性能的零部件[4]。

除了上述雷射加工技術之外，已成熟的雷射加工技術還包括：雷射蝕刻技術、雷射微調技術、雷射儲存技術、雷射劃線技術、雷射清洗技術、雷射強化電鍍技術、雷射上釉技術等。

雷射蝕刻技術相比傳統的化學蝕刻技術，工藝簡單，可大幅度降低生產成本，可加工 $0.125 \sim 1\mu m$ 寬的線，適合於超大規模集成電路的製造。

雷射微調技術可對指定電阻進行自動精密微調，精度可達 $0.01\% \sim 0.002\%$，比傳統加工方法的精度和效率高、成本低。雷射微調包括薄膜電阻（厚度 $0.01 \sim 0.6\mu m$）與厚膜電阻（厚度 $20 \sim 50\mu m$）的微調、電容的微調和混合集成電路的微調。

雷射儲存技術是利用雷射來記錄影片、音檔、文字資料及電腦資訊，是資訊化時代的支撐技術之一。

雷射劃線技術是生產集成電路的關鍵技術，其劃線細、精度高（線寬 $15 \sim 25\mu m$，槽深 $5 \sim 200\mu m$），加工速度快（可達 200mm/s），成品率可達 99.5％以上。

雷射清洗技術可極大減少加工器件的微粒污染，提高精密器件的成品率。

雷射強化電鍍技術可提高金屬的沉積速度，速度比無雷射照射快1000 倍，對微型開關、精密儀器零件、微電子器件和大規模集成電路的生產和修補具有重大應用價值，相關技術的使用可使電鍍層的牢固度提高 $100 \sim 1000$ 倍。

雷射上釉技術對於材料改性則很有前景，其成本低，容易控制和複製，利於發展新材料。雷射上釉結合火焰噴塗、等離子噴塗、離子沉積等技術，在控制組織、提高表面耐磨、耐腐蝕性能方面有著廣闊的應用前景。電子材料、電磁材料和其他電氣材料經雷射上釉後用於測量儀表的效果極為理想。

1.2 增材製造技術概述

1.2.1 增材製造技術基本概念

增材製造（additive manufacturing，AM）技術是根據 CAD 設計數據採用材料逐層累加方法製造實體零件的技術。相對於傳統的材料去除（切削加工）技術，增材製造是一種「自下而上」的材料累加製造方法。自 1980 年代末，增材製造技術逐步發展，又被稱為「材料累加製造」（material increase manufacturing）、「快速原型」（rapid prototyping）、「分層製造」（layered manufacturing）、「實體自由製造」（Solid free-form fabrication）、「3D 列印技術」（3D printing）等。各名稱分別從不同方面表達了該製造技術的特點[5]。

美國材料與試驗協會（ASTM）F42 國際委員會對增材製造和 3D 列印有明確的概念定義，增材製造即依據三維 CAD 數據將材料連接製作物體的過程，相對於減材製造它通常是逐層累加過程；3D 列印是指採用列印頭、噴嘴或其他列印技術沉積材料來製造物體的技術，3D 列印也常用來表示「增材製造」技術。

從廣義原理來看，凡是以設計數據為基礎，將材料（包括液體、粉材、線材或塊材等）自動化地累加起來成為實體結構的製造方法，都可視為增材製造技術。增材製造技術不需要傳統刀具、夾具及多道加工工序，利用三維設計數據可在一臺設備上快速而精確地製造出任意複雜形狀的零件，從而實現「自由製造」，解決許多過去難以製造的複雜結構零件的成形問題，極大減少了加工工序，縮短了加工週期。越是結構複雜的產品，其製造速度的提升作用越顯著。近年來，增材製造技術取得了快速發展，其原理與不同材料和工藝結合造就了諸多增材製造設備，目前已有的設備種類達到 30 多種。該類設備一經出現就取得高速發展，在各個領域都取得廣泛應用，如在消費電子產品、汽車、航天航空、醫療、

軍工、地理資訊、藝術設計等。

　　增材製造技術的特點是單件或小量的快速製造，這一特點決定了增材製造在產品創新中具有顯著作用。美國《時代》週刊將增材製造列為「美國十大成長最快的工業」；英國《經濟學人》雜誌則認為它將「與其他數位化生產模式一起推動實現第三次工業革命」，該技術將顛覆未來生產與生活模式，實現社會化製造，未來也許每個人都可以輕鬆地成立一個工廠，它將改變製造商品方式，進而改善人類的生活方式。

1.2.2　增材製造技術發展現狀

　　美國專門從事增材製造技術諮詢服務的 Wohlers 協會在 2013 年度報告中對行業發展情況進行了分析。2012 年，增材製造設備與服務全球直接產值 22.04 億美元，較上一年的成長率為 28.6％，其中設備材料 10.03 億美元，成長 20.3％，服務產值 12 億美元，成長 36.6％，其發展特點是服務相對設備材料成長更快。在增材製造應用方面，消費商品和電子領域仍占主導地位，但是比例從 23.7％降到 21.8％；機動車領域從 19.1％降到 18.6％；研究機構為 6.8％；醫學領域從 13.6％增到 16.4％；工業設備領域 13.4％；航空航天領域從 9.9％增為 10.2％。在過去的幾年中，航空器製造和醫學應用是成長最快的應用領域。目前，美國的增材製造設備擁有量占全球 38％，中國繼日本和德國之後，約 9％占第四位。在設備產量方面，美國 3D 列印設備產量占世界的 71％；歐洲以 12％、以色列以 10％分居第二和第三，中國設備產量現約占全球的 7％。

　　現今，3D 列印技術不斷融入人們的生活，在食品、服裝、傢具、醫療、建築、教育等領域大量應用，催生出許多新興產業，增材製造設備已從製造設備轉變為生活中的創造工具。人們可以用 3D 列印技術自己設計並創造物品，使得創造越來越容易，人們可以自由地開展創造活動，創造活力成為引領社會發展的焦點。

　　增材製造技術正在快速改變傳統的生產及生活方式，歐美等發達國家和新興經濟國家將其作為戰略性新興產業，紛紛製定詳細的發展戰略，投入資金，加大研發力量和推進產業化。美國歐巴馬總統在 2012 年 3 月提出發展美國振興製造業計畫，向美國國會提出「製造創新國家網路」（NNMI），其目的為奪回製造業霸主地位，實現在美國本土的設計與製造，使更多美國人返回工作職位，提升就業率，構建持續發展的美國經濟。為此，歐巴馬政府啟動首個「增材製造」項目，初期政府投資 3000

萬美元，企業配套 4000 萬元，由國防部牽頭，製造企業、大學院校以及非營利組織參加，研發新的增材製造技術與產品，欲使美國成為全球最優秀的增材製造中心，架起「基礎研究與產品研發」之間的紐帶。美國政府已將增材製造技術作為國家製造業發展的首要戰略任務並給予大力支持。

2012 年，增材製造設備市場延續近些年的高速發展形勢，銷售數目和收入的增加讓銷售商從中獲益，進一步推動了美國股票價格的成長，增材製造技術主要透過出版物、電視節目甚至電影的方式涌入大眾的視野。2012 年 4 月，在 Materialise 公司（比利時）舉辦的世界大會上，一場時裝秀展示了增材製造技術所生產的帽子及相關飾品。

據調查，價格低於 2000 美元的增材製造設備多用於個人，對行業產值影響不大。行業發展尚依賴於專業化設備性能的提高。目前，專業化設備主要銷往美國市場，在美國明尼蘇達州明尼阿波利斯市舉行的年度增材製造會議上，Materialise 公司（比利時）的創始人兼執行長 W. F. Vancraen 因對增材行業的突出貢獻而被授予行業成就獎；2011 年 7 月，美國材料與試驗協會（ASTM）的快速成形製造技術國際委員會 F42 發布一種專門的快速成形製造文件（AMF）格式，新格式包含功能梯度材料、顏色、曲邊三角形及其他的 STL 文件格式不支持的資訊。2011 年 10 月份，美國材料與試驗協會（ASTM）與國際標準化組織（ISO）宣布，ASTM 國際委員會 F42 與 ISO 技術委員會將在增材製造技術領域展開深度合作，該合作將降低重複勞動量。此外，ASTM F42 還發布了關於座標系統與測試方法的標準術語。

自 1990 年代初起，在國家科技部等多部門對增材製造技術的持續支持下，中國許多高校和研究機構，如西北工業大學、北京航空航天大學、華南理工大學、南京航空航天大學、上海交通大學、大連理工大學、中國工程物理研究院等均進行了關於增材製造的探索性研究及產業化的相關工作。中國自主研發出一批增材製造裝備，兼在相關高階編程軟體、新材料應用等領域的科研及產業化方面取得重大進展，現已逐步實現相關設備產業化，所製備產品接近國外先進水準，改變了早期該類設備單一依靠進口的不利局面。在國家和地方的強力支持下，全國建立了 20 多個增材製造服務中心，遍布醫療、航空航天、汽車、軍工、模具、電子電器、造船等行業領域，極大推動了中國相關製造技術高速發展。近 5 年，中國的增材製造技術主要針對工業領域，但尚未在消費品領域形成較大市場。而增材製造技術在美國則已取得高速發展，主要引領要素歸因於其較低成本的增材製造設備社會化應用及金屬零部件快速製造技術

在工業領域的應用。中國金屬零部件快速製造技術部分也已達國際領先水準，如中國航空製造技術研究院可生產出具有較大尺寸的金屬零件，並已成功應用於最新型先進飛機的研製過程中，顯著提升了現代化飛機的研製速度；在相關技術研發方面，中國部分技術水準已與國際先進水準基本持平，但在關鍵器件、成形材料、智慧化控制及應用範圍等方面相對於國際先進水準還有很大的提升空間[6]。

1.2.3　增材製造技術發展趨勢

未來，增材製造產品將逐步滿足社會多元化需求，涉及增材製造技術的直接產值 2012 年約為 22 億美元，僅占全球製造業市場 0.02%，但是其間接作用和未來前景則非常樂觀。增材製造技術優勢在於製造週期短，適合單件個性化需求及大型薄壁件製造，尤其適用於鈦合金等難加工易熱成形零件及結構複雜零部件的製造，在航空航天、醫療衛生及創新教育領域也具有十分廣闊的發展空間。

增材製造技術相對於領域內傳統技術還面臨許多挑戰，尚存在使用成本高、製造精度及效率較低等問題。目前，增材製造技術是傳統大量製造技術的一個補充，增材製造技術在未來應與傳統製造技術之間實現優選、集成、互補，相互促進形成新的成長點。針對該技術還需加強研發，培育孵化相關產業並進一步擴大應用範圍，形成協同創新的運行機製，積極研發、科學推進，使之從單一產品研發工具走向批量生產的產業化模式，即技術引領應用市場發展，進而改變人們的日常生活。

增材製造技術將向提高精度、降低成本，向高性能材料方向發展，同時向功能零部件製造方向發展。增材製造技術可採用雷射或電子束直接熔化金屬粉實現逐層堆積金屬，即金屬直接成形技術，可直接製造複雜結構的金屬功能零部件，其力學性能基本可達鍛件性能指標。未來還需進一步提高製造精度和產品性能，並向陶瓷及複合材料的增材製造技術發展、向智慧化裝備發展。增材製造設備在軟體功能及後處理方面還需進一步升級，所涉及如軟體智慧化和設備自動化程度、製造過程中工藝參數與材料匹配智慧化、產品加工後粉料去除等，這些問題將直接影響增材製造技術的使用和推廣。未來增材製造產品將向局部組織與整體結構一體化製造方向發展，如支撐生物材料、複合材料等複雜結構零部件製造，給相關製造業帶來革命性創新與高速發展[1,7]。

中國的雷射增材製造技術在高性能終端零部件性能強化方面還具有極大的提升空間，主要體現在以下幾個方面。

　　① 關於雷射增材製造基礎理論與成形局部機理的研究方面，在一些局部點上開展了相關探索，但研究尚需更基礎、系統及深入。

　　② 雷射增材製造核心技術研究方面，基於系統理論基礎的工藝精確控制水準尚需進一步提升。

　　③ 雷射增材製造產品性能提升方面，相關產品整體品質還有很大上升空間，未來可將奈米及準晶等多物相及多類型複合材料引入相關產品的製備中，這將對產品品質的改善起到至關重要的作用。

　　相信未來伴隨上述雷射增材製造技術問題的解決，將在保證產品品質的前提下極大簡化相關設計生產流程、加快產品開發週期，實現新材料製備技術的更新換代。

參考文獻

[1] 黄衛東. 雷射立體成形-高性能緻密金屬零件的快速自由成形[M]. 西安: 西北工業大學出版社, 2007.

[2] 鞏水利. 先進雷射加工技術[M]. 北京: 航空工業出版社, 2016.

[3] Li J N, Yu H J, Chen C Z, et al. Physical properties and formation mechanism of copper/glass modified laser nanocrystals-amorphous reinforced coatings [J]. Journal of Physical Chemistry C, 2013, 117 (9): 4568-4573.

[4] 徐濱士，朱紹華，劉世參. 表面工程的理論與技術[M]. 北京: 國防工業出版社, 2010.

[5] 盧秉恆，李滌塵. 增材製造（3D 列印）技術發展[J]. 機械製造與自動化, 2013, 42 (4): 1-4.

[6] 王華明. 高性能金屬構件增材製造技術-開啓國防製造新篇章[J]. 國防製造技術, 2013, 6 (3): 5-7.

[7] 李懷學，鞏水利，孫帆，等. 金屬零件雷射增材製造技術的發展及應用[J]. 航空製造技術, 2012 (20): 26-31.

第2章

雷射增材製造
工藝及裝備

2.1　增材製造工藝

　　增材製造技術（additive manufacturing，AM）又稱 3D 列印技術，自 1980 年代末提出概念以來，經過近 30 年的發展，其突出的技術優點和發展潛力不斷被發現和挖掘出來。增材製造技術與數位化生產模式的結合正在推動全球進行新一輪的「工業革命」[1]。

　　增材製造技術區別於傳統的減材製造，在工件的加工過程中，它不需要模具或原型坯體。增材製造技術利用「離散-堆積」原理，以數位模型文件為基礎，運用粉末狀的金屬或塑膠等材料，透過逐層列印的方式來構造物體[2]。這種加工製造方法不受零件複雜結構限製，在訂製化和個性化製造上有較大優勢，同時可以在滿足產品使用性能的前提下，降低原材料的使用，減少損耗，使生產速度大大提高[3]。目前，增材製造技術主要應用於工業製造、航空航天、國防軍工和生物醫療等方面，如圖 2.1 所示。

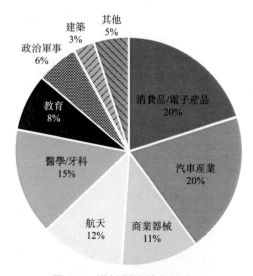

圖 2.1　增材製造技術的應用

　　目前，增材製造技術主要有如下幾種[4]。

（1）雷射近淨成形技術（laser engineered net shaping，LENS）

LENS 主要應用於航空航天大型金屬結構件的製造，如圖 2.2 所示。

雷射近淨成形技術又稱雷射熔覆快速製造技術，它是雷射熔覆技術與快速原型技術的結合，由美國 Sandia 國家實驗室的 David Keicher 發明。LENS 技術可以用來製造具有複雜結構的金屬零件或模具，並且可以實現異種材料的加工製造。目前海內外對 LENS 技術的研究較多，涉及成形原理、工藝、零件尺寸、裝備製造等方面。應用的材料已涵蓋鈦合金、鎳基高溫合金、鐵基合金、鋁合金、難熔合金、非晶合金以及梯度材料等[5]。雷射近淨成形原理是先將需要加工的零件進行 CAD 建模，然後在水平方向上對模型進行切片處理生成截面數據。將數據資訊輸入控制系統，即可控制噴頭和基板的移動。待熔融的粉末由惰性氣體送入噴頭，當粉末落入噴嘴附近時，經雷射的加熱作用熔化落入熔池並在基板上堆積。一層掃描結束後，噴頭上升一個圖層的高度，接著進行下一層的掃描。如此反覆，直至全部零件掃描加工結束。

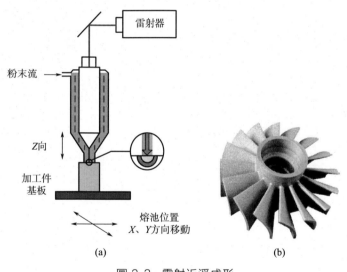

(a)　　　　　　　　(b)

圖2.2　雷射近淨成形

(2) 電子束選區熔化技術（EBSM）

電子束選區熔化技術（EBSM）是一種以高能電子束為加工熱源的增材製造技術，其原理見圖2.3。與雷射相比，電子束具有高能量、高利用率、加工材料廣泛、真空無污染等特點。因此，基於電子束的快速成形製造在國際上獲得了廣泛的關注。美國麻省理工學院和中國的清華大學都開發出了各自的基於電子束的快速製造系統[6]。

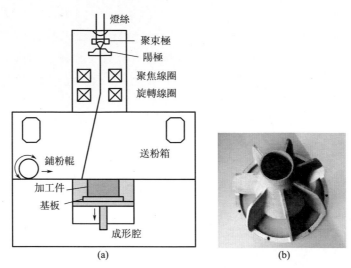

燈絲
聚束極
陽極
聚焦線圈
旋轉線圈
送粉箱
鋪粉輥
加工件
基板
成形腔

(a)

(b)

圖 2.3　電子束選區熔化

與雷射近淨成形技術相似，EBSM 也是先將加工件的三維實體圖形水平切割，得到截面輪廓。在電腦系統的控制下，電子束代替雷射束在真空箱中進行掃描，聚焦線圈和旋轉線圈控制電子束的掃描路徑。在掃描開始前，金屬粉末在鋪粉輥的作用下壓實覆於成形箱內，電子束每掃描完成一個截面，升降臺控制基板下降一個圖層厚度。然後鋪粉輥重新鋪粉壓實，接著進行下一層的掃描。如此重複，直至加工件全部加工完成。最後用高壓氣體吹去多餘粉末，將加工件從成形腔中取出，整個加工過程結束。與雷射近淨成形（LENS）不同，電子束選區熔化（EBSM）除掃描熱源外，其基板的運動方式也有所區別。LENS 除噴頭可以在竪直方向上運動外，其基板也可在水平面上運動。而 EBSM 的加工方式是只有電子束進行掃描，而基板只能做竪直運動。

（3）雷射選區熔化技術（SLM）

雷射選區熔化技術（SLM）最早可以追溯到 1980 年代末期，其前身是雷射選區燒結技術（Selected Laser Sintering，SLS），由美國得克薩斯大學奧斯汀分校研究成功並逐漸推廣。與 SLM 技術不同的是，SLS 初期只能用於燒結一些熔點較低的塑膠粉和蠟粉。隨著大功率雷射器的發展並和增材製造技術結合應用，SLS 逐漸發展成雷射選區熔化（SLM）技術。

雷射選區熔化技術的基本原理是利用高能量密度的雷射束作用在預

備好的金屬粉末上，將能量快速輸入，使溫度在短時間內達到粉末熔點並快速熔化金屬粉末，雷射束離開作用點後，熔化的金屬粉末經散熱冷卻，重新凝固成形，達到冶金結合成形。

　　圖2.4為雷射選區熔化技術的原理示意圖。在工件製備前，需要先在電腦中利用三維繪圖軟體如CAD繪製工件的立體圖形。接著利用配套的「切片」軟體將立體圖形沿Z軸按照固定圖層厚度進行「切割」，離散轉換成二維平面圖形並得到每一層截面的輪廓數據。所有數據輸入加工系統後，電腦控制系統會根據二維切片資訊控制成形腔和送粉腔的移動距離、雷射的掃描路徑、掃描速度和輸出功率等加工參數。在成形腔中，提前烘乾並加熱的金屬粉末被放置於送粉腔內，加工基板預先調平，為避免在加工過程中出現高溫氧化現象和相關的缺陷，腔體內需要保持真空或者通入保護氣體。

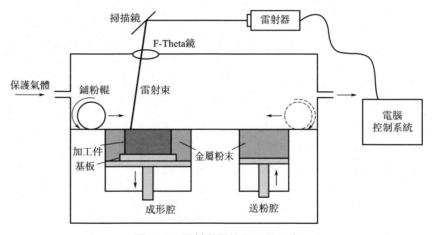

圖2.4　雷射選區熔化原理示意

　　加工開始後，送粉腔會上升一定厚度，鋪粉輥均勻地將粉末鋪於加工基板上，並掃去多餘粉末，雷射沿預定的路徑進行掃描。一層掃描完成後，基板會下降一個圖層厚度的距離，同時送粉腔上升，鋪粉輥重新送粉，接著進行下一層的掃描加工。一般情況下，為保證基板上的粉末均勻塗布，送粉腔上升距離需大於成形腔下降距離。如此循環往復，熔化並重新凝固的金屬粉末層層累積形成三維實體。

　　全部截面掃描完成後，加工過程結束，將基板和成形件取出，掃去成形件表面附著的金屬粉末，並與基體分離。加工過程中未熔化的粉末經過篩分後可以重複使用。

2.2 材料的添加方式

2.2.1 預置送粉

　　將熔覆材料預先置於基材表面的熔覆部位，然後採用雷射束輻照掃描熔化，熔覆材料以粉、絲、板的形式加入，其中以粉末塗層的形式加入最為常用。預置送粉式雷射熔覆的主要工藝流程為：基材熔覆表面預處理→預置熔覆材料→預熱→雷射熔化→後熱處理。預置法主要有黏結、噴塗兩種方式。黏結方法簡便靈活，不需要任何的設備。塗層的黏結劑在熔覆過程中受熱分解，會產生一定量的氣體，在熔覆層快速凝固結晶的過程中，易滯留在熔覆層內部形成氣孔。黏結劑大多是有機物，受熱分解的氣體容易污染基材表面，影響基材和熔覆層的熔合。

　　噴塗是將塗層材料（粉末、絲材或棒材）加熱到熔化或半熔化的狀態，並在霧化氣體下加速並獲得一定的動能，噴塗到零件表面上，對基材表面和塗層的污染較小。但火焰噴塗、等離子弧噴塗容易使基材表面氧化，所以須嚴格控制工藝參數。電弧噴塗在預置塗層方面有優勢，在電弧噴塗過程中基材材料的受熱程度很小（基材溫度可控制在 80℃ 以下），工件表面幾乎沒有污染，而且塗層的緻密度很好，但需要把塗層材料加工成線材。採用熱噴塗方法預製塗層，需要添加必要的噴塗設備。

　　機械或人工塗刷法主要採用各種黏合劑在常溫下將合金粉末調和在一起，然後以膏狀或糊狀塗刷在待處理金屬表面。常用的黏合劑有清漆、矽酸鹽膠、水玻璃、含氧的纖維素乙醚、醋酸纖維素、酒精松香溶液、脂肪油、ВФ-2 膠水、超級水泥膠、環氧樹脂、自凝塑膠、丙酮硼砂溶液、異丙基醇等。

　　在雷射加熱過程中，矽酸鹽膠和水玻璃容易膨脹，從而導致塗層與基材間的剝落。含氧的纖維素乙醚沒有上述缺點，且由於在低溫下可以燃燒，因此不影響熔覆層的組織與性能，還能保證塗層對輻射雷射有良好的吸收率。

　　雷射熔覆時，大多數黏合劑將燃燒或發生分解，並形成炭黑產物。這可能導致塗層內的合金粉末濺出和對輻射雷射的週期性屏蔽，其結果是熔化層的深度不均勻，並且合金元素的含量下降。若採用以硝化纖維素為基材的黏合劑，例如糨糊、透明膠、氧乙烷基纖維素等，可以得到

好的實驗結果。

　　同步送粉法與預置法相比，兩者熔覆和凝固結晶的物理過程有很大的區別。同步送粉法熔覆時合金粉末與基材表面同時熔化。預置法則是先加熱塗層表面，在依賴熱傳導的過程中加熱整個塗層。

　　在材料表面雷射熔覆過程中，影響雷射熔覆層品質和組織性能的因素很多。例如雷射功率 P、掃描速度、材料添加方式、搭接率與表面品質、稀釋率等。針對不同的工件和使用要求應綜合考慮，選取最佳工藝及參數的組合。

2.2.2　同步送粉

　　圖2.5為同步送粉式雷射熔覆的示意圖。雷射光束照射基材形成液態熔池，合金粉末在載氣的帶動下由送粉噴嘴射出，與雷射作用後進入液態熔池，隨著送粉噴嘴與雷射束的同步移動形成了熔覆層。

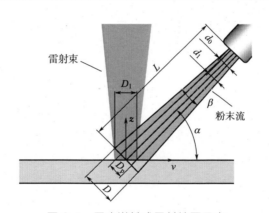

圖2.5　同步送粉式雷射熔覆示意

　　這兩種方法效果相似，同步送粉法具有易實現自動化控制、雷射能量吸收率高、熔覆層內部無氣孔和加工成形性良好等優點，尤其熔覆金屬陶瓷可以提高熔覆層的抗裂性能，使硬質陶瓷相可以在熔覆層內均勻分布。若同時加載保護氣體，可防止熔池氧化，獲得表面光亮的熔覆層。目前實際應用較多的是同步送粉式雷射熔覆。

　　用氣動噴注法把粉末傳送入熔池中被認為是成效較高的方法，因為雷射束與材料的相互作用區被熔化的粉末層所覆蓋，會提高對雷射能量的吸收。這時成分的稀釋是由粉末流速控制，而不是由雷射功率密度所控制。氣動傳送粉末技術的送粉系統示意如圖2.6所示，該送粉系統由

一個小漏斗箱組成，底部有一個測量孔。供料粉末透過漏斗箱進入與氫氣瓶相連接的管道，再由氫氣流帶出。漏斗箱連接著一個振動器，目的是為了得到均勻的粉末流。透過控制測量孔和氫氣流速可以改變粉末流的流速。粉末流速是影響熔覆層形狀、孔隙率、稀釋率、結合強度的關鍵因素。

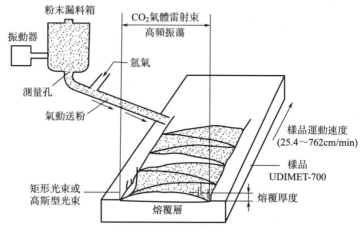

圖 2.6　氣動傳送粉末技術的送粉系統示意

按工藝流程，與雷射熔覆相關的工藝主要是基材表面預處理方法、熔覆材料的供料方式、預熱和後熱處理。

送粉系統是整個成形系統中最為關鍵和核心的部分，送粉系統性能的好壞直接決定了成形零件的最終品質，包括成形精度和性能。送粉系統通常包括送粉器、粉末傳輸通道和噴嘴三部分。送粉器是送粉系統的基礎，對於雷射熔覆技術而言，送粉器要能夠連續均勻地輸送粉末，粉末流不能出現忽大忽小和暫停現象，也就是說，粉末流要保持連續均勻。這一點對於精度要求較高的立體成形過程顯得尤為重要，因為不穩定的粉末流將直接導致粉末堆積厚度的差異，而這樣的差異如果不加以控制的話將直接影響成形過程的穩定性。

除了上述在海內外應用相對較多的送粉方法外，海內外學者還展開了利用絲狀材料進行熔覆試驗的研究。絲狀熔覆製造（wirefeed）是用一種很細的絲替代上述雷射熔覆快速製造技術中的粉末作為添加材料製造金屬零件。該技術的原理是把絲材從環形雷射束內部或者側面送給，利用雷射束的高能在基體或熔覆層上形成熔池的同時，送絲裝置把金屬絲不斷地送入熔池，隨著雷射束按預定軌跡相對於基體不斷地進行掃描，

就可得到所需的緻密金屬零件。

（1）送粉式雷射熔覆

送粉式雷射熔覆是近年來發展起來的新工藝，由於這種工藝克服了很多預置式雷射熔覆的缺點，同時又具有熔覆材料與基體材料同時被雷射加熱、成形性好、熔覆速度快、燒損輕、易於達到冶金結合、熔覆層組織細小、熔覆粉末可調控、適應範圍廣等諸多工藝優點。根據粉路和雷射束的相對位置關係，送粉式雷射熔覆可分為同軸送粉和旁軸送粉兩種形式，見圖 2.7。

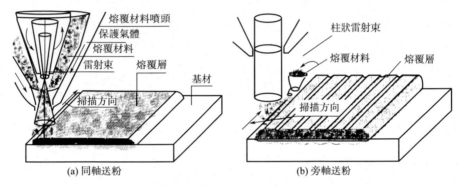

(a) 同軸送粉　　　　　　　　　　　(b) 旁軸送粉

圖 2.7　送粉式雷射熔覆

同軸送粉技術是雷射熔覆成形材料供給方式中較為先進的供給方式，粉末流與雷射束同軸耦合輸出，而同軸送粉噴嘴作為同軸送粉系統的關鍵部件之一，已成為各科研單位的研究焦點。目前，海內外大多數研究單位均研製出了適合本單位需要的同軸送粉噴嘴，但現有的同軸送粉噴嘴大多存在粉末匯聚性差、粉末利用率低、出粉口容易堵塞等缺點。

旁軸送粉技術是雷射熔覆過程中粉料的輸送裝置和雷射束分開，彼此獨立的一種送粉方式。因此在雷射熔覆過程中兩者需要透過較複雜的工藝設計來匹配。一般旁軸送粉機構中，送粉口設計在雷射束的行走方向之前，利用重力作用將粉末堆積在熔覆基材的表面，然後後方的雷射束掃描在預先沉積的粉末上，完成雷射熔覆過程。實際生產過程中，旁軸送粉的工藝要求送粉器的噴嘴與雷射頭有相對固定的位置和角度匹配。而且由於粉末預先沉積在工件表面，雷射熔覆過程不能再施加保護氣體，否則將導致沉積的粉末被吹散，熔覆效率大大降低。雷射熔池由於缺少保護氣體的保護，只能依靠熔覆粉末熔化時的熔渣自我保護。因此目前工業生產中，自熔性合金粉末應用於旁軸送粉系統的雷射熔覆較多。熔

覆粉末依靠 B、Si 等元素的造渣作用在熔池表面產生自我保護作用。但旁軸送粉系統複雜的粉光匹配、熔池氣保護難以實現，熔覆工藝與送粉工藝難以相互協調等缺點限製了其在應用中的進一步推廣。

（2）送粉器的分類和特點

送粉器的功能是按照加工工藝的要求將熔覆粉末精確送入雷射熔池，並確保加工過程中，粉末能連續、均勻、穩定地輸送。送粉器的性能直接影響到雷射熔覆層的品質。隨著雷射熔覆技術得到越來越多的應用，對送粉器的性能也提出了更高的要求。針對不同類型的工藝特點和粉末類型，目前海內外已經研製的送粉器主要可以分為：螺旋式送粉器、轉盤式送粉器、刮板式送粉器、毛細管式送粉器、鼓輪式送粉器、電磁振動送粉器和沸騰式送粉器。

① 螺旋式送粉器　螺旋式送粉器主要是基於機械力學原理，如圖 2.8(a) 所示，主要由粉末儲存倉斗、螺旋桿、振動器和混合器等組成。工作時，電機帶動螺桿旋轉使粉末沿著桶壁輸送至混合器，然後混合器中的載流氣體將粉末以流體的方式輸送至加工區域。為了使粉末充滿螺紋間隙，粉末儲存倉斗底部加有振動器，能提高送粉量的精度。送粉量的大小與螺桿的旋轉速度成正比，調節控制螺桿轉動電機的轉速，就能精確控制送粉量。這種送粉器能傳送粒度大於 $15\mu m$ 的粉末，粉末的輸送速率為 $10\sim150g/min$。

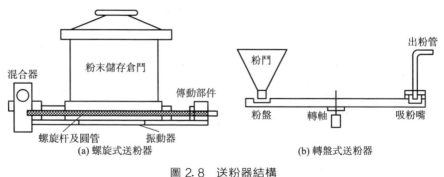

(a) 螺旋式送粉器　　　　　　(b) 轉盤式送粉器

圖 2.8　送粉器結構

這種送粉器比較適合小顆粒粉末輸送，工作中輸送均勻，連續性和穩定性高，並且這種送粉方式對粉末的乾濕度沒有要求，可以輸送稍微潮濕的粉末。但是不適用於大顆粒粉末的輸送，容易堵塞。由於是靠螺紋的間隙送粉，送粉量不能太小，所以很難實現精密雷射熔覆加工中所要求的微量送粉，並且不適合輸送不同材料的粉末。

② 轉盤式送粉器　轉盤式送粉器的結構如圖 2.8(b) 所示，主要由粉斗、粉盤和吸粉嘴等組成。粉盤上帶有凹槽，整個裝置處於密閉環境中，粉末由粉斗透過自身重力落入轉盤凹槽，並且電機帶動粉盤轉動將粉末運至吸粉嘴，密閉裝置中由進氣管充入保護性氣體，透過氣體壓力將粉末從吸粉嘴處送出，然後再經過出粉管到達雷射加工區域。

轉盤式送粉器基於氣體動力學原理，通入的氣體作為載流氣體進行粉末輸送。這種送粉器適合球形粉末的輸送，並且不同材料的粉末可以混合輸送，最小粉末輸送率可達 1g/min。但是對其他形狀的粉末輸送效果不好，工作時送粉率不可控，並且對粉末的乾燥程度要求高，稍微潮濕的粉末，會使送粉的連續性和均勻性降低。

③ 刮板式送粉器　刮板式送粉器，如圖 2.9(a) 所示，它主要由儲存粉末的粉斗、轉盤、刮板、接粉斗等組成。工作時粉末從粉斗經過漏粉孔靠自身的重力和載流氣體的壓力流至轉盤，在轉盤上方固定一個與轉盤表面緊密接觸的刮板，當轉盤轉動時，不斷將粉末刮下至接粉斗，在載流氣體作用下，透過送粉管送至雷射加工區域。送粉量大小是透過轉盤的轉速來決定的，透過對轉盤轉速的調節便可以控制送粉量的大小，同時調節粉斗和轉盤的高度和漏粉孔的大小，可以使送粉量的調節達到更寬的範圍。刮板式送粉器適用於顆粒直徑大於 20μm 的粉末輸送。

刮板式送粉器對於顆粒較大的粉末流動性好，易於傳輸。但在輸送顆粒較小的粉末時，容易聚團，流動性較差，送粉的連續性和均勻性差，容易造成出粉管口堵塞。針對傳統刮板式送粉器的不足，有學者設計了改進的擺針式刮板同步送粉器，其結構如圖 2.9(b) 所示，由擺針 1、粉桶體 2、吸嘴 3、轉盤 4、動力源 5、箱體 6 及進氣管幾部分組成。粉桶由裝粉螺栓、粉桶蓋、粉桶體、擺針、平衡氣管、調節閥和不同尺寸的密封圈組成。吸嘴由心軸、彈簧、內嘴、滾珠和導管組成。動力源由轉軸、骨架型密封圈、減速機和步進電機組成。

一般情況下，較大尺寸的粉末流動性較好，易於傳送。而顆粒直徑較小的粉末容易聚團，流動性較差，通常傳送這樣尺寸的粉末是非常困難的。送粉器首先需要將聚團的粉末打散，其次被打散的粉末需在一定的速度和傳輸速率下傳送。擺針式刮板同步送粉器工作時，步進電機帶動轉軸旋轉，轉軸的旋轉帶動轉盤［槽型凸輪機構，凸輪輪廓線形式見圖 2.9(b)］同步旋轉，擺針沿著槽型凸輪輪廓線往復擺動，將團聚的粉末打散。被打散的粉末在重力的作用下均勻連續地落在轉盤的大小溝槽中，進氣管連續往箱體內充氣，使箱體內產生正壓。當粉末隨著轉盤轉至吸嘴下方時，粉末在空氣正壓的作用下隨空氣一起沿著導管連續、均

匀流出箱體,送至雷射加工區。

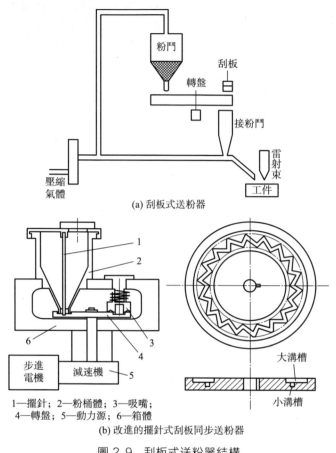

(a) 刮板式送粉器

1—擺針; 2—粉桶體; 3—吸嘴;
4—轉盤; 5—動力源; 6—箱體

(b) 改進的擺針式刮板同步送粉器

圖 2.9 刮板式送粉器結構

④ 毛細管式送粉器 這種方法主要是使用一個振動毛細管來送粉,振動是為了粉末微粒的分離,該送粉器由 1 個超聲波振盪器、1 個帶儲粉斗的毛細管和 1 個盛水的容器組成,見圖 2.10(a)。電源驅動超聲波發生器產生超聲波,用水來傳送超聲波。粉末儲存在毛細管上面的漏斗裡,毛細管在水面下,下端漏在容器外面,透過產生的振動將粉末打散,由重力場傳送。

毛細管式送粉器能輸送的粉末直徑大於 $0.4\mu m$。粉末輸送率最低可以達到 $\leqslant 1g/min$。能夠在一定程度上實現精密熔覆中要求的微量送粉,但是它是靠自身的重力輸送粉末,必須是乾燥的粉末,否則容易堵塞,送粉重複性和穩定性差,對於不規則的粉末輸送,輸送時在毛細管中容

易堵，所以只適合於球形粉末的輸送。

⑤ 鼓輪式送粉器　鼓輪式送粉器的結構如圖 2.10(b) 所示，主要由儲粉斗、粉槽和送粉輪等組成。粉末從儲粉斗落入下面的粉槽，利用大氣壓強和粉槽內的氣壓維持粉末堆積量在一定範圍內的動態平衡。鼓輪勻速轉動，其上均勻分布的粉勺不斷從粉槽舀取粉末，又從右側倒出粉末，粉末由於重力從出粉口送出。透過調節鼓輪的轉速和更換不同大小的粉勺來實現送粉率的控制。

鼓輪式送粉器的工作原理基於重力場，對於顆粒比較大的粉末，因其流動性好能夠連續送粉，並且機構簡單。由於它是透過送粉輪上的粉勺輸送粉末，對粉末的乾燥度要求高，微濕的粉末和超細粉末容易堵塞粉勺，使送粉不穩定，精度降低。

⑥ 電磁振動送粉器　電磁振動送粉器的結構如圖 2.10(c) 所示，在電磁振動器的推動下，阻分器振動，儲藏在儲粉倉內的粉末沿著螺旋槽逐漸上升到出粉口，由氣流送出。阻分器還有阻止粉末分離的作用。電磁振動器實質上是一塊電磁鐵，透過調節電磁鐵線圈電壓的頻率和大小就可實現送粉率的控制。

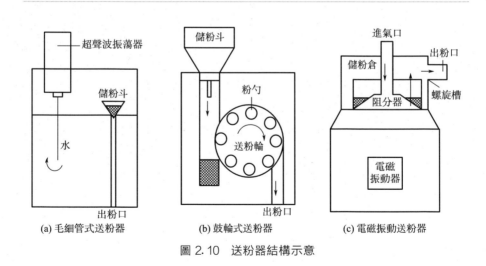

(a) 毛細管式送粉器　　(b) 鼓輪式送粉器　　(c) 電磁振動送粉器

圖 2.10　送粉器結構示意

電磁振動送粉器是基於機械力學和氣體動力學原理工作的，反應靈敏。由於是用氣體作為載流體將粉末輸出，所以對粉末的乾燥程度要求高，微濕粉末會造成送粉的重複性差。並且對於超細粉末的輸送不穩定，在出粉管處超細粉末容易聚團，從而發生堵塞。

⑦ 沸騰式送粉器　沸騰式送粉器是一種用氣流將粉末流化或達到臨

界流化，由氣體將這些流化或臨界流化的粉末吹送運輸的送粉裝置。沸騰式送粉器能使氣體與粉末混合均勻，不易發生堵塞；送粉量大小由氣體調節，可靠方便；並且不像刮吸式與螺旋式等機械式送粉器，粉末輸送過程中與送粉器內部發生機械擠壓和摩擦容易發生粉末堵塞現象，造成送粉量的不穩定。

　　圖 2.11(a) 為沸騰式送粉器的原理圖，沸騰氣流 1 與沸騰氣流 2 使粉末流化或者使粉末達到臨界流化狀態。而粉末輸送管中間有一孔洞與送粉器內腔相通，當粉末流化或處於臨界流化狀態時，送粉氣流透過粉末輸送管，便可將粉末連續地輸送出。其中，為使粉末能夠順利通過小孔洞進入粉末輸送管中，腔內沸騰氣壓應大於送粉氣流的氣壓。對於沸騰式送粉器，調節氣體流量的大小便可以實現對粉末輸送速率的調節；結構的緊湊性與沸騰式的送粉方式使儲粉罐內粉末儲藏量對送粉的影響減小；而對於不同的粉末或者是合金粉末，沸騰式送粉器也可以進行輸送。

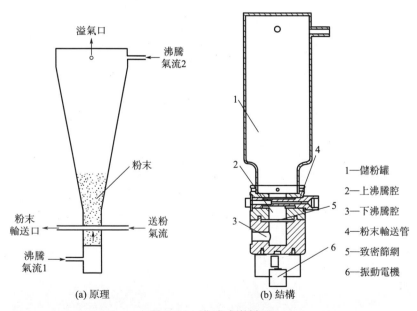

(a) 原理　　　(b) 結構

1—儲粉罐
2—上沸騰腔
3—下沸騰腔
4—粉末輸送管
5—緻密篩網
6—振動電機

圖 2.11　沸騰式送粉器

　　沸騰式送粉器的結構如圖 2.11(b) 所示，主要由儲粉罐 1、上沸騰腔 2、下沸騰腔 3、粉末輸送管 4、緻密篩網 5 以及振動電機 6 組成。各個零件之間用 O 形密封圈與密封墊片進行密封。此送粉器結構簡單，易於拆裝。上沸騰腔 2 與下沸騰腔 3 之間用扣環與合頁配合固定，這樣的

結構便於下沸騰腔 3 打開與合攏，從而實現對送粉器的清理。而在下沸騰腔 3 下部安裝振動電機 6。在送粉過程中，振動電機可避免粉末在管道中的堵塞現象；在清理送粉器的過程中，振動電機也可使腔體內粉末振落。緻密篩網 5 將粉末隔離，使粉末儲存於儲粉罐 1 和上沸騰腔 2 之內。

沸騰式送粉器是基於氣固兩相流原理設計的。工作時，載流氣體在氣體流化區域直接將粉末吹出送至雷射熔池。但同樣要求所送粉末乾燥。沸騰式送粉器對於粉末的流化和吹送都是透過氣體來完成的，所以避免了前面螺旋式、刮板式等粉末與送粉器元件的機械摩擦，對粉末的粒度和形狀有較寬的適用範圍。

2.2.3　絲材送給

絲材雷射熔覆技術作為增材製造領域的關鍵技術之一，在現代工業中具有非常廣闊的應用前景。相對目前應用較廣泛的雷射熔粉法，雷射熔絲在其生產過程中有材料利用率高、速度快、綠色環保、沉積層組織缺陷較少且組織更為細密等優點。雷射熔絲沉積技術由於其獨特的技術優勢，自產生之日起便受到了世界上諸多研究機構、政府及企業的關注。

迄今為止，學者對雷射熔絲沉積技術進行了大量研究。韓國仁荷大學的 Jae-Do Kim 等對雷射熔絲過程中的送絲角度、速度以及方向等工藝參數進行了系統的研究，分析了參數對所成形雷射塗層組織結構的影響，並證實隨著雷射掃描速度的增加，基材金屬熱影響區的晶粒尺寸變小，如圖 2.12 所示。

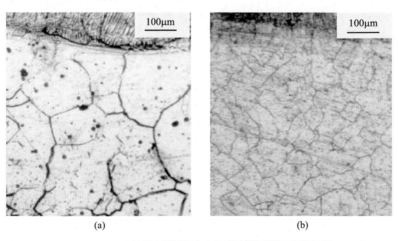

(a)　　　　　　　　　　(b)

圖 2.12　不同雷射掃描速度下雷射熔絲沉積層組織

在中國，蘇州大學在 45 鋼基材上採用不同的送絲速度進行光內送絲雷射熔覆實驗，建立了金屬絲在整個熔化過程中的熔滴與熔池模型，對這兩種模型進行了理論分析。結果表明，在掃描速度和雷射功率保持不變的條件下，送絲速度直接影響熔池穩定性，對塗層形貌和顯微組織形態起到重要作用。浙江工業大學在 45 鋼上用大功率 CO_2 雷射束和自動送絲機進行雷射快速成形工藝性研究。研究結果顯示，優化工藝範圍後的雷射塗層組織較氬弧焊層組織結構明顯細化，硬度提高將近 70%，過渡區狹小，雷射塗層有良好的耐磨性。華南理工大學對雷射熔絲過程中的送絲方向與角度、送絲速度、雷射掃描速度、功率以及雷射塗層組織結構進行了深入研究。研究表明，基於送絲技術的雷射快速成形可獲得超緻密的組織結構，為後續雷射修復與快速成形方面的研究打下了堅實的理論基礎。浙江工業大學選用不同的雷射功率、掃描速度、送絲速度，用專用絲材進行雷射快速成形試驗。研究結果表明：當速度不變時，雷射功率增加，其熱影響區變大，組織結構由細變粗，硬度增加；隨著掃描速度增加，雷射層稀釋率下降，硬度則顯著提升。

英國諾丁漢大學 S. H. Mok 等[7] 用 2.5kW 的二極管雷射在 TC4 鈦合金表面進行雷射熔絲試驗，製備出緻密的雷射塗層，大幅度提高了鈦合金的硬度，試驗如圖 2.13 所示。雷射熔絲過程中，絲材與雷射熔池的位置對所生成的雷射塗層具有重要影響。當絲材處於熔池後方時，雷射塗層各方面性能與表面形貌達到最佳[8]。

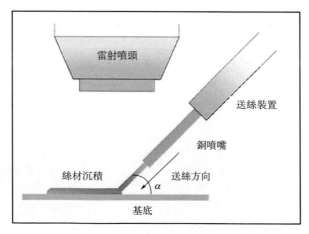

圖 2.13　雷射熔絲沉積示意圖[7]

2.3 雷射的物理特性

雷射是利用原子或分子受激輻射的原理，使工作物質受激發而產生的一種光輻射。同一雷射束內所有的光子頻率相同、相位一致、偏振與傳播方向一致。因此，雷射是單色性好、方向性強、亮度極高的相干光輻射。

2.3.1 雷射的特點

（1）單色性好

雷射作為相干光，具有多種特性。光的本質是一種電磁波輻射。對於電磁波輻射，其相干長度越長，光譜線寬度越窄，其顏色越單純，即光的單色性越好。以氦氖雷射器為例，產生的雷射相干長度約為 4×10^4 m。在雷射出現之前，最好的單色光源是氪燈，它產生的光輻射相干長度約 0.78m。可見雷射是世界上發光顏色最單純的光源。

（2）亮度高

高亮度是雷射的又一突出特點。一般地，將單位發光面積 ΔS、單位光輻射寬度 Δv、發射角 θ 發出的光輻射強度定義為光源的單色亮度 B_λ

$$B_\lambda = \frac{P}{\Delta S \Delta v \theta^2} \tag{2.1}$$

式中　P——雷射功率。

盡管太陽發射總功率高，但是光輻射寬度 Δv 很寬，發散角 θ 很大，單色亮度仍很小。而雷射雖然 Δv、θ 均很小，但其單色亮度很高，有報導的高功率雷射器產生的雷射單色亮度 B_λ 甚至比太陽高 100 萬億倍。

（3）方向性強

由雷射的產生機理可知，在傳播介質均勻的條件下，雷射的發散角 θ 僅受衍射所限

$$\theta = \frac{1.22\lambda}{D} \tag{2.2}$$

式中　λ——波長，m；

　　　D——光源光斑直徑，m。

地球與月球表面的距離約為 3.8×10^5 km，利用聚焦最好的雷射束射達月球，其光斑直徑僅為幾十米。

（4）相干性好

光產生相干現象的最長時間間隔稱為相干時間 τ，在相干時間內，光傳播的最遠距離叫做相干長度 L_c。

$$L_c = c\tau = \frac{\lambda^2}{\Delta\lambda} \tag{2.3}$$

式中　c——光速。

由於雷射帶寬 $\Delta\lambda$ 很小，相干長度 L_c 很長。實際上，單色性好，相干性就好，相干長度也就越長。

（5）能量高度集中

一些軍事、航空、醫學、工業用的雷射器均能產生很高的雷射能量，如核聚變用的雷射器的輸出功率可高達 10^{18} W，能夠克服核間排斥力，實現核聚變反應。隨著雷射超短脈衝技術的發展，人們能從用於產生極短時間雷射脈衝技術的摻 Ti 藍寶石雷射器件中，利用脈衝放大技術獲得峰值功率高達 10^{15} W 的雷射。

2.3.2 雷射產生原理

（1）光與物質的相互作用

1）原子理論的基本假設

① 原子定態假設　一切物質都是由原子構成的。原子系統處於一系列不連續的能量狀態。在原子核周圍，電子的運行軌道是不連續的，原子處於能量不變的穩定狀態，稱作原子的定態。對應原子能量最低的狀態稱為基態。

如果原子處於外層軌道上的電子從外部獲得一定的能量，則電子就會跳躍到更外層的軌道運動。原子的能量增大，此時原子稱為處於激發態的原子。

② 頻率條件　原子從一個定態 E_1 躍遷到另一個定態 E_2，頻率 ν 由式（2.4）決定

$$h\nu = E_2 - E_1 \tag{2.4}$$

一種單色光對應一種原子間躍遷產生的光子，h 為普朗克常數，$h\nu$ 是一個光子的能量。

輻射場與物質的相互作用，特別是共諧相互作用，為雷射器的問世和發展奠定了物理基礎。當入射電磁波的頻率和介質的共振頻率一致時，將會產生共振吸收（或增益），雷射產生以及光與物質的相互作用都會涉及場與介質的共振作用。

2）受激吸收

假設原子的兩個能級為 E_1、E_2，並且 $E_1 < E_2$，如果有能量滿足式（2.4）的光子照射時，原子就有可能吸收此光子的能量，從低能級的 E_1 態躍遷到高能級的 E_2 態。這種原子吸收光子，從低能級躍遷到高能級的過程稱為原子的受激吸收過程［圖 2.14(a)］。

3）自發輻射

原子受激發後處於高能級的狀態是不穩定的，一般只能停留 10^{-8} s 量級，它又會在沒有外界影響的情況下，自發地返回到低能級的狀態，同時向外界輻射一個能量為 $h\nu = E_2 - E_1$ 的光子，這個過程稱為原子的自發輻射過程。自發輻射是隨機的，輻射的各個光子發射方向和初相位都不相同，各原子的輻射彼此無關，因此自發輻射的光是不相干的［圖 2.14(b)］。

4）受激輻射和光放大

處在激發態能級上的原子，如果在它發生自發輻射之前，受到外來能量為 $h\nu$ 並滿足公式（2.4）的光子的激勵作用，就有可能從高能態向低能態躍遷，同時輻射出一個與外來光子同頻率、同相位、同方向，甚至同偏振態的光子，這一過程稱為原子的受激輻射［圖 2.14(c)］。

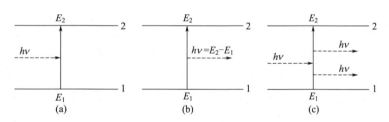

圖 2.14　受激吸收、自發輻射和受激輻射

如果一個入射光子引發受激輻射而增加一個光子，這兩個光子繼續引發受激輻射又增添兩個光子，以後 4 個光子又增殖為 8 個光子……這樣下去，在一個入射光子的作用下，原子系統可能獲得大量狀態特徵完全相同的光子，這一現象稱為光放大。因此，受激輻射過程致使原子系統輻射出與入射光同頻率、同相位、同傳播方向、同偏振態的大量光子，即全同光子。受激輻射引起光放大正是雷射產生機理中一個重要的基本概念。

5）粒子數反轉

由自發輻射和受激輻射的定義可見，普通光源的發光機理自發輻射

占主導地位。然而，雷射器的發光卻主要是原子的受激輻射。為了使原子體系中受激輻射占到主導地位而使其持續發射雷射，應設法改變原子系統處於熱平衡時的分布，使得處於高能級的原子數目持續超過處於低能級的原子數目，即實現「粒子數反轉」。

為了實現粒子數反轉，必須從外界向系統內輸入能量，使系統中盡可能多的粒子吸收能量後從低能級躍遷到高能級上去，這個過程稱為「激勵」或「泵浦」過程。激勵的方法一般有光激勵、氣體放電激勵、化學激勵甚至核能激勵等。例如，紅寶石雷射器採用的是光激勵；氦氖雷射器採用的是電激勵；染料雷射器採用的是化學激勵。

(2) 雷射產生條件

在實現了粒子數反轉的工作物質內（如採用光激勵或電激勵），可以使受激輻射占主導地位，但首先引發受激輻射的光子卻是由自發輻射產生的，而自發輻射是隨機的。因此，受激輻射實現的光放大，從整體上看也是隨機的、無序的，這就需要增加一系列裝置。

1) 光學諧振腔

在工作物質兩端安置兩面相互平行的反射鏡，在兩鏡之間就構成一個光學諧振腔，其中一面是全反射鏡，另一面是部分反射鏡。

在向各個方向發射的光子中，除沿軸向傳播的光子之外，都很快地離開光學諧振腔，只有沿軸向的光不斷得到放大，在腔內往返形成振盪。因而在雷射管中，步調整齊的光被連續不斷地放大，形成振幅更大的光。這樣，光在管子兩端相互平行的反射鏡之間來回進行反射，然後經過充分放大的光透過一個部分反射鏡，向外射出相位一致的單色光。

2) 光振盪的閾值條件

從能量觀點分析，雖然光振盪使光強增加，但同時光在兩個端面上及介質中的吸收、偏折和投射等，又會使光強減弱。只有當增益大於損耗時，才能輸出雷射，這就要求工作物質和諧振腔必須滿足「增益大於損耗」的條件，稱為閾值條件。

3) 頻率條件

光學諧振腔的作用不僅增加光傳播的有效長度 L，還能在兩鏡之間形成光駐波。實際上，只有滿足駐波條件的光才能被受激輻射放大。

由 $L=k\dfrac{\lambda_n}{2}$ （$k=1,\ 2,\ 3,\ \cdots$），其中 $\lambda_n=\dfrac{c}{n\nu}$，有

$$\nu=k\frac{c}{2nL}\ \text{或}\ \Delta\nu=\frac{c}{2nL} \tag{2.5}$$

式中，n 為整數，c 為光速。

在雷射管中受激輻射產生的頻率 ν，由式(2.4)可得

$$\nu = \frac{E_2 - E_1}{h} \tag{2.6}$$

式中，h 為普朗克常數。

為使頻率 ν 滿足式(2.5)和式(2.6)，需要對諧振腔的腔長進行調整。概括起來形成雷射的基本條件如下：

① 工作物質在激勵源的激勵下能夠實現粒子數反轉；

② 光學諧振腔能使受激輻射不斷放大，即滿足增益大於損耗的閾值條件；

③ 滿足式(2.5)和式(2.6)的頻率條件。

2.3.3　雷射光束品質

雷射在諸多領域已得到廣泛的應用，因此對雷射光束品質的要求也越來越高。光束參數（如光強分布、光束寬度及發散角等）是決定雷射應用效果的重要因素。如何用一種簡便、精確、實用的方法測量、評價雷射器發射雷射的光束品質，已經成為雷射技術研究中的關鍵問題。研究者曾經採用雷射光束聚焦特徵參數 K_f、M^2 因子、遠場發散角 θ_0、光束衍射極限倍數因子 β 及斯特列爾比 S_r 等進行雷射光束品質的評價，但這些方法適合於不同應用場合的雷射質量評價，未能形成統一的雷射光束品質評價標準。

（1）光束聚焦特徵參數 K_f

光束聚焦特徵參數 K_f，也稱為光束參數乘積（BPP，beam parameters product），定義為光束束腰直徑 d_0 和光束遠場發散角全角 θ_0 乘積的 $1/4$。

$$K_f = \frac{d_0 \theta_0}{4} \tag{2.7}$$

該式描述了光束束腰直徑和遠場發散角乘積不變原理，並且在整個光束傳輸變換系統中，K_f 是一個常數，適用於工業領域評價雷射光束品質。

（2）衍射極限倍數因子 M^2

1988 年，A. E. Siegman 將基於實際光束的空間閾和空間頻率閾的二階矩表示的束寬積定義為光束品質 M^2 因子，它相當於從描述光波的復振幅的無窮多資訊中，透過二階矩形式來抽取組合出因子，較合理地描述了雷射光束品質，1991 年被國際標準化組織 ISO/TC172/SC9/WG1 標

準草案採納。M^2 因子定義為

$$M^2 = \frac{\text{實際光束束腰直徑} \times \text{實際光束遠場發射角}}{\text{理想光束束腰直徑} \times \text{理想光束遠場發射角}} = \frac{\pi}{4\lambda} d_0 \theta_0 \quad (2.8)$$

式中，d_0 為雷射束腰直徑，θ_0 為遠場發散角，λ 為波長。

M^2 因子是目前被普遍採用的評價雷射光束品質的參數，也稱之為光束品質因子。但應指出，M^2 因子的定義是建立在空間域和空間頻率閾中束寬的二階矩定義基礎上的。雷射束束腰寬度由束腰橫截面上的光強分布來決定，遠場發散角由相位分布來決定。因此 M^2 因子能夠反映光場的強度分布和相位分布特徵。它表徵了一個實際光束偏離極限衍射發散速度的程度，M^2 因子越大則光束衍射發散越快。

(3) 遠場發散角 θ_0

設雷射光束沿 z 軸傳輸，則遠場發散角 θ_0 用漸近線公式表示為

$$\theta_0 = \lim_{z \to \infty} \frac{\omega(z)}{z} \quad (2.9)$$

式中，$\omega(z)$ 為雷射傳播至 z 時光束束腰半徑，遠場發散角表徵光束傳播過程中的發散特性，顯然 θ_0 越大光束發散越快。在實際測量中，通常是利用聚焦光學系統或擴束聚焦系統將被測雷射束聚焦或擴束聚焦後，採用焦平面上測量的光束寬度與聚焦光學系統焦距的比值得到遠場發散角。由於 θ_0 大小可以透過擴束或聚焦來改變（如利用望遠鏡擴束），所以僅用遠場發散角作為光束品質判據是不準確的。

(4) 雷射束亮度 B

亮度是描述雷射特性的一個重要參量，按照傳統光學概念，雷射束亮度是指單位面積的光源表面向垂直於單位立體角內發射的能量

$$B = \frac{P}{\Delta S \times \Delta \Omega} \quad (2.10)$$

式中，P 為光源發射的總功率（或能量），ΔS 為單位光源發光面積，$\Delta \Omega$ 為發射立體角。雷射束在無損耗的介質或在無損耗的光學系統中傳輸，光源的亮度保持不變。

(5) 等效光束品質因子 M_e^2

由於在二階矩定義的等效光斑尺寸內，光束的功率占總功率的百分比依賴於光場分布，於是一種描述光束品質的方法規定，在束腰光斑尺寸和遠場發散角所限定的區域內，雷射功率占總功率的比例為 86.5%，其等效光束品質因子為

$$M_e^2 = \frac{\pi \omega_{86.5} \theta_{86.5}}{\lambda} \quad (2.11)$$

式中，ω 為束腰半徑，θ 為遠場發散角。

(6) 光束衍射極限倍數因子 β

由遠場發散角 θ_0 可以定義 β 值

$$\beta = \frac{實際光束的遠場發散角}{理想光束的遠場發散角} = \frac{\theta_0}{\theta_{th}} \tag{2.12}$$

β 值表徵被測雷射束的光束品質偏離同一條件下理想光束品質的程度。被測雷射的 β 值一般大於 1，β 值越接近 1，光束品質越好。$\beta = 1$ 為衍射極限。β 值主要用於評價剛從雷射器諧振腔發射出的雷射束，能比較合理地評價近場光束品質，是靜態性能指標，並沒有考慮大氣對雷射的散射、湍流等作用。β 值的測量依賴於光束遠場發散角的準確測量，不適合於評價遠距離傳輸的光束。

(7) 斯特列爾比 S_r

斯特列爾比 S_r 定義為

$$S_r = \frac{實際光軸上的峰值光強}{理想光軸上的峰值光強} = \exp\left[-\left(\frac{2\pi}{\lambda}\right)^2 (\Delta\Phi)^2\right] \tag{2.13}$$

式中 $\Delta\Phi$ 是指造成光束品質下降的波前畸變。S_r 反映了遠場軸上的峰值光強，它取決於波前畸變，能較好地反映光束波前畸變對光束品質的影響。斯特列爾比常用於大氣光學中，主要用來評價自適應光學系統對光束品質的改善性能。但是 S_r 只反映遠場光軸上的峰值光強，不能給出能量應用型所關心的光強分布。此外，它只能粗略地反映光束品質，在光學系統設計中不能提供非常有用的指導。

(8) 環圍能量比 BQ

環圍能量比，也稱靶面上（或桶中）功率比，定義為規定尺寸內實際光斑環圍能量（或功率）與相同尺寸內理想光斑環圍能量（或功率）比值的平方根。其表達式為

$$BQ = \sqrt{\frac{E}{E_0}} \ 或 \ BQ = \sqrt{\frac{P}{P_0}} \tag{2.14}$$

式中，E_0（或 P_0）和 E（或 P）分別為靶目標上規定尺寸內理想光束光斑環圍能量（或功率）和被測實際光束光斑環圍能量（或功率）。BQ 值針對能量輸送及耦合型應用，結合光束在目標上的能量集中度進行遠場光束品質的評價。BQ 值包含了大氣的因素，是從工程應用和破壞效應的角度描述光束品質的綜合性指標，是雷射系統受大氣影響的動態指標。BQ 值把光束品質和功率密度直接聯繫在一起，是能量集中度的反映，對強雷射與目標的能量耦合和破壞效應的研究有實際的意義。

除以上幾種參數外，國際上還常採用模式純度、空間相干度及全局相干度等來描述雷射的光束品質，各種評價光束品質的參數都有其自身的優點和局限性。表 2.1 綜合了各種參數的優缺點和適用領域。

表 2.1　各種表徵光束品質的參數的優缺點和適用領域

參數	優點	局限性	適用場合
K_f	僅包含光束直徑和發散角兩個因素	不能反映光強的空間分布	工業應用領域
M^2 因子	能在物理上客觀反映光束遠場發散角和高階模含量，可以解析地表徵光束傳輸變換關係	引入波長參數，不適用於不同波長雷射束質量之間的比較	基於二階矩定義的光束束寬和發散角，光束線性傳輸領域
θ	表徵了光束發散程度	不能反映光強空間分布	簡單了解光束特性
B	表徵了光束相干性	不能反應光強空間分布	顯示、照明
M_e^2	按照包含光強能量的 86.5％定義束寬	引入波長參數，不適用於不同波長雷射束質量之間的比較	—
β	僅僅需要測量 θ 一個參數	θ 可以變換，標準光束選取不統一	非穩腔雷射光束品質評價
S_r	能客觀地反映軸上峰值光強	不能反映光強空間分布	大氣光學以及光學雷達
BQ	反映了光束遠場焦斑上的能量集中度	環圍能量比可由不同的光束能量分布得到	非穩腔雷射光束品質
模式純度	實際光束強度分布偏離理想光束強度分布的量度	不具普遍性	—
空間相干度	反映光束空間相干性	不具普遍性	
全局相干度	反映光束全局相干性	不具普遍性	

2.3.4　雷射光束形狀

雷射光束的空間形狀由雷射器的諧振腔決定，在給定邊界條件下，透過解波動方程來決定諧振腔內的電磁場分布，在圓形對稱腔中具有簡單的橫向電磁場的空間形狀。

腔內橫向電磁場分布稱為腔內橫模，用 TEM_{mn} 表示。TEM_{00} 表示

基模，TEM_{01}、TEM_{02} 和 TEM_{10}、TEM_{11}、TEM_{20} 表示低階模，TEM_{03}、TEM_{04} 和 TEM_{30}、TEM_{33}、TEM_{21} 等表示高階模。大多數雷射器的輸出均為高階模，為了得到基模或是低階模輸出，需要採用選模技術。

目前常用的選模技術均基於增加腔內衍射的損耗，例如採用多折腔增加腔長，以增加腔內的衍射損耗；另一種方法是減少雷射器的放電管直徑或是在腔內加一小孔光闌，其目的也是增加腔內的衍射損耗。基模光束的衍射損耗很大，能夠達到衍射極限，故基模光束的發散角小。從增加雷射泵浦效率考慮，腔內模體積應該盡可能充滿整個激活介質，即在長管雷射器中，TEM_{00} 模輸出占主導地位，而在高階模雷射振盪中，基模只占雷射功率的較小部分，故高階模輸出功率大。

2.4　雷射器

產生雷射的儀器稱為雷射器，它包括氣體雷射器、液體雷射器、固體雷射器、半導體雷射器及其他雷射器等。其中，較為典型的雷射器是 CO_2 氣體雷射器、半導體雷射器、YAG 固體雷射器和光纖雷射器。

2.4.1　雷射器的基本組成

雷射器雖然多種多樣，但都是透過激勵和受激輻射產生雷射的，因此雷射器的基本組成是固定的，通常由工作物質（即被激勵後能產生粒子數反轉的工作介質）、激勵源（能使工作物質發生粒子數反轉的能源，又叫泵浦源）和光學諧振腔三部分組成。

（1）雷射工作物質

雷射的產生必須選擇合適的工作物質，可以是氣體、液體、固體或者半導體。在這種介質中可以實現粒子數反轉，以製造獲得雷射的必要條件。顯然亞穩態能級的存在，對實現粒子數反轉是非常有利的。現有的工作物質近千種，可產生的雷射波長覆蓋真空紫外波段到遠紅外波段，非常廣泛。

（2）激勵源

為使工作物質中出現粒子數反轉，必須採用一定的方法去激勵粒子體系，使處於高能級的粒子數量增加。可以採用氣體放電的方法利用具有動能的電子去激發工作物質，稱為電激勵；也可用脈衝光源照射工作

物質產生激勵，稱為光激勵；還有熱激勵、化學激勵等。各種激勵方式被形象地稱為泵浦或抽運。為了不斷得到雷射輸出，必須不斷地「泵浦」以維持處於激發態的粒子數。

(3) 光學諧振腔

有了合適的工作物質和激勵源後，就可以實現粒子數反轉，但這樣產生的受激輻射強度很低，無法應用。於是人們想到可採用光學諧振腔對受激輻射進行「放大」。光學諧振腔是由具有一定幾何形狀和光學反射特性的兩塊反射鏡按特定的方式組合而成。它的主要作用如下。

① 提供光學反饋能力，使受激輻射光子在腔內多次往返以形成相干的持續振盪。

② 對腔內往返振盪光束的方向和頻率進行限製，以保證輸出雷射具有一定的定向性和單色性。

雷射器是現代雷射加工系統中必不可少的核心組件之一。隨著雷射加工技術的發展，雷射器也在不斷向前發展，出現了許多新型雷射器。

早期雷射加工用雷射器主要是大功率 CO_2 氣體雷射器和燈泵浦固體 YAG 雷射器。從雷射加工技術的發展歷史來看，首先出現的雷射器是在 1970 年代中期的封離型 CO_2 雷射器，發展至今，已經出現了第五代 CO_2 雷射器——擴散冷卻型 CO_2 雷射器。表 2.2 所示為 CO_2 雷射器的發展狀況。

從表 2.2 可看出，早期的 CO_2 雷射器趨向雷射功率提高的方向發展，但當雷射功率達到一定要求後，雷射器的光束品質受到重視，雷射器的發展隨之轉移到提高光束品質上。最近出現的接近衍射極限的擴散冷卻板條式 CO_2 雷射器具有較好的光束品質，一經推出就得到了廣泛的應用，尤其是在雷射切割領域，受到眾多企業的青睞。

表 2.2　CO_2 雷射器的發展狀況

雷射器類型		封離式	慢速軸流	橫流	快速軸流	渦輪風機快速軸流	擴散型 SLAB
出現年代		20 世紀 70 年代中期	20 世紀 80 年代早期	20 世紀 80 年代中期	20 世紀 80 年代後期	20 世紀 90 年代早期	20 世紀 90 年代中期
目前功率/W		500	1000	20000	5000	10000	5000
光束質量	M^2 因子	不穩定	1.5	10	5	2.5	1.2
	K_f 因子 /mm·mrad	不穩定	5	35	17	9	4.5

　　CO_2 雷射器具有體積大、結構複雜、維護困難，金屬對 $10.6\mu m$ 波長的雷射不能夠很好吸收，不能採用光纖傳輸雷射以及焊接時光致等離子體嚴重等缺點。其後出現的 $1.06\mu m$ 波長的 YAG 雷射器在一定程度上彌補了 CO_2 雷射器的不足。早期的 YAG 雷射器採用燈泵浦方式，存在雷射效率低（約為 3％）、光束品質差等問題，隨著雷射技術的不斷進步，固體 YAG 雷射器不斷取得進展，出現了許多新型雷射器。大功率固體 YAG 雷射器的發展狀況見表 2.3。

表 2.3　大功率固體 YAG 雷射器發展狀況

雷射器類型		燈泵浦固體	半導體泵浦	光纖泵浦	片狀 DISC 固體	半導體端面泵浦	光纖激光器
出現年代		20 世紀80 年代	20 世紀80 年代末期	20 世紀90 年代中期	20 世紀90 年代中期	20 世紀90 年代末期	21 世紀初
功率/W		6000	4400	2000	4000(樣機)	200	10000
光束質量	M^2 因子	70	35	35	7	1.1	70
	K_f 因子/mm·mrad	25	12	12	2.5	0.35	25

　　從表 2.2、表 2.3 可看出，雷射器的發展除了不斷提高雷射器的功率以外，另一個重要方面就是不斷提高雷射器的光束品質。雷射器的光束品質代表著雷射器作為加工工具的鋒利程度，在雷射加工過程中往往起著比雷射功率更為重要的作用。

　　製造用雷射器隨雷射功率和光束品質的發展如圖 2.15 所示。

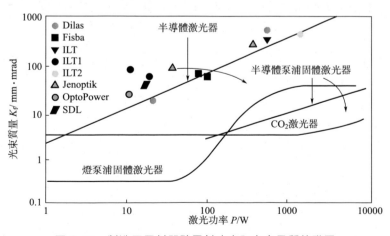

圖 2.15　製造用雷射器隨雷射功率和光束品質的發展

21 世紀初，出現了另外一種新型雷射器——半導體雷射器。與傳統的大功率 CO_2、YAG 雷射器相比，半導體雷射器具有很明顯的技術優勢，如體積小、重量輕、效率高、能耗小、壽命長以及金屬對半導體雷射吸收高等優點。隨著半導體雷射技術的不斷發展，以半導體雷射器為基礎的其他固體雷射器，如光纖雷射器、半導體泵浦固體雷射器、片狀雷射器等的發展也十分迅速。其中，光纖雷射器發展較快，尤其是稀土摻雜的光纖雷射器，已經在光纖通訊、光纖感測、雷射材料處理等領域獲得了廣泛的應用。

2.4.2　CO_2 氣體雷射器

採用 CO_2 作為主要工作物質的雷射器稱為 CO_2 雷射器，它的工作物質中還需加入少量 N_2 和 He 以提高雷射器的增益、耐熱效率和輸出功率。CO_2 雷射器具有以下一些突出優點。

① 輸出功率大、能量轉換效率高，一般的封閉管 CO_2 雷射器可有幾十瓦的連續輸出功率，遠遠超過了其他氣體雷射器；橫向流動式的電激勵 CO_2 雷射器則可有幾十千瓦的連續輸出。

② CO_2 雷射器的能量轉換效率可達 30%～40%，超過其他氣體雷射器。

③ CO_2 雷射器是利用 CO_2 分子振動——轉動能級間的躍遷，有比較豐富的譜線，在波長 $10\mu m$ 附近有幾十條譜線的雷射輸出。近年來發現的高氣壓 CO_2 雷射器，甚至可以做到 9～$10\mu m$ 間連續可調輸出。

④ CO_2 雷射器的輸出波段正好是大氣窗口（即大氣對此波長的透明度較高）。此外，CO_2 雷射器還具有輸出光束品質高、相干性好、線窄寬、工作穩定等優點。因此在工業與國防中得到了廣泛的應用。

（1）CO_2 雷射器的結構

典型的封離型縱向電激勵 CO_2 雷射器由雷射管、電極以及諧振腔等幾部分組成（見圖 2.16），其中最關鍵的部件為硬質玻璃製成的雷射管，一般採用層套筒式結構。最裡層為放電管，第二層為水冷套管，最外一層為儲氣管[9]。

放電管位於氣體放電中輝光放電正柱區位置。該區有豐富的載能粒子，如電子、離子、快速中性氣體、亞穩態粒子和光子等，是雷射的增益區。為此，對放電管的直徑、長度、圓度和直度都有一定的要求。100W 以下的器材大多用硬質玻璃製作。中等功率（100～500W）的器件，為保證功率或頻率的穩定常用石英玻璃製作，管徑一般在 10mm 左右，管長可略粗。

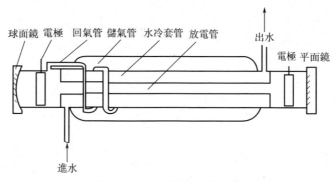

球面鏡　電極　回氣管　儲氣管　水冷套管　放電管　　出水　　電極　平面鏡

進水

圖 2.16　CO_2 雷射器的結構

在緊靠放電管的四周有水冷套管，其作用是降低放電管內工作氣體的溫度，使輸出功率保持穩定，保證器件實現粒子數反轉分布，並防止在放電激勵的過程中放電管受熱炸裂。放電管在兩端都與儲氣管連接，即儲氣管的一端有一小孔與放電管相通，另一端經過螺旋形回氣管與放電管相通，這樣就可使氣體在放電管與儲氣管中循環流動，放電管中的氣體隨時可與儲氣管中的氣體進行交換。

最外層是儲氣管。它的作用一是減小放電過程中工作氣體成分和壓力的變化，二是增強放電管的機械穩定。回氣管是連接陰極和陽極兩空間的細螺旋管，可改善由電泳現象造成的極間氣壓的不平衡分布。回氣管管徑的粗細和長短的取值很重要，它既要使陰極處的氣體能很快地流向陽極區達到氣體均勻分布，又要防止回氣管內出現放電現象。

電極分陽極和陰極。對陰極材料要求是具有發射電子的能力、濺射率小和能還原 CO_2 的作用。目前 CO_2 雷射器大多數採用鎳電極，電極面積大小由放電管內徑和工作電流而定。電極位置與放電管同軸。陽極尺寸可與陰極相同，也可略小。

輸出鏡通常採用能透射 $10.6\mu m$ 波長的材料作基底，在上面鍍製多層膜，控制一定的透射率，以達到最佳耦合輸出。常用材料：氯化鉀、氯化鈉、鍺、砷化鎵、硒化鋅、碲化鎘等。

CO_2 雷射器的諧振腔常用平凹腔，反射鏡用 K8 光學玻璃或光學石英，經加工成大曲率半徑的凹面鏡，鏡面上鍍有高反射率的金屬膜——鍍金膜，在波長 $10.6\mu m$ 處的反射率達 98.8%，且化學性質穩定。二氧化碳發出的光為紅外光，所以反射鏡需要採用透紅外光的材料。普通光學玻璃不透紅外光，這就要求在全反射鏡的中心開一小孔，再密封上一

塊能透過 $10.6\mu m$ 雷射的紅外材料，以封閉氣體，這就使諧振腔內雷射的一部分從小孔輸出腔外，形成一束雷射，即光刀。

電源及泵浦：封閉式 CO_2 雷射器的放電電流較小，採用冷電極，陰極用鉬片或鎳片做成圓筒狀。$30\sim40mA$ 的工作電流，陰極圓筒的面積 $500cm^2$，為不致鏡片污染，在陰極與鏡片之間加一光欄。泵浦採用連續直流電源激發。

（2）CO_2 雷射器的輸出特性

① 橫流 CO_2 雷射器　橫流 CO_2 雷射器的氣體流動垂直於諧振腔的軸線。這種結構的 CO_2 雷射器光束品質較低，主要用於材料的表面處理，一般不用於切割。相對於其他 CO_2 雷射器，橫流 CO_2 雷射器輸出功率高、光束品質低、價格也較低。

橫流 CO_2 雷射器可以採用直流（DC）激勵（圖 2.17）和高頻（HF）激勵（圖 2.18），其電極置於沿平行於諧振腔軸線的等離子體區兩邊。等離子體的點燃和運行電壓低，氣體流動穿過等離子體區垂直於光束，氣體流過電極系統的通道非常寬，因此流動阻力很小，對等離子體的冷卻非常有效，對雷射的功率沒有太多的限製。這類雷射器的長度不到 1m，但可以產生 8kW 的功率。然而，這類雷射器由於氣體橫向流動透過等離子體，將等離子體吹離了主放電回路，導致在光束截面上等離子體區或多或少偏離成為三角形，光束品質不高，出現高階模。如果採用圓孔限模，可在一定程度上使光束的對稱性提高。

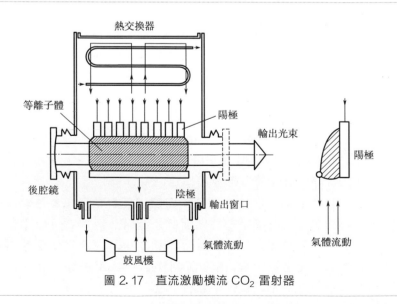

圖 2.17　直流激勵橫流 CO_2 雷射器

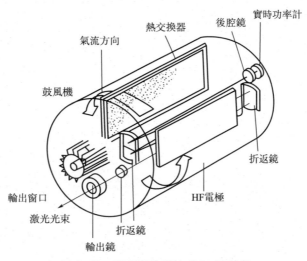

圖 2.18　高頻激勵橫流 CO_2 雷射器

②　快速軸流 CO_2 雷射器　快速軸流 CO_2 雷射器結構如圖 2.19 所示。這類 CO_2 雷射器雷射氣體的流動沿著諧振腔的軸線方向。這種結構的 CO_2 雷射器的輸出功率範圍從幾百瓦到 20kW。輸出的光束品質較好，是目前雷射切割採用的主流結構。

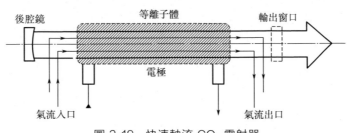

圖 2.19　快速軸流 CO_2 雷射器

軸流 CO_2 雷射器可以採用直流（DC）激勵（圖 2.20）和射頻（RF）激勵（見圖 2.21）。電極之間的等離子體的形狀為細長柱狀。為了阻止等離子體彌散在周圍區域，這種類型的放電區常常在一個空心柱狀玻璃或陶瓷管內，等離子體可在兩個環形電極兩端被點燃並維持，點燃和運行的電壓依賴於電極之間的距離，在實際應用中使用的最大電壓是 $20 \sim 30$ kV，放電長度因而受到限製。

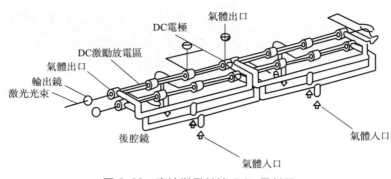

圖 2.20　直流激勵軸流 CO_2 雷射器

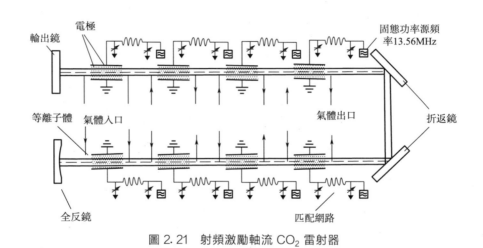

圖 2.21　射頻激勵軸流 CO_2 雷射器

　　循環氣體的冷卻採用快速軸向流動的形式，為確保有效的熱傳導，常用羅茨鼓風機或渦輪風機實現這一高速流動。但這種幾何形狀的流動阻力相對較高，輸出雷射功率將會受到一定的限製，如直流激勵僅僅有幾百瓦的雷射輸出。雷射器的輸出功率有限，因此常常由幾個軸流冷卻放電管以光學形式串接起來，以提供足夠的雷射功率。

　　由於 CO_2 雷射器的輸出功率主要依賴於單位體積輸入的電功率，所以 RF 激勵比 DC 激勵等離子體密度高，幾個軸流冷卻放電管以光學形式串接起來的 RF 激勵軸流雷射器，連續輸出功率可達 20kW。軸流 CO_2 雷射器，由於等離子體軸向對稱，容易運行在基模狀態，產生的光束品質高。

　　③ 板條式擴散冷卻 CO_2 雷射器　擴散冷卻 CO_2 雷射器與早期的封

離式 CO_2 雷射器相似，封離式 CO_2 雷射器的工作氣體封閉在一個放電管中，透過熱傳導方式進行冷卻。盡管放電管的外壁有有效的冷卻，但是放電管每米只能產生 50W 的雷射能量，不可能製造出緊湊、高能的雷射器結構。擴散冷卻 CO_2 雷射器也是採用氣體封閉的方式，只不過雷射器是緊湊的結構，射頻激勵的氣體放電發生在兩個面積比較大的銅電極之間（見圖 2.22），由於可以採用水冷的方式來冷卻電極，因而在兩個電極間的狹窄間隙能夠從放電腔內盡可能大地散熱，這樣就能得到相對較高的輸出功率密度。

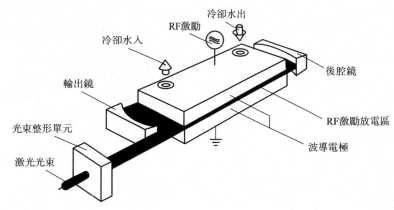

圖 2.22　板條式擴散冷卻 CO_2 雷射器基本原理

擴散冷卻 CO_2 雷射器採用柱鏡面構成的穩定諧振腔，光學非穩定腔能容易地適應激勵的雷射增益介質的幾何形狀，板條式 CO_2 雷射器能產生高功率密度雷射光束，且雷射光束品質高。但是該類型雷射器的原始輸出光束為矩形，需要在外部透過一個水冷式的反射光束整形器件將矩形光束整形為一個圓形對稱的雷射束。目前該類型雷射器的輸出功率範圍為 1～5kW。

與流動式氣體雷射器相比，板條式 CO_2 雷射器除了具有結構緊湊、堅固的特點外還具有一個突出的優點，那就是實際應用中不必像氣體流動式 CO_2 雷射器那樣，必須時時注入新鮮的雷射工作氣體，而是將一個小型的約 10L 的圓柱形容器安裝在雷射頭中來儲藏雷射工作氣體，透過外部的一個雷射氣體供應裝置和永久性的氣體儲氣罐交換器可以使這種執行機構持續工作一年以上。

擴散冷卻 CO_2 雷射器由於雷射噴頭結構緊湊和尺寸小，可以與加工機械進行集成一體化設計，也可將加工系統設計成可以移動的雷射頭。

另外，高的光束品質可以帶來小的聚焦光斑，從而可獲得精密切割和焊接；另一方面，高的光束品質還可採用長焦距聚焦透鏡獲得較小的聚焦光斑，實現遠程加工。高的光束品質使大範圍內加工的雷射聚焦光斑大小和焦點位置的變化很小，可以確保整個工件的加工品質，對於類似於輪船或飛機等的大型框架結構的加工非常有利。

2.4.3 YAG 固體雷射器

發射雷射的核心是雷射器中可以實現粒子數反轉的雷射工作物質（即含有亞穩態能級的工作物質），如工作物質為晶體狀或玻璃的雷射器，分別稱為晶體雷射器和玻璃雷射器，通常把這兩類雷射器統稱為固體雷射器。在雷射器中以固體雷射器發展最早，這種雷射器體積小、輸出功率大、應用方便。用於固體雷射器的物質主要有三種：摻釹釔鋁石榴石（Nd：YAG）工作物質，輸出的波長為 $1.06\mu m$，呈白藍色；釹玻璃工作物質，輸出波長為 $1.06\mu m$，呈紫藍色；紅寶石工作物質，輸出波長為 $0.694\mu m$，呈紅色。

YAG 雷射器是最常見的一類固體雷射器。YAG 雷射器的問世較紅寶石和釹玻璃雷射器晚，1964 年 YAG 晶體首次研製成功。經過幾年的努力，YAG 晶體材料的光學和物理性能不斷改善，攻克了大尺寸 YAG 晶體的製備工藝，到 1971 年已能拉製直徑 40mm、長度 200mm 的大尺寸 Nd：YAG 晶體，為 YAG 雷射器的研製提供了成本適中的優質晶體，推動了 YAG 雷射器的發展和應用。1970 年代，雷射器的發展進入了研究和應用 YAG 雷射器的熱潮。例如，美國西爾凡尼亞公司於 1971 年推出 YAG 雷射精密追蹤雷達（PATS 系統）成功用於導彈測量靶場。1980 年代 YAG 雷射器研究和應用的基本技術已走向成熟，進入快速發展時期，成為各種雷射器發展和應用的主流。

（1）YAG 雷射器的結構

通常的 YAG 雷射器，是指在釔鋁石榴石（YAG）晶體中摻入三價釹 Nd^{3+} 的 Nd：YAG 雷射器，它發射 $1.06\mu m$ 的近紅外雷射，是在室溫下能夠連續工作的固體工作物質雷射器。在中小功率脈衝雷射器中，目前應用 Nd：YAG 雷射器的量遠超過其他工作物質。這種雷射器發射的單脈衝功率可達 $10^7 W$ 或更高，能以極高的速度加工材料。YAG 雷射器具有能量大、峰值功率高、結構較緊湊、牢固耐用、性能可靠、加工安全、控制簡單等特點，被廣泛用於工業、國防、醫療、科研等領域。由於 Nd：YAG 晶體具有優良的熱學性能，因此非常適合製成連續和重頻

雷射器件。

YAG 雷射器包括 YAG 雷射棒、氙燈、聚光腔、AO-Q 開關、啓偏器、全反鏡、半反鏡等，結構如圖 2.23 所示。

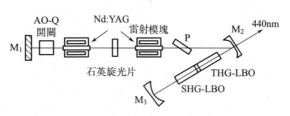

圖 2.23　YAG 雷射器結構示意

YAG 雷射器的工作介質為 Nd：YAG 棒，側面打毛，兩端磨成平面，鍍增透膜。倍頻晶體採用磷酸氧鈦鉀（KTP）晶體，兩面鍍膜增透。雷射諧振腔採用平凹穩定腔，腔長 530mm，平凹全反鏡的曲率半徑為 2mm，諧振反射鏡採用高透和高反膜層的石英鏡片，Q 開關器件的調變頻率可調。

雷射諧振腔為 1.3mm，譜線共振的三鏡摺疊腔，包括兩個半導體雷射泵浦模塊，每一個模塊由 12 個 20W 連續波中心波長 808nm 的半導體雷射列陣（LD）組成，總譜線寬度小於 3nm。雷射晶體為 $3mm \times 75mm$ 的 Nd：YAG，摻雜濃度為 1.0%。在兩個 LD 泵浦模塊中間插入 1 塊 1.319nm、雷射 90°的石英旋光片來補償熱致雙折射效應，使得角向偏振與徑向偏振光的諧振腔穩區相互重疊，有利於提高輸出功率，改善光束品質，高衍射損耗的聲光 Q 開關用來產生調 Q 脈衝輸出，重複頻率可在 1～50kHz 範圍內調節。設計的諧振腔在摺疊臂上產生一個實焦點以提高功率密度，有利於非線性頻率變換。

平面鏡 M_1 鍍 1319nm、659.4nm 雙高反膜係，平凹鏡 M_2 為輸出耦合鏡，平凹鏡 M_3 為 1319nm、659nm、440nm 的 3 波長高反膜。由於 Nd：YAG 晶體的 1064nm 譜線強度是 1319nm 波長的 3 倍，因此 M_1、M_2、M_3 腔鏡設計時均要求對 1064nm 波長的通過率大於 60%，這對抑製 1064nm 雷射振盪是非常重要的。為減小腔內插入損耗，腔內所有的元器件均應鍍有增透膜。半導體雷射器未加任何整形措施或光學成像部件，分別從相鄰 120°方向泵浦 Nd：YAG 晶體，透過優化泵浦結果參數，可以獲得較為均勻、類高斯型的增益分布輪廓，這種設計具有簡單、緊湊、實用化的特點，可以與諧振腔本徵模較好地匹配，有利於提高能量提取效率和光束品質。

　　由於三硼酸鋰（LBO）晶體具有高的損傷閾值，對基頻光和倍頻光低吸收，可實現1319nm二倍頻和三倍頻相位匹配和具有適宜的有效非線性係數等優勢，所以選擇兩塊LBO晶體作為腔內倍頻與腔內和頻的晶體。

（2）YAG雷射器的輸出特性

　　① 燈泵浦Nd：YAG雷射器　　燈泵浦Nd：YAG雷射器結構如圖2.24和圖2.25所示。增益介質Nd：YAG為棒狀，常放置於雙橢圓反射聚光腔的焦線上。兩泵浦燈位於雙橢圓的兩外焦線上，冷卻水在燈和有玻璃管套的雷射棒之間流動。

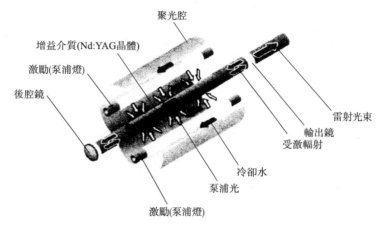

圖 2.24　雷射器的泵浦燈和雷射棒結構示意

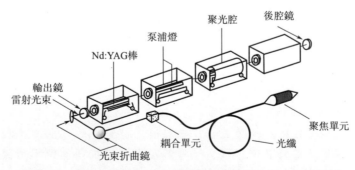

圖 2.25　多雷射棒諧振腔光纖輸出數千瓦的 Nd：YAG 雷射

　　在高功率雷射器中，由於雷射棒的熱效應限製了每根雷射棒的最大輸出功率，雷射棒內部的熱和雷射棒表面冷卻引起晶體的溫度梯度，使

得泵浦的最大功率必須低於使其發生破壞的應力限度。單棒 Nd：YAG 雷射器的有效功率範圍為 50～800W。更高功率的 Nd：YAG 雷射器可透過 Nd：YAG 雷射棒的串接獲得。

　　② 二極管雷射泵浦 Nd：YAG 雷射器　二極管雷射泵浦 Nd：YAG 雷射器結構如圖 2.26 所示。採用 GaAlAs 系列半導體雷射器作為泵浦光源。

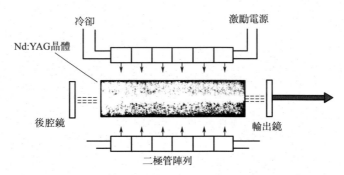

圖 2.26　二極管雷射泵浦 Nd：YAG 雷射器原理

　　由半導體雷射器作為泵浦源，增加了元器件的壽命，所以沒有了使用燈泵浦時所需要定期更換泵浦燈的要求。半導體泵浦 Nd：YAG 雷射器的可靠性更高、工作時間更長。

　　半導體泵浦 Nd：YAG 雷射器的高轉換效率來源於半導體雷射器發射的光譜與 Nd：YAG 的吸收帶有良好的光譜匹配性。GaAlAs 半導體雷射器發射一窄帶波長，透過精確調節 Al 含量，可以使其發射的光正好在 808nm，處在 Nd^{3+} 粒子的吸收帶。半導體雷射的電光轉換效率近似為 40％～50％，這是使半導體泵浦 Nd：YAG 雷射器可以獲得超過 10％ 的轉換效率的原因。而燈激勵產生「白光」，Nd：YAG 晶體僅吸收其中很少一部分光譜，導致其效率不高[10]。

2.4.4　光纖雷射器

(1) 光纖雷射器分類

　　所謂光纖雷射器，就是採用光纖作為雷射介質的雷射器。按照激勵機製可分為四類：

　　① 稀土摻雜光纖雷射器，透過在光纖基質材料中摻雜不同的稀土離子（Yb^{3+}、Er^{3+}、Nd^{3+}、Tm^{3+} 等），獲得所需波段的雷射輸出；

② 利用光纖的非線性效應製作的光纖雷射器，如受激拉曼散射（SRS）等；

③ 單晶光纖雷射器，其中有紅寶石單晶光纖雷射器、Nd：YAG 單晶光纖雷射器等；

④ 染料光纖雷射器，透過在塑膠纖芯或包層中充入染料，實現雷射輸出，目前還未得到有效應用。

在這幾類光纖雷射器中，以摻稀土離子的光纖雷射器和放大器最為重要，且發展最快，已在光纖通訊、光纖感測、雷射材料處理等領域獲得了應用，通常説的光纖雷射器多指這類雷射器[4]。

（2）光纖雷射器的波導原理

與固體雷射器相比，光纖雷射器在雷射諧振腔中至少有一個自由光束路徑形成，光束形成和導入光纖雷射器是在光波導中實現的。通常，這些光波導是基於摻稀土的光電介質材料，例如用矽、磷酸鹽玻璃和氟化物玻璃材料，顯示衰減度約為 10dB/km，比固態雷射晶體少幾個數量級。和晶體狀的固態材料相比，稀土離子吸收波段和發射波段顯示光譜加寬，這是由於玻璃基塊的相互作用減小了頻率穩定性和泵浦光源所需的寬度。因此，要選擇波長合適的雷射二極管泵浦源。

單層光纖雷射器的幾何結構如圖 2.27 所示。光纖含有一個折射率為

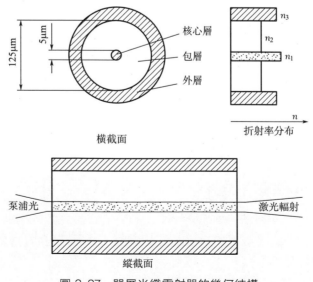

圖 2.27　單層光纖雷射器的幾何結構

n_1 的摻稀土激活核，通常被一層純矽玻璃包層包圍，包層折射率 $n_2 <$ n_1。所以，基於在芯和包層交接表面內部的全反射，波導產生於芯層。對於泵浦輻射和產生的雷射輻射，光纖雷射器的芯層既是激活介質又是波導。整個光纖被聚合物外層保護免受外部影響。

光纖雷射器的光束品質由給定的波導折射率的光學特徵決定，如果光纖芯層滿足無量綱參數 V 的條件

$$V = \frac{2\pi a}{\lambda}\sqrt{n_1^2 - n_2^2} = \frac{2\pi a}{\lambda}NA < 2.40 \qquad (2.15)$$

式中，a 為芯層半徑，λ 是雷射輻射波長，NA 是數值孔徑。只有基橫模可以透過光纖傳播。對於光纖雷射器來說，當用於多模或單模光纖條件時，芯徑通常為 $3 \sim 8\mu m$。當多模光纖用於大芯徑條件時，能產生高階橫模。數值孔徑 NA 決定了光纖軸芯和輻射耦合進光纖所成角度的正弦值，模式數 Z 在光纖中傳播，根據公式 $Z = V^2/2$，近似於大數值的光纖參數 V。為減少塗層中模式的光學擴散，塗層必須有更高的折射率，即 $n_3 > n_2$。

對於光學激發光纖雷射器，泵浦輻射透過光纖表面耦合到雷射器芯層。然而，如果是軸向泵浦，泵浦輻射必須耦合到只有幾個微米尺寸的波導中。因此，必須採用高透明泵浦輻射源激發多模光纖。目前輻射源的輸出功率限製到 1W 左右。為了按比例放大泵浦功率，需要大孔徑光纖與大功率半導體雷射器陣列的光束參數相匹配。然而，增大的光纖激活芯層允許更高的橫模振盪，會導致光束品質降低。目前採用雙包層設計，即採用隔離芯層來泵浦和發射雷射，可獲得良好的效果。

（3）雙包層光纖雷射器

雙包層摻雜光纖由纖芯、內包層、外包層和保護層四個層次組成。

內包層的作用有包繞纖芯，將雷射輻射限製在纖芯內；作為波導，對耦合到內包層的泵浦光多模傳輸，使之在內包層和外包層之間來回反射，多次穿過單模纖芯而被吸收。

纖芯可吸收進入內包層的泵浦光，將雷射輻射限製在纖芯內；控制模式的波導雷射也可被用來限製纖芯內傳輸。

在雙包層光纖雷射器情況下，泵浦輻射不是直接發射到激活芯層，而是進入周圍的多模芯層。泵浦芯層也像包層，為了實現泵浦芯層對激活芯層的光波導特徵，周圍塗層必須具有小的折射率。通常使用摻氟矽玻璃或具有低折射率的高度透明聚合物。泵浦芯層的典型直徑為幾百微米，它的數值孔徑 $NA \approx 0.32 \sim 0.7$（圖2.28）。

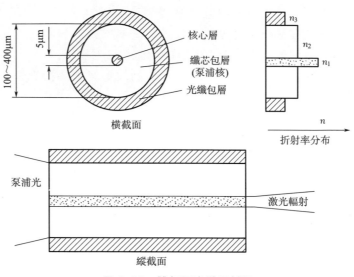

圖 2.28　雙包層光纖雷射器

　　發射到泵浦芯層的輻射在整個光纖長度內耦合進入雷射器芯層，在那裡被稀土離子所吸收，所有的高能級光被激發。利用這項技術，多模泵浦輻射可以有效地在大功率半導體雷射器中轉換成為雷射輻射，而且具有優良的光束品質。

（4）光纖雷射器的技術特點

　　光纖雷射器提供了克服固體雷射器在維持光束品質時，受標定輸出功率限製的可能性。最終的雷射光束品質取決於光線折射率剖面，而光線折射率剖面最終又取決於幾何尺寸和激活波導的數值孔徑。在傳播基模時雷射振盪與外部因素無關。這意味著與其他（即使是半導體泵浦）固體雷射器相比，光纖雷射器不存在熱光學效應。

　　在激活區由熱引起的棱鏡效應和由壓力引起的雙折射效應，會導致光束品質下降，當泵浦能量運輸時，光纖雷射器即使是在高功率下也觀察不到效率的減小。

　　對於光纖雷射器，由泵浦過程引起的熱負荷會擴展到更長的區域，因為具有較大的面積體積比，熱效應更容易消除，因此相對於固體半導體泵浦雷射器，光纖雷射器核心的溫升小。所以雷射器工作時，不斷增加的溫度導致量子效率衰減，但這在光纖雷射器中處於次要地位。

　　綜合起來，光纖雷射器主要有以下優點。

① 光纖作為波導介質，其耦合效率高，纖芯直徑小，纖內易形成高

功率密度，可方便地與目前的光纖通訊系統高效連接，構成的雷射器具有轉換效率高、雷射閾值低、輸出光束品質好和線寬窄等特點。

② 由於光纖具有很高的「表面積/體積」比，散熱效果好，環境溫度允許在$-20\sim+70℃$之間，無需龐大的水冷系統，只需簡單風冷。

③ 可在惡劣的環境下工作，如在高衝擊、高振動、高溫度、有灰塵的條件下可正常運轉。

④ 由於光纖具有極好的柔性，雷射器可設計得小巧靈活、外形緊湊體積小，易於系統集成，性價比高。

⑤ 具有相當多的可調節參數和選擇性。例如在雙包層光纖的兩端直接刻寫波長和透過率合適的布拉格光纖光柵來代替由鏡面反射構成的諧振腔。全光纖拉曼雷射器是由一種單向光纖環即環形波導腔構成，腔內的信號被泵浦光直接放大，而不透過粒子數反轉[11]。

2.5 數控雷射加工平臺及機器人

為了實現雷射加工的精密化和自動化，一般在雷射熔覆過程中都配備了數控加工系統，控制雷射束與設備工件的相對運動。數控系統是雷射立體成形系統的一個必備部分，除了對於數控系統速度、精度等最基本要求的之外，另一個主要的要求就是數控系統的座標數。從理論上講，立體成形加工只需要一個三軸（X、Y、Z的數控系統就能夠滿足「離散＋堆積」的加工要求，但對於實際情況而言，要實現任意複雜形狀的成形還是需要至少5軸的數控系統：X、Y、Z、轉動、擺動）。按照工作過程中光束和加工工件相對運動的形式，可以將雷射加工運動系統分為以下幾種類型。

① 雷射器運動　這種方式主要為一些小型的雷射加工系統，設備移動相對簡單，應用較少。

② 工件運動　這種方式中工件在數控加工機床上定位，工件的三維移動或回轉運動依靠數控機床的控制實現，適用於小型零件的加工或軸類等回轉體零件的表面熔覆。

③ 光束運動　這種方式中光束和加工零件固定不動，依靠反射鏡、聚光鏡、光纖等光學元件的組合，匹配智慧機械手或數控加工機器人實現雷射束的移動。尤其近年來發展起來的光纖雷射器匹配智慧機器人，可以實現柔性加工和雷射熔覆的精密控制。工業機器人的加工精度雖然不及精密的數控機床，但是由於其有體積小、靈活方便、價格合理等優

點，得到越來越多的廣泛應用。YAG 雷射器可以透過光纖與 6 軸機器人組成柔性加工系統。CO_2 雷射器輸出的雷射不能透過光纖傳輸，但其與機器人的結合可以透過外關節臂或者內關節臂光學系統來實現。這種加工方式適合大規模的工業應用和複雜零件的雷射加工。

④ 組合運動　透過光束運動和工件運動兩者的配合，實現雷射加工過程，保證雷射加工所需的相對運動和精度要求。

雷射熔覆加工平臺是與雷射器、導光系統互相匹配的。目前雷射熔覆中常用的兩種加工平臺是數控機床加工平臺和智慧機械手柔性製造平臺。二者具有不同的加工特點和適用範圍。傳統的 CO_2 雷射器和 Nb：YAG 雷射器由於導光系統柔性的限製，往往配備數控機床加工平臺實現工作過程中光束和加工工件相對運動。而新型光纖雷射器的出現，大大增加了雷射加工的柔性，使光纖導光系統、智慧機械手、普通加工機床三者匹配即可組成柔性雷射熔覆平臺，不僅減少了數控機床的大量資金投入，也大大提高了雷射加工過程的靈活性。但智慧機械手製造平臺也存在雷射加工精度低、加工工藝複雜等不足。而數控機床加工平臺在實現精密熔覆、增材製造及 3D 列印等方面具有不可替代的優勢。

(1) 數控機床加工系統

現代機械製造中，精度要求較高和表面粗糙度要求較細的零件，一般都需在機床上進行最終加工，機床在國民經濟現代化的建設中起著重大作用。數位控制機床（Computer numerical control machine tools）即數控機床是一種裝有程序控制系統的自動化機床。該控制系統能夠邏輯處理具有控制編碼或其他符號指令規定的程序，並將其譯碼，從而使機床動作並加工零件。20 世紀中期，隨著電子技術的發展，自動資訊處理、數據處理以及電子電腦的出現，給自動化技術帶來了新的概念，用數位化信號對機床運動及其加工過程進行控制，推動了機床自動化的發展。

① 多軸數控機床的優點　與普通機床相比，數控機床加工精度高，具有穩定的加工品質；可進行多座標的聯動，能加工形狀複雜的零件；加工零件改變時，一般只需要更改數控程序，可節省生產準備時間；機床本身的精度高、剛性大，可選擇有利的加工用量，生產率高，一般為普通機床的 3～5 倍；機床自動化程度高，可以減輕勞動強度；對操作人員的素質要求較高，對維修人員的技術要求更高。多軸數控機床可用於加工許多型面複雜的特殊關鍵零件，對航空、航天、船舶、兵器、汽車、電力、模具和醫療器械等製造業的快速發展，對改善和提升諸如飛機、導彈、發動機、潛艇及發電機組、武器等裝備的性能都具有非常重要的

作用。

　　② 多軸數控機床的結構　多軸數控機床除和 3 軸數控機床一樣具有 *X*、*Y*、*Z* 三個直線運動座標外，通常還有一個或兩個回轉運動軸座標。常見的 5 軸數控機床或加工中心結構，主要透過 5 種技術途徑實現。

　　a. 雙轉臺結構（double rotary table）。採用複合 *A*（*B*）、*C* 軸回轉工作檯，通常一個轉臺在另一個轉臺上，要求兩個轉臺回轉中心線在空間上應能相交於一點。

　　b. 雙擺角結構（double pivot spindle head）。裝備複合 A、B 回轉擺角的主軸頭，同樣要求兩個擺角回轉中心線在空間上應能相交於一點。雙擺角結構在大型龍門式數控銑床上也得到了較多應用。

　　c. 回轉工作檯＋擺角頭結構（rotary table，pivot spindle head）。

　　d. 複合 *A*（*B*）、*C* 軸為複合電主軸頭，通常 *C* 軸可回轉 360°，*A*（*B*）軸具備旋轉較大範圍的能力，在大型龍門移動式加工中心或銑床上得到廣泛應用。

　　e. 回轉工作檯＋工作檯水平傾斜旋轉結構。在一些緊湊型 5 軸數控加工中心上得到應用，適合加工一些中小型複雜零件[12]。

　　但 5 軸數控機床結構相對複雜，製造技術難度大，因而造價高。5 軸數控機床和 3 軸數控機床最大區別在於：5 軸數控機床在其連續加工過程中可連續調整刀具和工件間的相對方位。5 軸數控機床已成為加工連續空間曲線和角度變化的 3D 空間曲面零件的同義詞，通常要求配置更為先進與複雜的 5 軸聯動數控系統和先進的編程技術。

　　③ 5 軸數控機床的優點與缺點　5 軸數控機床具有許多明顯優點：增加製造複雜零件的能力；優化加工零件精度和質量；降低零件加工費用；實現複合加工；實現高效率高速加工；適應產品全數位化生產。

　　造成 5 軸數控機床應用不廣泛的主要原因有：數控機床製造技術難度大，造價高；5 軸聯動 CAM 編程軟體複雜，費用高；操作困難；配置 3 軸或 4 軸數控機床也能滿足大部分生產應用。

　　④ IGJR 型半導體雷射熔覆設備　河南省煤科院耐磨技術有限公司設計製造的 IGJR 型半導體雷射熔覆設備配備了半導體雷射器和 4 軸聯動精密機床，可以實現精密儀器設備的雷射熔覆。設備見圖 2.29。該套雷射熔覆加工設備的主要配置如下。

　　主要配置：4 軸聯動精密機床；4kW 半導體雷射器；精確送粉系統；雷射器電源；雷射控制系統；雙回路液體冷卻系統。

　　該設備主要技術參數見表 2.4。

表 2.4　IGJR 型雷射熔覆系統主要技術參數

產品型號	雷射輸出功率/W	工作波長/nm	功率穩定/%	光斑選項/mm（根據工藝選配）
Highlight 4000D	≥4000	975±10	<±1	X 方向：4/6/12/18/24/30 Y 方向：1/2/3/4/5/6/8/12

工作距離/mm	雷射頭尺寸/mm×mm×mm	雷射頭質量/kg	額定電壓	熔覆效率/h・m^{-2}
280	283(H)×190(W)×201(D)	23.5(含光斑整形系統)	AC 380～400V ±10%，三相	2.8(厚度 1.2mm)

圖 2.29　IGJR 型半導體雷射熔覆系統

(2) 智慧機器人雷射加工平臺

近年來雷射技術飛速發展，涌現出可與機器人柔性耦合的光纖傳輸的高功率工業型雷射器。先進製造領域在智慧化、自動化和資訊化技術方面的不斷進步促進了機器人技術與雷射技術的結合，特別是汽車產業的發展需求，帶動了雷射加工機器人產業的形成與發展。

① 智慧機器人雷射加工平臺的組成　機器人是高度柔性加工系統，所以要求雷射器必須具有高柔性，目前都選擇可光纖傳輸的雷射器。智慧化機器人雷射加工平臺主要由以下幾部分組成：光纖耦合和傳輸系統；雷射光束變換光學系統；六自由度機器人本體；機器人數位控制系統（控制器、示教盒）；電腦離線編程系統（電腦、軟體）；機器視覺系統；雷射加工頭；材料進給系統（高壓氣體、送絲機、送粉器）。圖 2.30 為一種雷射熔覆機器人加工平臺的組成示意圖，圖中給出了其主要組成部分。

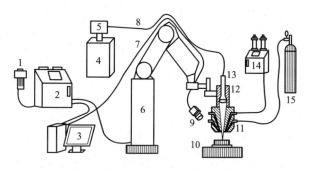

圖 2.30　雷射熔覆機器人加工平臺組成示意

1—示教盒；2—機器人控制器；3—電腦；4—雷射器；5—光纖輸出口；6—智慧機
器人；7—機械臂；8—傳導光纖；9—視覺追蹤系統；10—加工平臺；11—送粉頭；
12—雷射鏡頭；13—光纖輸出端；14—送粉系統；15—送氣系統

　　② 機器人結構及性能參數　機器人主要由機器人本體、驅動系統和控制系統構成。機器人本體由機座、立柱、大臂、小臂、腕部和手部組成，用轉動或移動關節串聯起來，雷射加工工作頭安裝在其手部終端，像人手一樣在工作空間內執行多種作業。加工頭的位置一般是由前 3 個手臂自由度確定，而其姿態則與後 3 個腕部自由度有關。按前 3 個自由度布置的不同工作空間，機器人可有直角座標型、圓柱座標型、球座標型及擬人臂關節座標型 4 種不同結構。根據需要，機器人本體的機座可安裝在移動機構上以增加機器人的工作空間。圖 2.31 為 ABB 公司 IRB7600 系列六軸智慧機器人的實物圖。

圖 2.31　ABB 公司 IRB7600 系列六軸智慧機器人

　　機器人驅動系統大多採用直流伺服電機、步進電機和交流伺服電機等電力驅動，也有的採用液壓缸液壓驅動和氣缸氣壓驅動，藉助齒輪、連杆、齒形帶、滾珠絲杠、諧波減速器、鋼絲繩等部件驅動各主動關節實現六自由度運動。機器人控制系統是機器人的大腦和心臟，決定機器人性能水準，主要作用是控制機器人終端運動的離散點位和連續路徑。

　　在選用雷射加工機器人時，主要考慮以下幾個性能參數。

　　a. 負載能力。在保證正常工作精度條件下，機器人能夠承載的額定負荷重量。雷射加工頭重量一般比較輕，約 10～50kg，選型時可用 1～2 倍。

　　b. 精度。機器人到達指定點的精確度，它與驅動器的解析率有關。一般機器人都具有 0.002mm 的精度，足夠雷射加工使用。

　　c. 重複精度。機器人多次到達同一個固定點，引起的重複誤差。根據用途不同，機器人重複精度有很大不同，一般為 0.02～0.6mm。雷射切割精度要求高，可選 0.01mm，雷射熔覆精度要求低，可選 0.1～0.3mm。

　　d. 最大運動範圍。機器人在其工作區域內可以達到的最大距離。具體大小可以根據雷射加工作業要求而定。

　　e. 自由度。用於雷射加工的機器人一般至少具有六自由度。

　　③ 雷射加工機器人控制方式　按加工過程控制的智慧化程度分，機器人有三種編程層次。

　　a. 在線編程機器人（on-line program）。在線編程主要是示教編程，它的智慧性最低，稱為第一代機器人。根據實際作業條件事先預置加工路徑和加工參數，在示教盒中進行編程，透過示教盒操作機器人到所需要的點，教給機器人按此程序動作 1 次，並把每個點的位姿透過示教盒保存起來，這樣就形成了機器人軌跡程序。機器人將示教動作記憶儲存，在正式加工中機器人按此示教程序進行作業。示教編程具有操作簡單、對操作人員編程技術要求低、可靠性強、可完成多次重複作業等特點。

　　b. 離線編程機器人（off-line program）。機器人離線編程是指部分或完全脫離機器人，藉助電腦提前編製機器人程序，它還可以具有一定的機器視覺功能，稱為第二代機器人。它一般是採用電腦輔助設計（CAD）技術建立起機器人及其工作環境的幾何模型，再利用一些規劃算法，透過對圖形的控制和操作，在離線的狀況下進行路徑規劃，經過機器人編程語言處理模塊生成一些代碼，然後對編程結果進行 3D 圖形動畫仿真，以檢驗程序的正確性，最後把生成的程序導入機器人控制櫃中，以控制機器人運動，完成所給的任務。此外，它可裝有一些溫度、位形等感測

器，具有一定的機器視覺功能，根據機器視覺獲得的環境和作業資訊在電腦上進行離線編程。機器人離線編程已被證明是一個有力的工具，可增加安全性，減少機器人不工作時間和降低成本等[13]。

c. 智慧自主編程機器人（Intelliget Program）。智慧自主編程機器人裝有多種感測器，能感知多種外部工況環境，具有一定的類似人類高級智慧，具有自主地進行感知、決策、規劃、自主編程和自主執行作業任務的能力，稱為第三代機器人。由於電腦和現代人工智慧技術尚未獲得實用性的突破，智慧自主編程機器人仍處於試驗研究階段。

（3）新鬆光纖雷射加工成套裝備

圖 2.32 為新鬆光纖雷射加工成套裝備實物圖。該系統主要包括光纖雷射器、光纖輸出與雷射鏡頭、智慧機器人、加工臺、送粉器、送氣系統和電源控制櫃等部分。

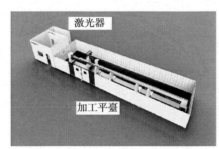

圖 2.32　新鬆 YLR 光纖雷射加工成套裝備

根據雷射器輸出功率不同，該公司研發了 YLR 系列多種型號，雷射輸出功率在 1～20kW 間的雷射熔覆成套系統。該系列雷射加工系統的主要技術參數見表 2.5。

表 2.5　新鬆 YLR 系列光纖雷射加工系統技術參數

設備型號	YLR-1000	YLR-2000	YLR-5000	YLR-10000	YLR-20000
雷射工作方式	cw	cw	cw	cw	cw
波長/nm	1070～1080	1070～1080	1070～1080	1070～1080	1070～1080
額定輸出功率/W	1000	2000	5000	10000	20000
光束品質 BPP/mm·mrad	5	8	12	16	18
優化 BPP/mm·mrad	2.5	4	8	10	12
特殊要求 BPP/mm·mrad	2	2.5	4.5	6	8

續表

設備型號	YLR-1000	YLR-2000	YLR-5000	YLR-10000	YLR-20000
調製頻率/kHz	5	5	5	5	5
輸出功率穩定性/%	2	2	2	3	3
輸出光纖芯徑/μm	50	50~100	100~200	100~300	100~300
額定輸入電壓(AC)/V	380/3p	380/3p	380/3p	380/3p	380/3p
功率消耗/kW	4	8	20	40	80
尺寸/cm	80×80×80	86×81×120	86×81×150	86×81×150	150×81×150
質量/kg	280	350	700	1000	1200
工作環境溫度/℃	0~45	0~45	0~45	0~45	0~45

2.6 雷射選區熔化設備及工藝

2.6.1 雷射選區熔化設備

近年來，為適應和追趕其他國家在增材製造技術領域的發展，中國也有部分大學、企業和科研單位開始重視該技術，並著手研發和生產 SLM 相關設備。其中西北工業大學、北京航空航天大學、華中科技大學和南京航空航天大學開展得較早，也取得了相應的成績。目前華中科技大學已推出 HRPM-Ⅰ 和 HRPM-Ⅱ 型兩套 SLM 設備；華南理工大學先後自主研發出 Dimetal-240、Dimetal-280 和 Dimetal-100 三款機型。除高校外，部分企業也進軍 3D 列印領域，如西安鉑力特、湖南華曙高科、廣東漢邦雷射等公司也逐漸有 SLM 設備完成商業化。海內外主要的 SLM 設備廠家和設備參數列於表 2.6 中。

表 2.6　海內外主要的選區雷射熔化設備廠家和設備主要參數

公司/學校		典型設備型號	雷射器	功率/W	成形範圍/(mm×mm×mm)	光斑直徑/μm
國外	EOS	M280	光纖	200/400	250×250×325	100~500
	Renishaw	AM250	光纖	200/400	250×250×300	70~200
	Concept Laser	M2 cusing	光纖	200/400	250×250×280	50~200
		M3 cusing	光纖	200/400	300×350×300	70~300
	SLM solutions	SLM 500HL	光纖	200/500	280×280×350	70~200

公司/學校		典型設備型號	雷射器	功率/W	成形範圍/(mm×mm×mm)	光斑直徑/μm
中國	華南理工大學	Dimetal-240	半導體	200	240×240×250	70～150
		Dimetal-280	光纖	200	280×280×300	70～150
		Dimetal-100	光纖	200	100×100×100	70～150
	華中科技大學	HRPM-Ⅰ	YAG	150	250×250×450	～150
		HRPM-Ⅱ	光纖	100	250×250×400	50～80
	廣東漢邦雷射	SLM-280	光纖	200/500	250×250×300	70～100
	西安鉑力特	BLT-S300	光纖	200/500	250×250×400	—
	湖南華曙高科	FS271M	光纖	200/500	275×275×320	70～200

作為開展雷射選區熔化技術研究最早的國家之一，德國的弗朗霍夫雷射研究所早在 1990 年代就提出了這種加工方法的構想，並在 2002 年成功開發並推出相關的加工設備。現在世界上最著名的 SLM 設備供應商便是德國的 EOS 公司。除了 EOS，國際上也陸續出現了許多成熟的 SLM 設備供應商，如德國的 MCP 公司和 Concept Laser 公司（近期通用電氣收購），瑞典的 Arcam 公司，法國的 Phenix System 和美國的 3D 公司等。這些國家也率先完成了增材製造技術設備和成形件的商品化，充分發揮增材製造技術個性化、靈活性的優勢，開發出多種型號的機型以適應和滿足不同行業和領域的實際要求。例如，德國 EOS 公司為製造大型零部件而開發的雷射選區熔化設備 M400，成形腔體積可達 400mm×400mm×400mm，設備採用最大功率為 1kW 的 Yb 光纖雷射器，雷射光斑直徑約為 90μm。EOSING 公司的 M250 系列和 M270 系列設備可製造出緻密度接近 100％的成形件，尺寸精度可達 20～80μm，最小壁厚 0.3～0.4mm；MCP 公司的 Realizer 系列採用 100W 固體雷射器，配之振鏡掃描可控制最小掃描厚度 30μm，顯著提高成形件的精度及表面質量[14]。

2.6.2　雷射選區熔化工藝

作為一項精密複雜的加工製造技術，雷射選區熔化在加工過程中涉及眾多的參數，如圖 2.33 所示。SLM 產品製備過程、產品的表面形貌及其性能均受這些參數的影響，同時這些參數之間也存在不同程度的相互作用。近年來大量的研究結果表明，如果能夠對其中一些影響較大的重要因素（如雷射掃描速度、雷射功率、掃描間距、掃描策略等）加以合理控制，便能獲得緻密度高、成形優良、性能優越的製備件。相反，

如果以上參數沒有得到足夠重視，偏出合理範圍的話，就會在 SLM 過程中不可避免地出現一些典型的問題，如孔洞、應力應變、球化等，並影響 SLM 成形件的局部組織和力學性能。

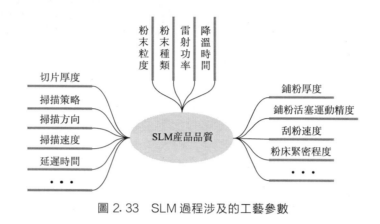

圖 2.33　SLM 過程涉及的工藝參數

（1）孔隙

孔隙是雷射選區熔化的一個重要特徵，它的出現將會對 SLM 製備件的緻密度、局部結構和力學性能產生直接影響。目前，海內外大量的研究目標都集中在 SLM 工藝參數的優化以降低製備件的孔隙率上，從而獲得緻密度高的金屬 SLM 成形件。

其中，英國伯明翰大學的 Qiu Chunlei 等[15] 研究了 TC4 鈦合金的 SLM 成形過程，詳細分析了熔液流動對孔隙形成的影響，研究發現隨著鋪粉厚度和掃描速度的增加，成形件的孔隙率相應上升，同時表面粗糙度也隨之惡化。推測原因是工藝參數影響到熱量的輸入從而降低了熔池內熔液的流動性能，使其不能及時填充空隙。利用雷射選區熔化技術製備 TiC/Inconel718 複合材料成形件，研究發現當雷射功率提高時，存在於掃描層間的大尺寸不規則孔洞數量有所降低。其原因是較高的雷射功率可以改善液相的流動性能，使熔液容易深入從而減少孔洞。只有將能量密度控制在一定範圍內時，才能改善工件的緻密化程度，避免相關缺陷的產生。

但是有的情況下，會利用這種孔隙產生方式，人為製造出多孔材料，這種材料有很好的吸波性、散熱性、輕量化等特點，可用於醫療、航天、化工等領域，如圖 2.34 所示為 SLM 成形的鈦合金多孔結構醫用植入體。

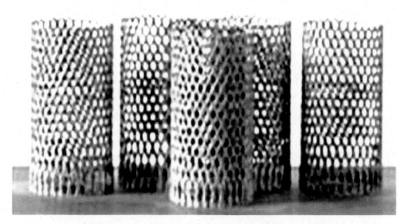

圖 2.34　SLM 成形鈦合金多孔結構醫學植入體[3]

（2）顯微結構

雷射選區熔化顯微組織結構特徵受 SLM 過程中包括雷射參數、掃描參數和材料本身物理性能等因素的影響。加熱溫度高、冷卻速度快等加工特點使 SLM 顯微組織較細小，且一般具有非平衡凝固特徵。如比利時魯汶大學的 Thijs 團隊[16] 在研究 SLM 製備的 TC4 鋁合金時，發現體能量密度的增加會使晶粒組織變得粗大，同時析出 Ti_3Al 金屬間化合物。

SLM 中的顯微組織形貌較為多樣，既有各向同性的胞狀晶和等軸晶，也有方向性很強的柱狀晶。這主要是受到散熱方向的影響，製備件的不同部位具有不同的散熱方式和散熱速度。除去被金屬粉末熔化吸收的雷射能量，剩餘的熱量主要有 3 種散出方式：透過熱傳導經已重新凝固的金屬傳遞到基板；擴散到製備件周圍未熔的金屬粉末中；透過對流的方式擴散到周圍的保護氣體中。如圖 2.35 所示，這 3 種散熱方式的速度和方向不一致，也就導致了組織生長的多樣性。

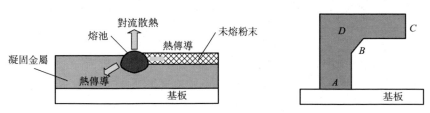

圖 2.35　SLM 過程中散熱示意

圖 2.35 中 A、B、C、D4 點所處的散熱環境各不相同。A 點靠近基板，熱量主要透過基板傳遞，晶粒可能垂直基板向上生長，有一定的方向性；而 D 點位於部件的中心位置，主要的散熱通道是周圍的粉末，熱量向周圍均勻散出，故晶粒生長方向性並不明顯。

顯微組織結構除與掃描參數和熱傳導有關外，有研究表明，掃描策略也會對其產生影響。掃描策略是指雷射在金屬粉末上的行進方式，基本的掃描策略有單向型、往復型和正交型，如圖 2.36 所示。基於這 3 種基本掃描方式，可以有多種變化，如「小島型」「曲折型」等[17]。比利時魯汶大學的 Thijs 團隊研究發現不同的掃描策略會得到不同的顯微組織。其中在單向和簡單往復型掃描中，晶粒呈柱狀從底部向上延伸（傳熱速度最快方向），並與基體傾斜一定角度。而在正交型的掃描策略下，試樣中晶粒尺寸在各個方向上趨於一致。

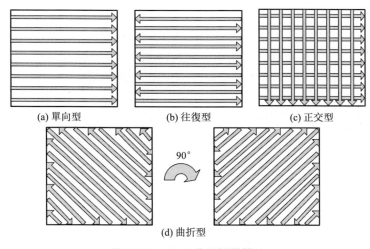

(a) 單向型　　　　(b) 往復型　　　　(c) 正交型

90°

(d) 曲折型

圖 2.36　SLM 典型掃描策略

（3）後熱處理

極快的加熱和冷卻速度使 SLM 製備件中往往存在較大的殘餘應力、孔洞缺陷等問題，這些問題的存在往往會影響甚至惡化製備件的綜合力學性能。因此後熱處理在改善 SLM 成形件性能及可用性上顯得尤為重要。主要的後熱處理包括：固溶、時效、退火和熱等靜壓處理（hot iso-static pressing，HIP）。

其中退火的主要作用是減輕和消除 SLM 過程中產生的殘餘應力，以避免工件可能發生的翹曲變形，同時可以提高製備件的拉伸強度。對於

一些需要經過時效處理才能達到最優綜合性能的金屬材料，如馬氏體時效鋼，在 SLM 製備完成後，需要在一定的溫度和時間內完成固溶或時效處理，以析出第二相金屬間化合物來提高強度和改善韌性。

　　熱等靜壓技術是應用於粉末冶金領域，以消除孔隙、封閉微裂紋的工藝。HIP 工藝首先將加工件置於熱處理爐內，隨後升溫至高溫（一般為合金熔點的 2/3），同時爐內通入惰性氣體或液體對工件加壓，壓力在工件表面均勻分布。經過 HIP 處理的工件可以消除絕大部分的孔隙而達到緻密狀態。將 HIP 技術和 SLM 技術相結合，可以有效地改善產品緻密度和力學性能。英國伯明翰大學的 Qiu 等發現 HIP 可以有效降低 TC4 鈦合金製備件的孔隙率，並使其中馬氏體部分發生分解，試樣強度有略微降低，但是塑韌性明顯提高；德國帕德伯恩大學的 Leuders 等[18] 對 SLM 製備的 TC4 鈦合金試樣進行熱等靜壓處理，發現試樣的疲勞強度和抗裂紋擴展性能得到明顯改善。

2.6.3　雷射選區熔化材料

　　從理論上說，在工藝和加工設備理想的條件下，任何金屬粉末都可以作為雷射選區熔化技術的原材料。SLM 材料按粉末狀態可以分為預合金粉末、機械混合粉末和單質粉末 3 種，如圖 2.37 所示。

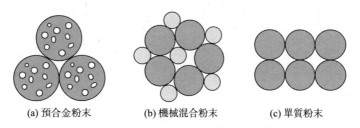

(a) 預合金粉末　　　(b) 機械混合粉末　　　(c) 單質粉末

圖 2.37　SLM 用金屬粉末種類

　　預熔合金粉末或單質粉末是由液態合金或金屬氣霧化法製備而成的，性能優越，粉末顆粒均勻，是雷射選區熔化主要的研究對象。目前，預熔粉末主要研究對象是鐵基合金、鎳基合金和鈦基合金。

（1）鐵基合金

　　鐵基合金是應用範圍最廣、使用量最大的金屬材料。其在 SLM 領域中的應用也開展較早，是被研究最為全面和深入的材料之一。鐵基合金粉末研究主要集中在純鐵粉、不銹鋼粉、工具鋼粉等。俄羅斯的列別捷

夫物理研究所的 Shishkovsky 利用 SLM 技術研究了坡莫合金，成功製備出了小型的複雜結構電子元器件，並透過增設外加電磁場增加了 Fe_3O_4 的析出，改善了新相的分布。

實際上，SLM 技術對成形粉末有較高的要求，如粉末粒徑、形狀、成分分布等。常用的粉末製備方法有氣霧化法、水霧化法、熱氣體霧化法和超聲耦合霧化法等。

（2）鎳基合金

鎳基合金由於其優良的耐蝕性和抗氧化性，被廣泛應用在石油化工、海洋船舶和航空航天領域。在航空發動機中，鎳基高溫合金被用於渦輪機片等重要位置以適應高溫燃氣和高應力載荷等嚴苛的工作環境。目前，SLM 中研究最為廣泛的是 Waspaloy 合金、Inconel625 和 Inconel718。英國拉夫堡大學快速製造中心 Mumtaz 等利用 SLM 技術製備了 Waspaloy 時效硬化高溫合金，成品緻密度高達 99.7％；美國得克薩斯大學 Murr 等製備了顯微硬度可達 4.0GPa 以上的 Inconel625 和 Inconel718 兩種合金的 SLM 成形件。

（3）鈦合金

鈦合金是一種性能優良的結構材料，具有低密度、高比強度、優良的耐熱耐蝕性、低熱導率等特點，廣泛應用於航天航空、化工、醫療、軍事等領域。鈦存在兩種同素異構轉變，在 882℃ 以下穩定存在的為 α-Ti，具有密排六方結構；在 882℃ 以上穩定存在的為 β-Ti，具有體心立方結構。由於合金元素的添加，使相變溫度及結構發生改變，鈦合金按照退火組織可以分為 α、β、（$\alpha+\beta$）三大類。α 相穩定元素有 Al、Sn、Ga 等，其中 Al 是最常用的 α 相穩定元素，加入適量的 Al 可以形成固溶強化以提高鈦合金的室溫和高溫強度以及熱強性；β 相穩定元素有 V、Nb、Mo、Ta 等，其中 Mo 的強化作用最為明顯，可以提高淬透性及 Cr 和 Fe 合金的熱穩定性。Ta 的強化作用最弱，且密度大，因而只有少量合金中添加以提高抗氧化性和抗腐蝕性。

在雷射選區熔化領域，海內外的研究主要集中在純鈦和（$\alpha+\beta$）鈦上，其中 TC4（Ti6Al4V）鈦合金具有極優的綜合力學性能和生物相容性而得到大範圍的應用和推廣[19]。與（$\alpha+\beta$）鈦相比，β 鈦幾乎不含 Al 和 V 等對人體有害的合金元素，且有更高的強度和韌性，適用於製造人體植入物。日本大阪大學的 Abe 等利用 SLM 技術製造出相對密度達 95％ 的人造骨骼，抗拉強度可達 300MPa；日本中部大學的 Pattanayak 製備出了允許細胞進入生長的多孔鈦，孔隙率在 55％～75％，強度範圍

35～120MPa；中國華中科技大學的 Yan 等同樣利用 SLM 技術製造出了孔隙率為 5％～10％的 TC4 鈦合金人造骨骼，顯微硬度達（4.0± 0.34）GPa；比利時屋恩大學的 Kruth 團隊[20] 利用自主研發的設備，採用粒度範圍在 5～50μm 的 TC4 鈦合金粉末製備出緻密度達 97％的人造鈦合金義齒，並發現，SLM 過程中極高的冷卻速度容易在製品中形成脆性的馬氏體組織，需要對產品進行後續的熱處理以得到力學性能適合的產品。

2.7　模具鋼雷射選區熔化成形

採用雷射選區熔化（SLM）技術製造模具已經部分範圍運用到工業生產中，應用前景良好。SLM 製造技術適合結構相對複雜的結構件，生產出來的模具具有更高的尺寸精度和優良的表面粗糙程度。尤其是在附有隨形冷卻水道的模具加工製造中，SLM 技術擁有無可比擬的技術優勢，可以不受任何結構限製進行生產加工。

馬氏體時效鋼由於其極高的強度、優異的塑韌性能及良好的加工性能而廣泛地應用於航空航天、石油化工、軍事、原子能、模具製造等領域。但是對於一些結構複雜、尺寸精度較高的零件來說，傳統的製造方法往往不能滿足使用要求，而且製造成本高、生產週期長，因此限製了行業的發展。雷射選區熔化技術可以在滿足精度及使用要求的前提下，縮短生產製造週期，並且不受製備件複雜結構的限製，極具靈活性。

目前國外對於馬氏體時效鋼 SLM 製造模具工藝已經趨於成熟。意大利巴裡理工大學的 Casalino 等[21] 研究了 SLM 方法製備 18Ni300 鋼製件，產品緻密度可達 99％，並有較好的表面粗糙度。

2.7.1　SLM 孔隙形成原因

對於給定成分的合金，其粉末粒徑分布、成分含量等物理特性是一定的，這種情況下，只能透過調整雷射功率、掃描速度和掃描間距等因素來完善製備件的性能。針對不同材料，合理選擇符合該種金屬的 SLM 工藝參數，對成形件的加工有現實意義。本小節分析了不同工藝參數下成形試樣中孔洞的分布情況，並對緻密度進行了測量，確定最優的加工參數。

(1) 球化

雷射選區熔化中的球化現象是指在加工過程中，金屬粉末在吸收雷射能量熔化成液態金屬時，由於潤濕性等問題沒有很好地在基板或前層基體上鋪展開來，從而形成大量大小不一且相互獨立的液態金屬球並重新凝固的現象，球化現象如圖 2.38 所示。這種球化現象在 SLM 過程中普遍存在，凝固後相互獨立的金屬球一方面會在逐層掃描的過程中造成大量的孔洞導致孔隙率過高，力學性能下降；另一方面，存在於粉層表面的固態金屬球會對鋪粉輥的正常工作造成影響，增加粉刮與製備件表面的摩擦力，嚴重時會損壞鋪粉輥導致加工失敗。

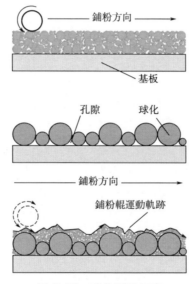

圖 2.38 球化過程示意

液態金屬與已凝固金屬的潤濕性問題是球化現象的主要原因。不同潤濕性能下液相球化如圖 2.39 所示。

在接觸點處三應力達到平衡狀態時，滿足以下條件：

$$\gamma_{SV} = \gamma_{SL} + \gamma_{LV} \cos\theta$$

式中　γ_{SV}——氣固界面表面張力；

　　　γ_{LV}——氣液界面表面張力；

　　　γ_{SL}——固液界面表面張力；

　　　θ——氣液界面表面張力和固液界面表面張力的夾角，即潤濕角。

潤濕角 θ 的大小可以在一定程度上反應液相對固相的潤濕情況。當 $\theta < 90°$ 時，為潤濕狀態，熔化的液態金屬可以在基體上鋪展，不會形成球化現象；當 $\theta > 90°$ 時，為不潤濕狀態。

在 SLM 過程中，在固液界面處，熔化的金屬液體有自動降低表面能的趨勢，即凝聚成球體。而金屬熔液與基體的潤濕性與金屬粉末的顆粒尺寸、氧含量和熔點大小相關。水霧法製成的金屬粉末氧含量較高，不利於熔池中熔液的潤濕和鋪展，因此會容易出現球化現象。如果金屬粉末的球形度較高且粒徑尺寸分布合理可以增加加工過程中粉末的流動性，減少球化。適當提高熱輸入增加熔池溫度同樣可以改善熔液的流動性以降低球化率。

除以上由於潤濕性的原因產生的球化現象，還有一些小的球化在 SLM 過程中是無法避免的，它們是由於雷射束衝擊熔池和熔體的蒸發，產生的飛濺。這些「小球體」體積很小，在雷射掃描臨近軌道時會重新熔化，對工件性能無不良影響。

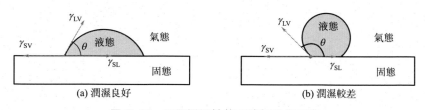

(a) 潤濕良好　　　　　　　　　　(b) 潤濕較差

圖 2.39　不同潤濕性能下液相球化示意

如果在 SLM 過程中出現了較為嚴重的球化現象，在凝固的大小金屬球間將會形成密閉的孔隙，金屬粉末難以滲入該區域，無法及時填充，經過層層的累積效應，將會產生較大的孔洞；即使粉末能夠進入空隙，加工過程中的雷射穿透能力有限，能量難以傳遞進入使金屬球空隙間的粉末順利熔化。球化現象是孔隙出現的主要原因，如要提高產品的緻密度，就一定要盡量減少球化現象的發生。

（2）掃描間距過大（未搭接）

掃描間距是雷射選區熔化工藝中另一個重要參數。合理設計的掃描間距可以讓焊道之間部分搭接在一起，從而減少孔隙的產生。相反，如果掃描間距過大，出現未搭接的情況，大尺寸的孔隙將不可避免出現。搭接孔隙如圖 2.40 所示。

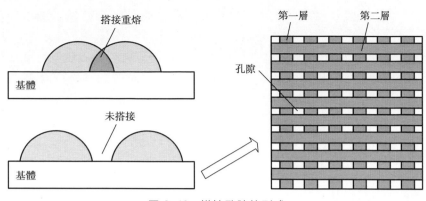

圖 2.40　搭接孔隙的形成

（3）氣孔

選區雷射熔化工藝是在基板上堆積金屬粉末，逐層掃描累積成形固件。由於 SLM 成形腔內都填充有為防止金屬氧化的惰性氣體，且粉層內部為多孔結構。所以在 SLM 加工過程中，氣體容易夾雜在熔化的金屬液體中，當冷卻速度極快時，該部分氣體不易從熔池中逸出，因而形成氣致型孔洞。這種孔洞一般內壁比較光滑，形狀規則且尺寸較小。為避免或減少氣致型孔洞的產生，需要提高熔池中液相的存留時間，使氣體能有足夠時間逸出。

（4）裂紋與熱應力

極快的加熱速度和冷卻速度是雷射選區熔化工藝的一個顯著特點，因此熱應力及相應的裂紋現象也經常發生，這是孔洞產生的另一個重要原因。非常大的溫度梯度使製備件中存在高的熱應力和相變應力。在受雷射加熱和冷卻過程中，已經凝固的金屬內部與周圍粉末膨脹收縮趨勢不一致，因此產生熱應力；由於部分金屬在一定溫度範圍內存在固態相變，不同相之間的比容不一致，在體積改變時相互限製，因而產生相變應力。熱應力存在於成形件內部時，為釋放該部分應力，成形件可能會發生相應的翹曲、變形或者開裂等行為，從而產生孔洞。加工前後的熱處理可以有效地減輕甚至完全消除這種類型的孔隙。例如，可以在製件前對成形基板和金屬粉末進行預加熱，以降低溫度梯度；或者優化掃描方式和掃描策略；後熱處理如熱等靜壓等也可有效減少該類型孔洞。

2.7.2 SLM 成形 18Ni300 合金製備件

(1) SLM 成形 18Ni300 合金製備件的孔洞分布

圖 2.41 是不同工藝參數下雷射選區熔化成形 18Ni300 合金未經腐蝕的金相照片，圖中黑色部分是成形過程中出現的孔洞。可以看出，在不同的工藝參數下，各個試樣的孔洞數量，即緻密度大小有顯著的區別。其中，大部分試樣緻密度在 97％以上，當掃描速度 $v=2500$mm/s、雷射功率 $P=450$W、掃描間距 $h=70\mu$m 時，緻密度達到極大值 99.34％，此時金相照片中幾乎不可見明顯孔洞，基體緊密無缺陷；當 $v=2500$mm/s、$P=300$W、$h=100\mu$m 時，緻密度達極小值 84.17％，此時試樣中存在大量孔洞，並出現未熔合情況，整體上肉眼可見表面孔隙。

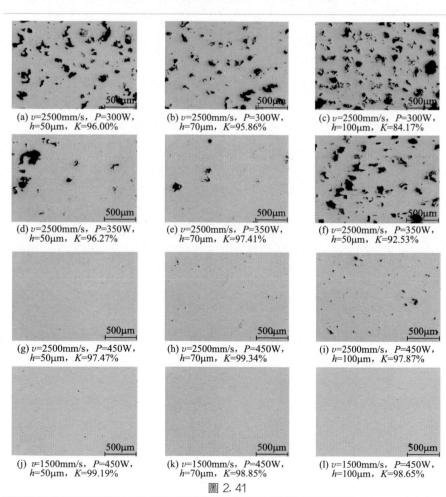

(a) $v=2500$mm/s，$P=300$W，$h=50\mu$m，$K=96.00\%$

(b) $v=2500$mm/s，$P=300$W，$h=70\mu$m，$K=95.86\%$

(c) $v=2500$mm/s，$P=300$W，$h=100\mu$m，$K=84.17\%$

(d) $v=2500$mm/s，$P=350$W，$h=50\mu$m，$K=96.27\%$

(e) $v=2500$mm/s，$P=350$W，$h=70\mu$m，$K=97.41\%$

(f) $v=2500$mm/s，$P=350$W，$h=50\mu$m，$K=92.53\%$

(g) $v=2500$mm/s，$P=450$W，$h=50\mu$m，$K=97.47\%$

(h) $v=2500$mm/s，$P=450$W，$h=70\mu$m，$K=99.34\%$

(i) $v=2500$mm/s，$P=450$W，$h=100\mu$m，$K=97.87\%$

(j) $v=1500$mm/s，$P=450$W，$h=50\mu$m，$K=99.19\%$

(k) $v=1500$mm/s，$P=450$W，$h=70\mu$m，$K=98.85\%$

(l) $v=1500$mm/s，$P=450$W，$h=100\mu$m，$K=98.65\%$

圖 2.41

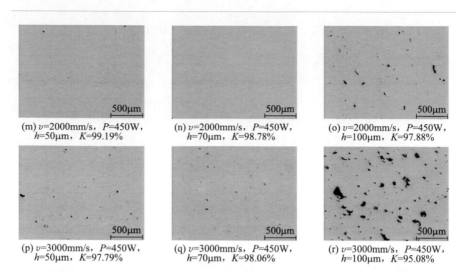

(m) v=2000mm/s，P=450W，h=50μm，K=99.19%

(n) v=2000mm/s，P=450W，h=70μm，K=98.78%

(o) v=2000mm/s，P=450W，h=100μm，K=97.88%

(p) v=3000mm/s，P=450W，h=50μm，K=97.79%

(q) v=3000mm/s，P=450W，h=70μm，K=98.06%

(r) v=3000mm/s，P=450W，h=100μm，K=95.08%

圖 2.41　18Ni300 合金不同工藝參數下 SLM 成形件孔洞分布情況

　　選取緻密度較小、孔洞較多的試樣進一步觀察，其 SEM 照片如圖 2.42 所示。孔洞大量分布在試樣內部，並且在孔洞內部可以觀察到沒有熔化或者未與周邊金屬融合的獨立金屬粉末，不規則孔洞尺寸較大且深，如圖 2.42(b) 所示。這種現象產生的原因可能是雷射能量不足，難以穿透所有粉層，或者是掃描間距過大，金屬熔液流動不充分，結合不緊密。除未熔合孔洞外，試樣中還發現了少量氣致型規則孔洞，這種孔洞呈規則圓形，並且內壁光滑。雷射選區熔化過程中為避免金屬在高溫下氧化，需要在成形腔中充滿惰性氣體降低氧含量，這種孔洞的產生原因可能是氣體夾雜在熔化的金屬熔液中，未來得及逸出，重新凝固後被封存在試樣中。

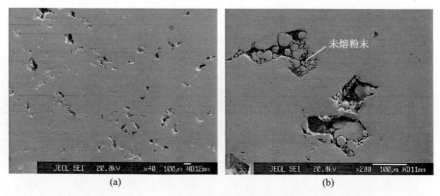

圖 2.42　SLM 成形 18Ni300 合金孔洞形貌（SEM）

（2）SLM 成形 18Ni300 合金製備件的緻密度

主要工藝參數（掃描速度、雷射功率和掃描間距）對 SLM 成形 18Ni300 合金緻密度的影響如圖 2.43 所示。當其他參數保持不變時，理論上，隨著雷射掃描速度（v）的增加，金屬粉層內吸收的能量會有所下降，粉末可能出現未熔化的現象，從而導致孔隙率上升，緻密度下降；反之，掃描速度的下降可以提高雷射照射金屬粉末的時間，增加單位面積內吸收的能量，金屬熔化充分，熔液及時填充孔隙，提高成形件的緻密度。

實際上，掃描速度對緻密度的影響如圖 2.43(a) 所示，隨著掃描速度的下降，成形件緻密度大體上呈上升趨勢，當掃描速度為 1500mm/s 時，SLM 成形件緻密度在 98.7% 以上，接近完全緻密狀態。但是對於不同掃描間距的試樣來說，緻密度並不一定在掃描速率最小處達到極大值，當掃描速度降低到一定範圍之內時，再減慢雷射的掃描速度對緻密度的提高效果有限，甚至可能起到相反作用。因為當掃描速度過小時，雷射對粉體和熔池可能會帶來較大的能量衝擊，從而引起飛濺，降低成形件的緻密程度。

緻密度與雷射功率之間的關係如圖 2.43(b) 所示。成形件的緻密度隨著雷射功率的增加而不斷提升，在其他條件相同的情況下，越大的雷射功率可以使金屬粉末熔化越充分，熔池停留的時間越長，孔隙等缺陷減少。當雷射功率為 450W 時，成形件最大致密度為 99.34%。

掃描間距是指兩條雷射掃描軌跡中心之間的距離。由於成形過程中，雷射的能量在粉層呈高斯分布，接近雷射光斑中心的地方能量較高，光斑周圍的區域能量較低。因此為保證每條掃描軌跡上的粉末接受的能量儘可能均勻，需要軌跡之間有一定的重合。如前文所述，掃描間距的大小對成形質量和孔洞的形成存在影響，緻密度與掃描間距的關係如圖 2.43(c)。隨著掃描間距的增加，緻密度呈先上升後下降的趨勢，在各固定功率下，當 $h=70\mu m$ 時，緻密度達到最大值。較大的掃描間距意味著雷射重疊的區域變小，軌跡中心與邊緣的受熱和熔化情況不同，甚至可能會出現熔化充分從而間斷的情況導致孔隙率上升；而如果掃描間距過小，單位面積粉體吸收的能量過多會出現過燒的情況，不利於成形件的緻密。

綜合各工藝參數對成形件緻密度的影響發現，在合理值範圍內（即不考慮各參數極值情況），最終對緻密度造成影響的是輸入到金屬粉末中的雷射能量的大小。因此這裡引入能量密度的概念，它是指粉層單位面

積內吸收的雷射能量，其定義如下：

$$E = \frac{P}{vh} \tag{2.16}$$

式中　E——能量密度，J/mm^2；

　　　P——雷射功率，W；

　　　v——掃描速率，mm/s；

　　　h——掃描間距，mm。

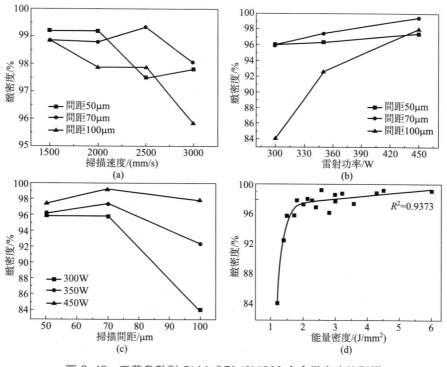

圖 2.43　工藝參數對 SLM 成形 18Ni300 合金緻密度的影響

　　成形件緻密度與能量密度的關係如圖 2.43(d) 所示，兩者之間沒有明顯的線性關係，圖中實線部分為擬合結果。可以看出，能量密度的提高可以顯著改善 SLM 的成形質量，降低孔隙率。當 $E \approx 2\text{J/mm}^2$ 時，關係曲線出現拐點，$E < 2\text{J/mm}^2$ 時，成形件緻密度較小，結合金相照片可以看到大面積孔洞，成形效果較差；$E > 2\text{J/mm}^2$ 時，成形件緻密度穩定在 98% 以上，此後再提高能量密度，緻密度大小仍有小幅度提高，並逐步趨於穩定。在實際生產中，各個成形設備的工藝參數範圍有所不同，最佳能量密度的確定可以指導在不同設備上加工製備出成形優良的製備

件，而不受設備參數的限製。

2.7.3　SLM 成形 H13 合金製備件

H13 鋼是一種典型的熱作模具鋼，中國牌號為 4Cr5MoSiV1。因為其較高的淬透性、抗熱裂能力和高溫硬度，被廣泛應用於熱鍛模具、熱擠壓模具和有色金屬壓鑄模具的製造。

(1) SLM 成形 H13 合金製備件的孔洞分布

圖 2.44 是利用雷射選區熔化技術在不同工藝參數下製備的 H13 合金試樣低倍金相照片，各試樣的具體成形參數和緻密度在對應的照片底部。圖中白亮色為 H13 合金基體，黑色部分為成形過程中出現的孔洞，其中部分試樣中還存在開裂現象。從圖中可以看出，在不同的工藝參數下，試樣中出現的孔洞和裂紋等缺陷的數量有所區別，試樣的緻密程度也隨孔洞的增加有相應的變化。其中當 $v=2500\mathrm{mm/s}$、$P=450\mathrm{W}$、$h=70\mu\mathrm{m}$ 時，緻密度 K 達到最大值 97.13%，圖中幾乎全部為緊密實體，無明顯孔洞；當 $v=2500\mathrm{mm/s}$、$P=350\mathrm{W}$、$h=50\mu\mathrm{m}$ 時，緻密度 K 最小值為 83.39%，圖中遍布大小不均等的孔洞，成形質量很差。除此之外，在部分加工參數成形件中，還觀察到了裂紋的出現，裂紋貫穿觀察視野。

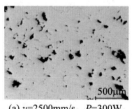
(a) v=2500mm/s, P=300W, h=50μm, K=92.45%

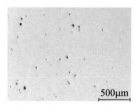
(b) v=2500mm/s, P=300W, h=70μm, K=95.90%

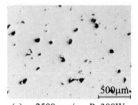
(c) v=2500mm/s, P=300W, h=100μm, K=87.80%

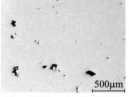
(d) v=2500mm/s, P=350W, h=50μm, K=94.95%

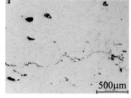
(e) v=2500mm/s, P=350W, h=70μm, K=94.24%

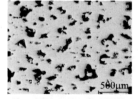
(f) v=2500mm/s, P=350W, h=50μm, K=83.39%

圖 2.44

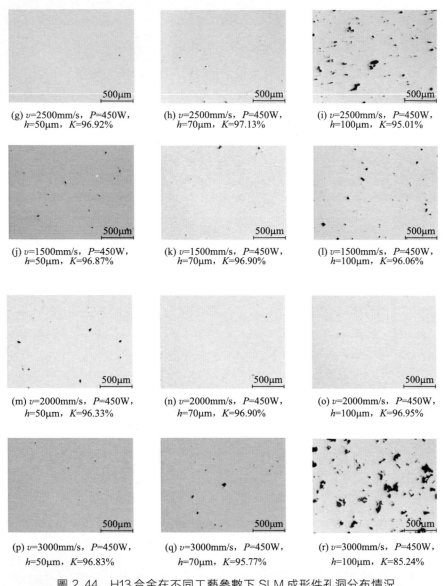

(g) v=2500mm/s，P=450W，h=50μm，K=96.92%

(h) v=2500mm/s，P=450W，h=70μm，K=97.13%

(i) v=2500mm/s，P=450W，h=100μm，K=95.01%

(j) v=1500mm/s，P=450W，h=50μm，K=96.87%

(k) v=1500mm/s，P=450W，h=70μm，K=96.90%

(l) v=1500mm/s，P=450W，h=100μm，K=96.06%

(m) v=2000mm/s，P=450W，h=50μm，K=96.33%

(n) v=2000mm/s，P=450W，h=70μm，K=96.90%

(o) v=2000mm/s，P=450W，h=100μm，K=96.95%

(p) v=3000mm/s，P=450W，h=50μm，K=96.83%

(q) v=3000mm/s，P=450W，h=70μm，K=95.77%

(r) v=3000mm/s，P=450W，h=100μm，K=85.24%

圖 2.44　H13 合金在不同工藝參數下 SLM 成形件孔洞分布情況

　　圖 2.45 為雷射選區熔化成形 H13 合金試樣孔洞 SEM 照片。在孔隙率較高的試樣中可以看到孔洞密集分布在成形件內部，孔洞尺寸大小不一且不規則。在高倍照片中，可以在孔隙內部觀察到大量未熔的金屬粉末或熔化後重新凝固的獨立金屬球。這種現象產生的原因是雷射能量不

足難以穿透粉末完全熔化金屬，或者是掃描間距過大，「線道」之間出現未搭接的情況，導致成形缺陷嚴重。

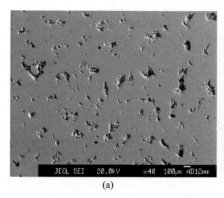
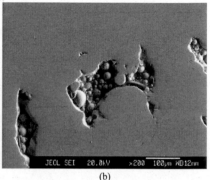

圖 2.45　SLM 成形 H13 合金孔洞形貌（SEM）

（2）SLM 成形 H13 合金製備件的緻密度

雷射選區熔化成形 H13 合金緻密度與工藝參數的關係如圖 2.46 所示。當掃描間距較小時，掃描速度 v 對成形件緻密度影響並不明顯，緻密度穩定在 96% 以上。但是當掃描間距擴大到 $100\mu m$ 後，隨著掃描速度的增加，成形試樣緻密度出現了顯著的下降，見圖 2.46(a)，緻密度最小值達 85.24%。試樣中孔洞數量較多。這是因為在較高的掃描速度下，小的掃描間距可以彌補快速掃描而引起的能量不足的問題，金屬粉末還能夠順利熔化並重新凝固成形。但是如果快的掃描速度配以大的掃描間距，輸入金屬粉末的能量可能出現不足以熔化全部粉末的情況，從而導致成形質量惡化。

在掃描速度和掃描間距固定的情況下，輸入雷射功率 P 與成形件緻密度的關係如圖 2.46(b) 所示。隨著雷射功率的增加，緻密度先減小後增大，各掃描間距下，最大值均出現在功率為 450W 時，說明在該功率下，還未出現因雷射能量過大給熔池表面造成能量衝擊而引發熔體飛濺，導致緻密度下降的情況。

掃描間距 h 對成形件緻密度的影響如前文所述，搭接率過小時，會造成單位面積內輸入的能量過高而引起飛濺或局部過燒的現象；搭接率過大時，可能發生金屬粉末未熔化融合的現象。過大的掃描間距會對成形質量有較大的影響，導致孔隙率上升，如圖 2.46(c) 所示，當掃描間

距升至 100μm 時，成形質量下降明顯。

　　綜合掃描速度、雷射功率和掃描間距對緻密度的影響，透過公式(2.16)，轉化為輸入單位面積內雷射能量與緻密度的關係，如圖 2.46(d) 所示。能量密度 E 範圍在 1.2~6.0J/mm^2 之間，在該範圍內，緻密度與能量密度之間存在正相關關係。隨著能量密度的提高，緻密度也有所增加。當 $E<1.8$J/mm^2 時，成形件緻密度不足 88%，此時試樣內部孔隙較多，成形質量差；但是當 $E>1.8$J/mm^2 時，緻密度出現明顯的上升，該條件下，H13 合金粉末熔化充分，緻密度穩定在 96% 左右，隨後再增加能量密度，H13 合金成形件緻密度提高不明顯，依舊在 96% 上下。原因可能是原有的金屬粉末中存在部分雜質或是粉末未完全乾燥導致在加工過程中出現氧化的現象，從而使孔洞無法避免；也可能是成形腔內的惰性氣體混入金屬熔液引發氣致型孔洞。

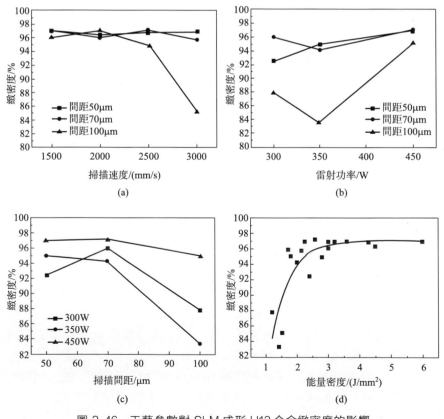

圖 2.46　工藝參數對 SLM 成形 H13 合金緻密度的影響

參考文獻

［1］　李滌生，賀健康，田小永，劉亞雄，張安峰，等. 增材製造：實現宏微結構一體化製造[J]. 機械工程學報，2013，49（6）：129-135.

［2］　李小麗，馬劍雄，李萍，等. 3D 列印技術及應用趨勢[J]. 自動化儀表，2014，35（1）：1-5.

［3］　曾光，韓志宇，梁書錦，等. 金屬零件 3D 列印技術的應用研究[J]. 中國材料進展，2014，33（6）：376-382.

［4］　Simonelli M，Tse Y Y，Tuck C. Effect of the build orientation on the mechanical properties and fracture modes of SLM Ti-6Al-4V[J]. Materials Science and Engineering: A，2014，616：1-11.

［5］　林鑫，黃衛東. 高性能金屬構件的雷射增材製造[J]. 中國科學：資訊科學，2015，45（9）：1111-1126.

［6］　何偉，齊海波，林峰，等. 電子束直接金屬成形技術的工藝研究[J]. 電加工與模具，2006（1）：58-61.

［7］　Mok S H，Bi G J，Folkes J，et al. Deposition of Ti-6Al-4V using a high powder diode laser and wire, Part I: Investigation on the process characteristics. Surface & Coatings Technology，2008，202（16）：3933-3939.

［8］　Syed W U H，Li L. Effects of wire feeding direction and location in multiple layer diode laser direct metal deposition. Applied Surface Science，2005，248（1-4）：518-524.

［9］　Riveiro A，Quintero F，Lusquinos F，et al. Experimental study on the CO_2 laser cutting of carbon fiber reinforced plastic composite. Composites Part A，2012，43（8）：1400-1409.

［10］　Wang W C，Zhou B，Xu S H，et al. Recent advances in soft optical glass fiber and fiber lasers[J]. Progress in Materials Science，2018.

［11］　S. Marimuthu，Antar M，Dunleavey J. Characteristics of micro-hole formation during fibre laser drilling of aerospace superalloy. Precision Engineering，2019，55：339-348.

［12］　Martinov G M，Ljubimov A B，Grigoriev A S，et al. Multifunction numerical control solution for hybrid mechanic and laser machine tool. Procedia CIRP，2012，1：260-264.

［13］　Sousa G B D，Olabi A，Palos J，et al. 3D metrology using a collaborative robot with a laser triangulation sensor. Procedia Manufacturing，2017，11：132-140.

［14］　Hao L，Dadbakhsh S，Seaman O，et al. Selective laser melting of a stainless alloy and hydroxyapatite composite for load-bearing implant development[J]. Journal of Materials Processing Technology，2009，209（17）：5793-5801.

［15］　Qiu C，Panwisawas C，Ward M，et al. On the role of melt flow into the surface structure and porosity development during selective laser melting[J]. Acta

Materialia, 2015, 96: 72-79.

[16] Thijs L, Verhaeghe F, Craeghs T, et al. A study of the microstructural evolution during selective laser melting of Ti-6Al-4V[J]. Acta Materialia, 2010, 58 (9): 3303-3312.

[17] Casati R, Lemke J, Vedani M. Microstructure and fracture behavior of 316L austenitic stainless alloy produced by selective laser melting[J]. Journal of Materials Processing Technology, 2016, 32 (8): 738-744.

[18] Leuders S, Thöne M, Riemer A, et al. On the mechanical behaviour of titanium alloy TiAl6V4 manufactured by selective laser melting: Fatigue resistance and crack growth performance[J]. International Journal of Fatigue, 2013,

48: 300-307.

[19] Bandyopadhyay A, Espana F, Balla V K, et al. Influence of porosity on mechanical properties and in vivo response of Ti6Al4V implants[J]. Acta Biomaterialia, 2010, 6 (4): 1640-1648.

[20] Kruth J P, Froyen L, Van Vaerenbergh J, et al. Selective laser melting of iron-based powder[J]. Journal of Materials Processing Technology, 2004, 149 (1): 616-622.

[21] Casalino G, Campanelli S L, Contuzzi N, et al. Experimental investigation and statistical optimisation of the selective laser melting process of a maraging alloy[J]. Optics & Laser Technology, 2015, 65: 151-158.

第3章

複合材料雷射
熔覆層微觀-
宏觀界面

在金屬/陶瓷雷射熔覆層中，需要特別關注的界面類型可分為兩類。第一類為基體/熔覆層整體界面。該界面的局部結構決定了熔覆層與基體是物理結合還是冶金結合，以及二者之間的結合所達到的力學性能指標。第二類界面為陶瓷相顆粒與金屬基體之間的局部界面。在陶瓷/鎳基金屬複合塗層中，高韌性的 γ-Ni 基體為黏結相，高硬度的陶瓷顆粒為強化相，二者之間的局部界面結合方式對複合熔覆層的磨損機製有重要的影響。

目前雷射熔覆金屬/陶瓷複合塗層的研究中，對局部界面的報導較為有限，而且針對熔覆層/基體整體界面結合能力的定量考察也較少報導，本章內容對寬束鎳基熔覆層中陶瓷相/鎳基局部界面和熔覆層/基體整體界面展開研究，透過光學顯微鏡（OM）和掃描電子顯微鏡（SEM）分析界面結構，並利用 EDS 能譜對界面元素分布展開分析。利用剪切試驗對熔覆層/基體界面處的結合強度進行定量表徵，對整體界面的裂紋擴展機製及斷裂行為進行討論。

3.1 陶瓷相/γ-Ni 熔覆層局部界面結構及演變機理

3.1.1 帶核共晶組織局部界面結構

圖 3.1 為採用寬束雷射製備的 Ni60 添加 20％WC 的熔覆層內原位生成帶核共晶組織與 γ-Ni 基體之間的局部界面結構。物相分析結果表明，該內核為固溶了 W 元素的 $(Cr，W)_5B_3$ 相，而周圍片層共晶組織為 $(Cr，W)_{23}C_6$ 相與 γ-Ni 基體形成的共晶組織。圖 3.1(a) 所示帶核共晶組織內核具有多角星的形狀，硼化物內核的尖角生長深入周圍片層狀的共晶組織，表明晶核在該方向上呈優勢生長；而共晶組織形成的外部輪廓在內核尖角方向上同樣形成深入鎳基體的尖角，這表明共晶組織的形核和生長同樣具有鮮明的方向性。如圖 3.1(b) 所示，在硼化物內核尖端部位可觀察到 $M_{23}C_6$ 析出相的一次軸主幹直接沿著尖端方向生長，在一次軸兩側二次軸枝干繼續生長。而在圖 3.1(c) 中，在硼化物內核的側邊部位可觀察到 $M_{23}C_6$ 析出相在少數位點出現依附形核現象，與內核只有非常有限的連接。由此可見，$(Cr，W)_5B_3$ 相內核與 $(Cr，W)_{23}C_6/γ$-Ni 共晶組織的連接形式主要為內核尖角與 $(Cr，W)_{23}C_6$ 主干連接，內核側邊與 γ-Ni 基體連接。在共晶組織內部 $(Cr，W)_{23}C_6$ 與 γ-Ni 基體形成了規律的共晶片層。圖 3.1(d) 所示為共晶片層外部輪廓與周圍 γ-Ni 基體

的局部界面結構，可以發現共晶組織內的 γ-Ni 與外部基體直連，而 $(Cr，W)_{23}C_6$ 枝干與外部分散的析出相直連。

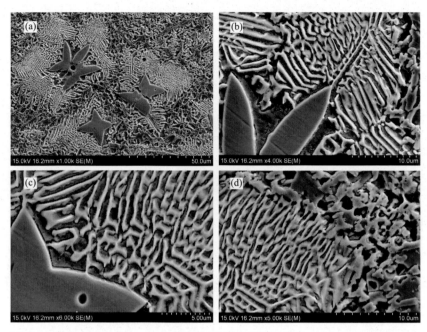

圖 3.1　帶核共晶組織/γ-Ni 基體局部界面結構形態（$P = 3.2kW, v = 3mm/s$）

　　由上述分析可見，帶核共晶組織具有複雜的局部界面結構形式。強化相內核透過周圍的細密片層狀共晶與 γ-Ni 基體連接在一起。共晶片層在結構上相當於一層過渡組織，片層中的 $Cr_{23}C_6$ 相與內核（$Cr，W$）$_5B_3$ 相直連，而片層中的 γ-Ni 基體相與外部熔覆層鎳基體直連。這種過渡結構的局部界面形式大大增加了強化相與熔覆層基體的接觸面積，使二者結合更加緊密，抵抗磨損載荷能力增強。

　　利用 EDS 能譜對帶核共晶組織進行元素線掃描，測量微區元素分布。圖 3.2 為測量位置及各元素分布情況。在內核部位可觀察到該處 W 元素和 Cr 元素有明顯的富集，其中 W 元素按質量分數占比可達 50％以上，而 Fe 和 Ni 元素的含量較低，非金屬元素中檢測到一定量的 B 元素。這與物相分析中，內核為（$Cr，W$）$_5B_3$ 相的結果相吻合。在片層狀共晶組織內 W 和 Cr 元素含量顯著下降，但二者同步出現幾個富集峰，這是因為共晶組織為片層狀結構。片層內部實際為（$Cr，W$）$_{23}C_6$ 相和 γ-Ni 相交替分布。當元素掃描在（$Cr，W$）$_{23}C_6$ 片層上時，檢測到 Cr 和 W 的富集峰，而當元素掃描在 γ-Ni 片層上時，檢測到 Ni 和 Fe 的富集峰。當

元素測試位置進入鎳基熔覆層基體時，Cr 和 W 元素含量進一步下降，而 Ni、Fe 元素含量到達峰值。在圖 3.2 中還注意到，元素測試線末端，C 元素和 Cr 元素出現了一個明顯同步上升的峰，這表明在圖 3.1 結構分析中位於共晶片層外部鎳基體中的分散析出相應該也是 Cr-C 化合相。

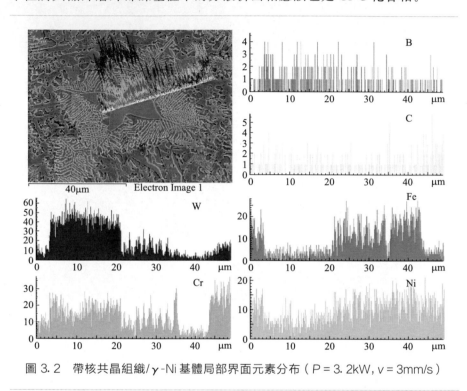

圖 3.2　帶核共晶組織/ γ -Ni 基體局部界面元素分布（ P = 3.2kW, v = 3mm/s ）

3.1.2　雷射能量密度對帶核共晶組織局部界面的影響

在寬束雷射熔覆中涉及到雷射熔覆工藝的參數有很多，如雷射功率 P 、掃描速度 v 、光斑尺寸（圓束光斑、寬束光斑）、搭接率 α 、送粉量 g 、預置粉末厚度 d 以及保護氣體流量和光斑離焦量等。其中雷射功率、掃描速度和光斑尺寸是非常重要的 3 個工藝參數，通常在工藝優化過程中這 3 個工藝參數應該作為首要設計變量考慮。海內外諸多研究者的文獻報導發現，雷射工藝參數並不是獨立地對熔覆層局部結構和整體性能產生影響，而是相互之間有一定的聯繫。為此提出了雷射能量密度 E_ρ 這一綜合性的參數

$$E_\rho = P/(v \times D) \tag{3.1}$$

式中 P 為雷射功率； v 為雷射掃描速度，即熔覆速度； D 為圓束光

斑的直徑或寬束光斑在垂直掃描速度方向上的軸長。

表 3.1 寬束雷射熔覆工藝參數設計

試樣編號	1#	2#	3#	4#	5#	6#	7#	8#	9#
雷射功率 P/kW	3.6	3.2	2.8	2.4	2.0	3.2	3.2	3.2	3.2
熔覆速度 v/mm・s^{-1}	3.0	3.0	3.0	3.0	3.0	2.5	3.5	4.0	5.0
雷射能量密度 E_p/J・mm^{-2}	70.59	62.75	54.90	47.06	39.22	75.29	53.78	47.06	37.65

　　圖 3.3 所示為寬束雷射熔覆工藝參數座標系。縱座標為寬束雷射功率 P，橫座標為雷射掃描速度 v，光斑尺寸為 17mm×1.5mm，其中長軸 17mm 垂直於熔覆方向。設計的參數範圍為雷射功率 2.0～3.6kW，雷射掃描速度 2.5～5.0mm/s。以此參數計算所得雷射能量密度區間位於 35～80J/mm^2 之間。具體試樣編組見表 3.1。改變雷射功率和掃描速度對雷射能量密度具有很大的影響。當雷射功率變大，或掃描速度降低時，雷射能量密度增大，即熔覆層單位面積接收到的雷射能量變多，反之亦然。在對寬束雷射 Ni60/WC 熔覆層局部組織的分析中發現，3.1.1 節中帶核共晶組織的典型形態只在雷射功率密度處於特定的範圍內時才會形成。當雷射功率密度超過某一閾值後，帶核共晶組織演變為更複雜的形式；而當雷射功率密度降低到某一閾值後，帶核共晶組織退化為只有塊狀內核析出相的簡單形態。

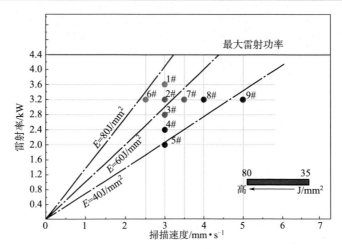

圖 3.3　寬束雷射熔覆工藝參數（P-v）座標系

　　圖 3.4 所示為在雷射能量密度較高的工藝條件下，帶核共晶組織形成的局部界面形態。內核生長為圖 3.4(a) 中所示的多邊形或圖 3.4(b) 中所示的圓形，內核外部鎳基柱狀晶和樹枝晶延續生長，最外側為片層狀共晶組織。與 3.1.1 節中帶核共晶組織相比，該結構在硼化物內核和共晶片層之間多了一層鎳基樹枝晶，界面結構更為複雜。圖 3.4(c) 所示為金相橫截面截取到鎳基樹枝晶時觀察到的帶核共晶組織的形態。此時截面上觀察不到硼化物內核，只有成蜂窩狀分布的鎳基枝晶，以及外圍的片層狀共晶組織。在圖 3.3 所示的熔覆工藝參數座標系中，樣品 1♯（$P = 3.6$kW，$v = 3$mm/s，$E_\rho = 70.59$J/mm^2）和樣品 6♯（$P = 3.2$kW，$v = 2.5$mm/s，$E_\rho = 75.29$J/mm^2）具有該類型的帶核共晶組織。而當雷射功率密度降低到小於 2♯樣品（$P = 3.2$kW，$v = 3$mm/s，$E_\rho = 62.75$J/mm^2）時，帶核共晶組織轉變為硼化物內核加共晶片層的典型形態（見圖 3.1）。因此粗略估算典型帶核共晶組織局部界面結構轉變的上臨界閾值約為 67J/mm^2。

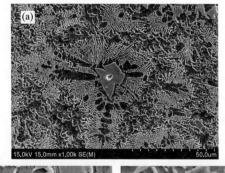

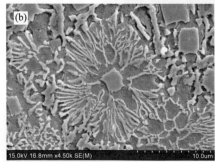

圖 3.4　帶核共晶組織/γ-Ni 基體局部界面結構形態
（$P = 3.6$kW, $v = 3$mm/s）

　　圖 3.5 所示為在雷射能量密度較低的工藝條件下，帶核共晶組織形成的局部界面形態。內核呈如圖 3.5(a) 中所示的四角星形狀，外部共晶

組織消失，僅透過少數形核位點與外部的離散析出相相連。當金相觀察截面與析出相內核在三維空間中的位向不同時，可分別觀察到如圖 3.5(b) 中所示的空心四角星形狀內核以及圖 3.5(c) 中所示的空心四邊形形狀。在圖 3.3 所示的熔覆工藝參數座標系中，樣品 4♯（$P = 2.4\text{kW}$，$v = 3.0\text{mm/s}$，$E_\rho = 47.06\text{J/mm}^2$）、樣品 5♯（$P = 2.0\text{kW}$，$v = 3.0\text{mm/s}$，$E_\rho = 39.22\text{J/mm}^2$）、樣品 8♯（$P = 3.2\text{kW}$，$v = 4.0\text{mm/s}$，$E_\rho = 47.06\text{J/mm}^2$）和樣品 9♯（$P = 3.2\text{kW}$，$v = 5.0\text{mm/s}$，$E_\rho = 37.64\text{J/mm}^2$）具有該類型的析出相。而當雷射功率密度增加到大於 7♯ 樣品（$P = 3.2\text{kW}$，$v = 3.5\text{mm/s}$，$E_\rho = 53.78\text{J/mm}^2$）時，帶核共晶組織轉變為硼化物內核加共晶片層的典型形態（見圖 3.1）。因此估算得到帶核共晶組織局部界面轉變的下臨界閾值約為 50J/mm^2。

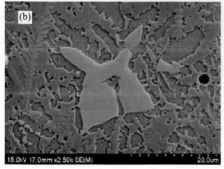
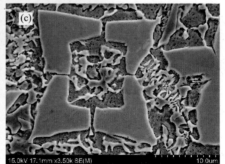

圖 3.5　帶核共晶組織/γ-Ni 基體局部界面結構形態（$P = 3.2\text{kW}$, $v = 3\text{mm/s}$）

由上述分析可知，當雷射能量密度超過上限閾值 67J/mm^2 時，帶核共晶組織局部界面由硼化物內核＋片層共晶的典型形態轉變為硼化物內核＋鎳基樹枝晶＋片層共晶。為進一步研究該複雜界面的元素分布情況，分別對具有四角塊狀內核和圓形內核的帶核共晶組織進行 EDS 元素分布掃描。圖 3.6 所示為具有四角塊狀內核的帶核共晶組織界面元素分布面

掃描結果。在塊狀內核中，Cr 元素和 W 元素明顯富集，而 Ni 和 Fe 元素含量較低。在周圍的鎳基樹枝晶中這 4 種元素分布趨勢恰好相反，可觀察到 Ni 和 Fe 元素富集區與鎳基樹枝晶的位置完全重合，而 W 和 Cr 元素的低濃度區也與鎳基樹枝晶位置重合，這表明該樹枝晶區域為固溶了部分 Fe 元素的 γ-Ni 基體相。在最外側的片層狀共晶組織區域，Ni、Fe、Cr 和 W 元素的含量均較為富集，這與物相分析中 $(Cr，W)_{23}C_6$ 與 γ-Ni 片層交替分布的結果相吻合。

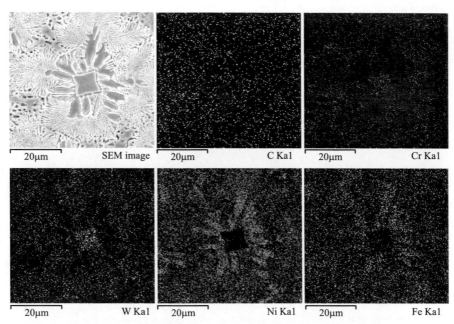

圖 3.6　帶核共晶組織/γ-Ni 基體局部界面元素分布面掃描
（$P = 3.6$ kW, $v = 3$ mm/s）

　　圖 3.7 所示為具有圓形內核的帶核共晶組織界面元素分布線掃描結果。在圓形內核部位，Cr 元素和 W 元素出現了高強度峰，而 Ni 元素和 Fe 元素在該區域出現低強度峰，峰寬度與圓形內核直徑相同，約為 $3.5\mu m$，這表明高功率密度下形成的帶核共晶組織其圓形內核與塊狀內核具有相同的化學成分，都為固溶了 W 元素的 $(Cr，W)_5B_3$ 相。在內核周圍樹枝晶區，Ni 和 Fe 元素含量較高，而 W、Cr 元素含量下降，在最外側的片層共晶區域，Cr、W、Ni 和 Fe 4 種元素含量均較高。元素分析表明，在寬束雷射製備的 Ni60/WC 熔覆層中，硼化物析出相和碳化物析出相對 Cr 和 W 元素具有強烈的富集作用，二者的分布區域

大致相同。而 Ni 和 Fe 元素為促進 γ-Ni 基體相形成元素，二者的分布趨勢相同。

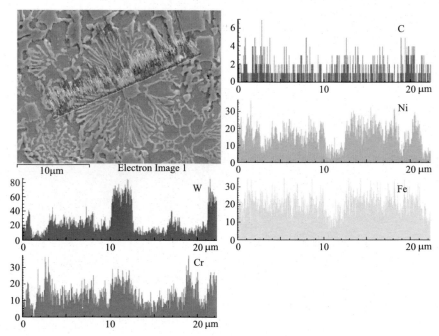

圖 3.7　帶核共晶組織/γ-Ni 基體局部界面元素分布線掃描
（ P = 3.6kW, v = 3mm/s ）

　　由上述分析發現，透過調整寬束雷射能量密度可以實現對原位強化相局部界面結構的精確控制，生成 3 種不同類型的強化相界面結構，當雷射功率密度位於 50～67J/mm^2 區間時，原位強化相透過片層共晶與熔覆層基體結合。雷射功率密度高於上限閾值，局部界面轉變為鎳基樹枝晶＋片層共晶結構；雷射功率密度低於下限閾值，強化相與基體僅靠簡單界面結合，總結見表 3.2。

表 3.2　雷射能量密度對帶核共晶組織局部界面結構的影響

界面類型	界面結構特徵			雷射能量密度 η /(J・mm^{-2})
	內核	次外層	外層	
Ⅰ	圓形、四角形	樹枝晶	片層共晶	$\eta > 67$
Ⅱ	四角星、四邊形	片層共晶	—	$67 > \eta > 50$
Ⅲ	四角星、四邊形	—	—	$\eta < 50$

3.1.3 帶核共晶組織局部界面演變機理

透過對帶核共晶組織局部界面結構的分析可以發現，該結構在三維上是一個具有內核的殼層結構。圖 3.8(a) 所示為高功率密度下帶核共晶組織的模型。芯部區域為硼化物內核 $(Cr，W)_5B_3$，外部包繞著的區域為 γ-Ni 樹枝晶，再外側的區域為 $(Cr，W)_{23}C_6$ 與 γ-Ni(Fe) 的共晶片層，最外層區域為熔覆層鎳基體。圖 3.8(b) 即為金相觀察截面穿過內核部位時，觀察到的帶核共晶組織結構，包括了內核-γ-Ni 樹枝晶-片層共晶 3 層組織。

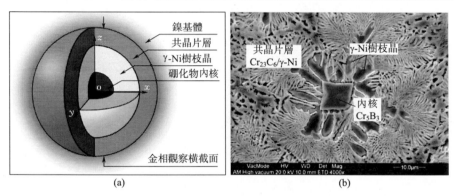

圖 3.8　高功率密度下帶核共晶組織模型

雷射能量密度的調整改變了熔池溫度場分布，使高溫液相中 Cr、W、B 和 C 等溶質原子產生擴散和偏聚，從而影響了原位生成強化相的形核和生長。菲克擴散第一定律 ［式(3.2)］ 指出了溶質原子擴散過程與擴散係數和濃度梯度的關係，阿倫尼烏斯公式 ［式(3.3)］ 反映了溫度 T 對擴散係數的影響

$$J = -D\frac{\partial c}{\partial x} \tag{3.2}$$

$$D = D_o \exp\left(-\frac{Q}{RT}\right) \tag{3.3}$$

參考菲克擴散第一定律及阿倫尼烏斯公式，有如下方程

$$J = -D_o \exp\left(-\frac{Q}{RT}\right)\frac{\partial c}{\partial x} \tag{3.4}$$

式中，J 表示擴散通量；D 為溶質原子的擴散係數；$\frac{\partial c}{\partial x}$ 為溶質原

子濃度梯度；Q 為擴散激活能；R 為摩爾氣體常數。

　　提高雷射能量密度後，熔池液相溫度相應得到提高。參考式(3.3)和式(3.4)，T 升高後原子擴散係數增大，在溶質原子初始濃度梯度不變（熔覆層組分一定）的情況下，擴散通量增加，即熔池溫度的提高加速了溶質原子的擴散行為。結合元素分布和物相組成的分析，帶核共晶組織的局部界面結構演變過程如圖 3.9 所示。

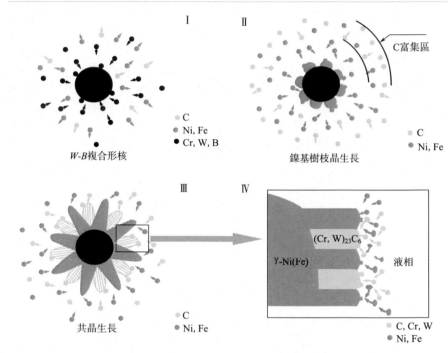

圖 3.9　帶核共晶組織局部界面結構演變機理

　　第一階段為 $(Cr，W)_5B_3$ 相形核、生長階段。熔覆層中 WC 顆粒在高溫液相中溶解後，C 元素由於質量輕、半徑小，具有較快的擴散能力，但 W 原子擴散能力較弱，而且由於寬束雷射均勻的功率密度，熔池中液相對流和攪拌作用也不明顯，使 W 元素富集液相區相對保持完整。在凝固開始階段，W 元素富集區首先吸收了臨近液相中的 Cr 和 B 溶質原子，形成 $(Cr，W)_5B_3$ 相，而後析出相沿著特定的晶向呈優勢生長，發育出尖角。

　　第二階段為 $(Cr，W)_{23}C_6$ 與 γ-Ni(Fe) 兩種物相競爭性生長階段。硼化物內核生長過程中不斷向臨近液相中析出 C 原子和 Ni 原子，因此臨近液相中富含了 Ni、Fe、C 元素。$Cr_{23}C_6$ 具有複雜面心立方結構，沿著硼化物內核的尖角部位形核生長，而 γ-Ni 沿著硼化物內核的側面形核。

在高雷射能量密度下，γ-Ni 處於優勢生長，在硼化物外部形成了一層鎳基樹枝晶，C 原子被進一步排出到外圍液相中，當凝固溫度下降到共晶點附近時，$(Cr, W)_{23}C_6/\gamma\text{-}Ni(Fe)$ 以共晶片層的方式同時析出。在中等雷射能量密度下，$Cr_{23}C_6$ 相處於優勢生長，但由於此時液相溫度下降較快，迅速到達共晶點附近，因此內核周圍直接形成了 $(Cr, W)_{23}C_6/\gamma\text{-}Ni(Fe)$ 共晶片層。在雷射能量密度較低的條件下，溶質原子擴散受到明顯抑製，硼化物的形核和碳化物的形核幾乎同步進行，因此熔覆層中的強化相與鎳基體僅形成簡單界面結構。

3.2 Q550 鋼/鎳基熔覆層整體界面結合機制

3.2.1 整體界面顯微組織及元素分布

（1）界面顯微組織

圖 3.10 所示為寬束雷射製備的 Ni60/WC 熔覆層與 Q550 鋼基體整體界面的顯微組織（$P = 3.6\text{kW}, v = 3\text{mm/s}$）。圖 3.10(a) 所示界面熔合線平直，界面前沿主要以鎳基樹枝晶、晶間析出相和 WC 顆粒為主。在圖 3.10(b) 中可觀察到，界面上形成了一層連續的白亮帶。研究表明，該組織為 γ-Ni 基體形成的平面晶。在熔覆層的組織分析中，「白亮帶」的出現是熔覆層/基體界面達到冶金結合的重要判據。在界面前沿 $50 \sim 100\mu m$ 範圍內，從平面晶上生長出鎳基樹枝晶。而後熔覆層組織轉變為鎳基體＋析出相。將熔合線前沿鎳基樹枝晶和 WC 顆粒同時存在的區域定義為結合區。該區域的顯微組織決定了熔覆層與 Q550 鋼基體結合界面的力學性能。鎳基平面晶和樹枝晶其物相組成都為 γ-Ni 相，具有較高的韌性，是熔覆層中的黏結相。WC 顆粒及晶間析出相是熔覆層中的強化相，具有高硬度和低韌性。由於二者具有截然不同的材料性質，熔覆層結合區的綜合力學性能對二者的相對含量較為敏感，值得重點關注。

寬束雷射能量密度對熔覆層底部顯微組織具有明顯的影響。圖 3.11 所示為 6#、2#、3#、4# 和 9# 寬束雷射熔覆層橫截面顯微組織分布，其雷射能量密度依次降低。熔覆層中部和頂部主要為原位生成析出相加鎳基體，而熔覆層中部和底部組織主要為鎳基樹枝晶、未熔 WC 顆粒及少數原位析出相，雷射能量密度對物相相對含量影響顯著。在 6# 和 2# 熔覆層底部，由於雷射能量密度較高，WC 基本全部溶解，僅可見少量的橢圓狀 WC 顆粒沉積在界面附近，熔覆層界面前沿可觀察到一定寬度

的鎳基樹枝晶區。隨著雷射功率密度降低，3#、4#和9#熔覆層中橢圓狀 WC 顆粒的數量逐漸增加，而界面前沿樹枝晶區範圍變窄。

(a)　　　　　　　　　　　(b)

圖 3.10　寬束雷射熔覆層/Q550 鋼整體界面顯微組織

（P = 3.6kW, v = 3mm/s）

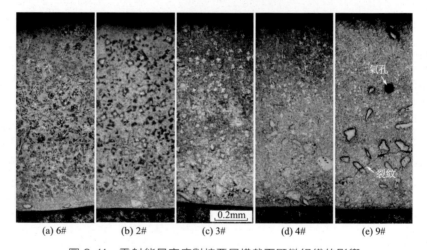

(a) 6#　　(b) 2#　　(c) 3#　　(d) 4#　　(e) 9#

圖 3.11　雷射能量密度對熔覆層橫截面顯微組織的影響

（2）界面元素分布

沿著垂直於界面熔合線的方向，從母材向熔覆層做 EDS 線掃描，測試界面元素分布，結果如圖 3.12 所示。參考 Ni-Fe 二元平衡相圖，Fe 在 Ni 中具有較大的固溶度，可形成 γ-Ni(Fe) 固溶體相。熔覆層中的 Fe 元素有兩種來源，一種是 Ni60 自熔性合金粉末成分中含有約 14％的 Fe 元素，另一種是在寬束雷射熔覆過程中，Q550 鋼母材少量熔化，將 Fe 元素過渡到熔池液相中。如圖 3.12 所示，Fe 元素在 Q550 鋼中含量最高，在界面處含量迅速下降。在平面晶組織內 Fe 元素含量處於相對較高水

準，隨著測試位置深入熔覆層內部，Fe 元素含量總體上呈緩慢下降趨
勢。在熔覆層底部 Fe 元素含量大部分處於 20％～40％，與原始 Ni60 合
金粉末 14％相比增加顯著，這表明該試樣（$P=3.2$kW，$v=2.5$mm/s）
母材熔化較多，提高了熔覆層底部 Fe 元素的含量。Ni 元素的分布趨勢
與 Fe 元素相反，從界面平面晶部位開始隨著 EDS 測試位置向熔覆層內
部深入其元素含量不斷上升。Cr 和 W 元素的分布趨勢大致相同，二者在
熔覆層內 EDS 測試區域上存在同步元素富集峰，元素富集區主要是晶間
析出相含量較多的位置。

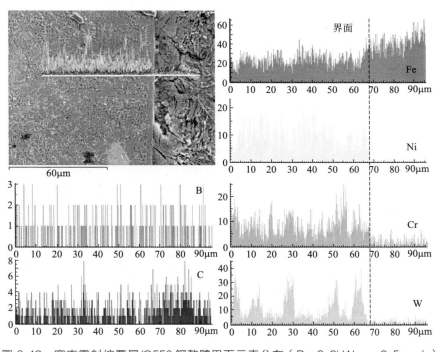

圖 3.12　寬束雷射熔覆層/Q550 鋼整體界面元素分布（$P=3.2$kW, $v=2.5$mm/s）

3.2.2　熔覆層/基體界面結構演變機理

圖 3.13 所示為不同雷射能量密度下製備的熔覆層界面平面晶及樹枝
晶形態，熔覆層 1♯、2♯和 4♯的雷射能量密度分別為 75.29J/mm²、
62.75J/mm² 和 47.06J/mm²。在三者界面上均可觀察到形成了一層薄薄
的平面晶，寬度約為 2μm，但隨著雷射能量密度的降低，晶間析出相含
量迅速增多，在平面晶前沿連續生長的樹枝晶含量減少。在 1♯ 熔覆層

中，平面晶表面連續不斷地生長出 γ-Ni 胞狀晶，且胞狀晶較為粗大，晶粒寬度超過了平面晶厚度。在 2♯ 熔覆層中，平面晶表面連續生長出的胞狀晶數量減少，且晶粒寬度也變細。當雷射能量密度進一步降低，在 4♯ 熔覆層中平面晶自身厚度變薄，而且表面只生長出偶現的 γ-Ni 胞狀晶。

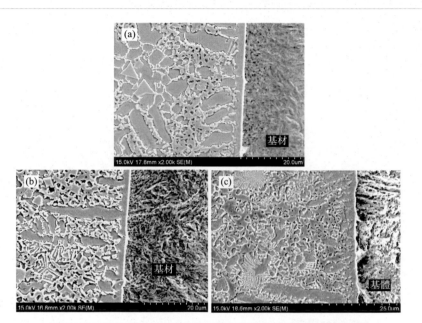

圖 3.13　雷射能量密度對熔覆層界面平面晶和樹枝晶的影響

研究認為在固溶體凝固過程中，固液界面凝固時的組織形態取決於成分過冷區的寬度。在凝固界面上，產生成分過冷的條件為

$$\frac{G}{R} < \frac{mc_0}{D}\left(\frac{1-k_0}{k_0}\right) \tag{3.5}$$

式中，G 代表溫度梯度，即液固界面前沿液相中的溫度分布；R 代表結晶速度；m 為相圖液相線斜率；c_0 為高溶質濃度；D 為液相中溶質的擴散係數；k_0 為溶質在液固兩相中的分配係數。G/R 值越小，表示成分過冷度越大。在固液界面上，隨著成分過冷度由小變大，組織形態將從平面晶向胞狀晶、樹枝晶發展。

根據 shengfeng zhou 等研究者的報導，雷射熔覆層溫度梯度可表示為[1]

$$G = \frac{2\pi K(T-T_0)^2}{\eta P} \tag{3.6}$$

式中，T 為液相溫度；T_0 為 Q550 鋼母材溫度；K 為熱導率；P 為

雷射功率；η 為雷射吸收率。

而根據 De Hosson 等學者的研究，熔覆層固液界面上的凝固速度可表示為[2]

$$v_s = v\cos\theta \tag{3.7}$$

式中，v_s 為固液界面某位置上的凝固速度，即結晶速度 R；θ 為凝固方向與熔覆方向夾角；v 為雷射熔覆速度。

凝固開始階段，γ-Ni 相在 Q550 母材半熔化晶粒上發生非均質形核。此時熔合線上具有非常大的溫度梯度 G，而結晶速度 R 由於基本垂直於熔覆方向，參考式(3.5) 可知，熔覆層底部的結晶速率 R 很小，因此 G/R 數值較大，不存在成分過冷，初始界面以平面晶方式生長。當平面晶生長到一定階段後，結晶潛熱的釋放使固液界面前沿的溫度梯度 G 減小，而隨著固液界面深入熔覆層，凝固方向與熔覆方向夾角減小，使結晶速度 R 增大（參見圖 3.14）。成分過冷開始出現，界面顯微組織由平面晶轉變為柱狀晶或樹枝晶[3]。

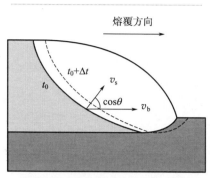

圖 3.14 雷射熔池內液固界面凝固速度與熔覆速度的關係

雷射能量密度對熔覆層界面顯微組織的影響主要透過以下方式。雷射能量密度降低時，Q550 鋼母材熔化量減少，從而降低了過渡到熔池底部 Fe 元素的含量。而 Fe 元素是促進 γ-Ni 相形成的元素，其含量的降低抑製了熔覆層界面前沿平面晶和樹枝晶的生長。因此透過調整雷射功率密度使母材少量熔化，有助於提高結合區平面晶和樹枝晶組織的含量，使熔覆層與基體的冶金結合更為緊密。

3.3 Q550 鋼/寬束熔覆層整體界面剪切強度及斷裂特徵

Q550 鋼表面製備的熔覆層在實際服役條件下一般承受磨損和衝擊載荷，熔覆層受力狀態較為複雜。鎳基/陶瓷複合熔覆層具有較高硬度，但韌性儲備一般，抵抗壓應力能力較強，但受到剪切應力作用時，熔覆層

容易產生剝落。因此除了熔覆層本身的使用性能外，熔覆層與基體界面的結合性能也需要重點關注。

受限於雷射熔覆層特殊的結構形式，如母材熔化導致的彎曲界面、熔覆層厚度較薄等影響，難以製備標準樣品評價其力學性能。一般認為，當熔覆層與基體界面形成連續、緻密的平面晶時，即形成較為可靠的冶金結合。但對於熔覆層冶金結合的定量評價，海內外相關的文獻報導較少。利用寬束雷射製備的熔覆層具有母材稀釋率低、熔合線界面平直、熔覆層單道厚度可達 1.5mm 等優點，利於製備剪切試樣。因此擬透過剪切試驗定量表徵熔覆層/基體界面冶金結合強度，研究寬束雷射工藝參數對界面結合強度的影響，並對界面斷口進行分析，闡述熔覆層受到剪切載荷時裂紋萌生與擴展機製[4]。

3.3.1 寬束熔覆層界面剪切試驗

採用 CMT-5150 型電子拉伸試驗機和專用夾具進行熔覆層剪切試驗。測試樣品為表 3.3 中不同熔覆工藝參數下製備的各熔覆層，選擇 Q550 鋼母材作為對比試樣。利用線切割設備在熔覆試樣上切取 10mm×5mm×2mm 的剪切試樣，熔覆層/基體界面位於 10mm×5mm 平面上部，剪切載荷作用於基體/熔覆層整體界面上，載荷受力面積約 10mm^2。表 3.3 列出了剪切試樣的工藝參數及剪切試驗結果。將剪切載荷除以剪切截面積可以得到剪切應力，將剪切變形量除以試樣厚度可以得到剪切應變，而試樣剪切強度的電腦公式按下式

$$\sigma_c = F_{max}/S \qquad (3.8)$$

表 3.3 不同寬束雷射工藝參數下熔覆層剪切試驗結果

試樣編號	雷射工藝參數			剪切面積 S /mm^2	最大載荷 F_{max}/N	剪切強度 σ_c /MPa
	P/kW	v/mm·s^{-1}	E_ρ/J·mm^{-2}			
1#-1	3.6	3	70.59	5.20×1.90	3608.93	383.29±18.02
1#-2				4.38×1.82	3199.11	
2#-1	3.2	3	62.75	4.68×1.98	2616.07	294.82±12.51
2#-2				4.68×2.02	2905.36	
3#-1	2.8	3	54.9	5.02×1.98	2483.04	279.75±29.94
3#-2				4.56×2.02	2852.68	
4#-1	2.4	3	47.06	4.98×1.78	408.04	78.08±32.05
4#-2				4.54×2.00	1000.00	

續表

試樣編號	雷射工藝參數			剪切面積 S /mm^2	最大載荷 F_{max}/N	剪切強度 σ_c /MPa
	P/kW	v/mm·s^{-1}	E_p/J·mm^{-2}			
5♯-1	2	3	39.22	4.52×2.22	579.46	86.63±28.88
5♯-2				5.00×2.24	1293.75	
6♯-1	3.2	2.5	75.29	4.82×2.20	3002.68	280.04±3.12
6♯-2				4.74×2.14	2808.93	
7♯-1	3.2	3.5	53.78	4.66×2.10	1395.54	144.79±2.18
7♯-2				4.86×2.12	1514.29	
8♯-1	3.2	4	47.06	4.62×2.14	2307.14	154.89±78.47
8♯-2				4.96×2.00	758.04	
9♯-1	3.2	5	37.65	4.72×1.80	896.43	81.86±23.65
9♯-2				4.90×1.90	541.96	
0♯-1	對照組 Q550 母材			5.2×1.58	3251.79	366.85±28.93
0♯-2				6.02×1.76	3580.36	

對照組 Q550 鋼的剪切載荷-剪切變形量曲線如圖 3.15 所示。在剪切載荷-剪切變形量曲線上，AB 段為彈性變形階段，BC 段為塑性變形階段，CD 段為縮頸階段。剪切開始時夾具裝配存在間隙，OA 段夾具位移但剪切載荷基本不變，而後在 AB 段剪切載荷與剪切變形量同步增加，二者關係符合胡克定律，OA 為彈性變形階段。當超過 B 點後，曲線斜率下降，此時剪切變形量增加而剪切載荷增加逐漸變慢，進入塑性變形階段。到達 C 點後，剪切載荷達到最大值 F_{max}。在 CD 段剪切變形量繼續增加而剪切載荷不斷減小，直到 D 點試樣發生斷裂。由剪切載荷-剪切變形量曲線分析可知，Q550 鋼的剪切斷裂行為屬於典型的塑性斷裂，存在明顯的塑性變形區和縮頸現象。以最大剪切載荷 F_{max} 計算得到 Q550 鋼的剪切強度為 (366.85±28.93)MPa。

試驗組 1♯～5♯ 寬束雷射熔覆層的剪切載荷-剪切變形量曲線如圖 3.16 所示。1♯～5♯ 熔覆層寬束雷射功率由 3.6kW 依次減小到 2.0kW，梯度為 0.4kW。在 1♯ 熔覆層剪切載荷-剪切變形量曲線上，可觀察到大部分區域屬於彈性變形階段，曲線斜率較大，曲線末端出現斜率稍有下降，表明試樣出現了少量的塑性變形。最大剪切載荷達到 3608.9N，甚至超過了 Q550 母材。2♯ 和 3♯ 熔覆層具有相似的剪切載荷-剪切變形曲線，在整個剪切過程中基本只出現彈性變形階段，剪切載荷達到峰值後，試樣突然斷裂。由最大剪切載荷計算的 2♯ 和

3♯熔覆層剪切強度分別為（294.82±12.51）MPa 和 （279.75±29.94）MPa。4♯和 5♯熔覆層較為薄弱，承受的峰值剪切載荷在 500N 左右，且剪切載荷-剪切變形曲線不規律，試樣同樣在剪切載荷達到峰值後突然斷裂。

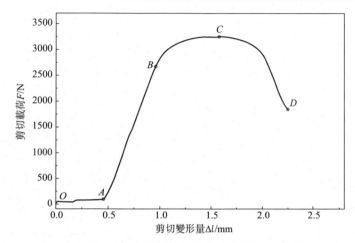

圖 3.15　Q550 鋼的剪切載荷-剪切變形量曲線

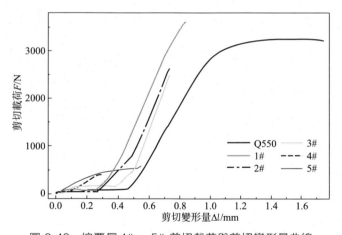

圖 3.16　熔覆層 1# ～ 5# 剪切載荷與剪切變形量曲線

試驗組 2♯、6♯～9♯寬束雷射熔覆層的剪切載荷-剪切變形量曲線如圖 3.17 所示。6♯～9♯熔覆層寬束雷射掃描速度由 2.5mm/s 依次增大到 5.0mm/s。不考慮夾具裝配間隙對剪切載荷-剪切變形量曲線的影響，6♯～9♯熔覆層其剪切載荷-剪切變形量曲線具有相似的規律，即在整個剪切變形過程中試樣大部分時間處於彈性變形階段，到達峰值剪切載荷後，

試樣突然斷裂，基本不發生塑性變形，具有脆性材料的斷裂特徵。

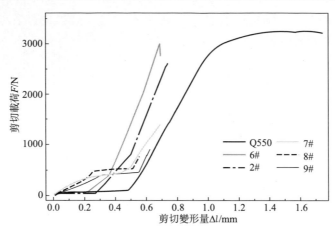

圖 3.17　熔覆層 2#、6# ～ 9# 剪切載荷與剪切變形量曲線

3.3.2　寬束雷射工藝參數對熔覆層剪切強度的影響

　　透過剪切試驗發現寬束雷射工藝參數對熔覆層/基體整體界面的剪切強度有顯著影響。熔覆層 1♯ ～5♯ 具有相同的熔覆速度，而寬束雷射功率有所調整。圖 3.18(a) 所示為寬束雷射功率對剪切強度的影響。1♯熔覆層具有最大的雷射功率 3.6kW，其剪切強度（383.29±18.02）MPa，達到母材 Q550 鋼剪切強度（366.85±28.93）MPa 的 105％。隨著熔覆層雷射功率降低，其剪切強度呈逐漸下降趨勢。2♯樣品雷射功率為 3.2kW，剪切強度為（294.82±12.51）MPa，達到母材的 80％。3♯樣品雷射功率為 2.8kW，剪切強度為（279.75±29.94）MPa，達到母材的 76％。而當雷射功率降低到 2.8kW 以下時，熔覆層界面剪切強度明顯下降，已不能形成可靠連接。4♯樣品雷射功率為 2.4kW，剪切強度為（78.08±32.05）MPa，僅為母材剪切強度的 21％。5♯樣品雷射功率為 2.0kW，剪切強度為（86.63±28.88）MPa，僅為母材剪切強度的 24％。

　　圖 3.18(b) 所示為雷射掃描速度對熔覆層/基體界面剪切強度的影響。6♯熔覆層具有最低的雷射掃描速度 2.5mm/s，其剪切強度為（280.04±3.12）MPa，達到母材 Q550 鋼剪切強度（366.85±28.93）MPa的 76％。隨著寬束雷射掃描速度的提高，熔覆層剪切強度呈下降趨勢。雷射掃描速度為 3.0mm/s 時，2♯熔覆層剪切強度仍處於較高水準。雷

射掃描速度提高到 3.5mm/s 和 4.0mm/s 時，熔覆層剪切強度下降到 150MPa 左右，出現明顯下降。當雷射掃描速度進一步提高到 5.0mm/s 時，9♯熔覆層剪切強度僅為（81.86±23.65）MPa，熔覆層已無法形成可靠連接。

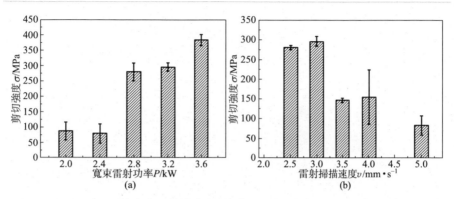

圖 3.18　雷射功率和掃描速度對熔覆層/基體界面剪切強度的影響

　　由以上分析可知，寬束雷射功率和雷射掃描速度對熔覆層剪切強度具有相似的影響，當減小雷射功率或增大雷射掃描速度時，熔覆層剪切強度都呈現明顯降低趨勢。結合 3.1.1 節中的討論，利用雷射能量密度這一指標可以綜合雷射功率和掃描速度兩個方面的因素。提高雷射功率或者降低雷射掃描速度，其直接影響都是增大了雷射能量密度，因此利用雷射能量密度這一指標衡量寬束雷射工藝參數對熔覆層剪切強度的影響更具有代表性[5]。圖 3.19 所示為寬束雷射能量密度對熔覆層基體界面剪切強度的影響。隨著雷射能量密度的增加，熔覆層剪切強度也呈逐漸升高的趨勢，符合一次函數特徵

$$\sigma_c = kE_\rho + b \tag{3.9}$$

　　式中，σ_c 為擬合的抗拉強度；E_ρ 為雷射能量密度，定義見式(3.1)；k 為相關性係數，擬合值為 7.53；b 為常係數，擬合值為－210.38。

　　圖 3.19 中直線為擬合線，與散點圖分布趨勢吻合度較高。該擬合方程可以作為經驗公式應用於寬束雷射熔覆工藝參數的優化。從雷射能量密度與熔覆層剪切強度的擬合線中可以判斷，當寬束雷射能量密度達到 55J/mm² 以上時，熔覆層剪切強度可以達到 200MPa 以上，可以認為形成了比較可靠的界面結合。

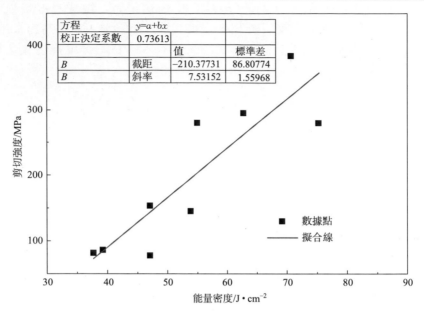

方程	$y=a+bx$		
校正決定系數	0.73613		
		值	標準差
B	截距	−210.37731	86.80774
B	斜率	7.53152	1.55968

■ 數據點
—— 擬合線

圖 3.19　雷射能量密度對熔覆層/基體界面剪切強度的影響

3.3.3　寬束熔覆層剪切斷口形貌及斷裂機製

　　從剪切應力-應變曲線分析得出 Q550 鋼剪切斷裂屬於韌性斷裂，而寬束雷射熔覆層的剪切斷裂屬於脆性斷裂。為進一步對熔覆層/基體界面的斷裂機製進行分析，利用掃描電鏡觀察剪切試樣的斷口形貌。圖 3.20 為對照組 Q550 鋼的剪切斷口形貌。

　　在圖 3.20(a) 中的 Q550 整體斷口上可觀察到，斷口表面分為兩個區別明顯的區域，上部為剪切唇，下部為纖維區。剪切唇區的形成是由於剪切刃口在 Q550 鋼上表面發生滑動，在圖 3.20(c) 的放大圖中可看到該區域出現了較多了犁溝，方向與剪切變形方向平行，Q550 鋼表面出現垂直於劃痕的橫向裂紋。圖 3.20(d) 為纖維區形貌，該區域占據 Q550 鋼斷口大部分面積，該區域主要為豐富的韌窩組織，在圖 3.20(e) 的放大圖中可觀察到韌窩組織呈拋物線狀，在剪切應力的作用方向上存在一定拉伸變形。

　　1♯～5♯熔覆層具有相同的熔覆速度，寬束雷射功率從 3.6kW 依次降低到 2.0kW，其剪切斷口整體形貌如圖 3.21 所示。Ni60/WC 寬束雷射熔覆層的整體剪切斷口可分為兩部分，上部為纖維區，表面較

為平整；下部為放射區，表面較為粗糙且有金屬光澤。1♯樣品斷口表面基本為平整的纖維區，從2♯熔覆層到5♯熔覆層，隨著雷射功率的下降，整體剪切斷口上的粗糙放射區面積不斷增大。參考3.3.2節中所述雷射功率與熔覆層剪切強度關係，可以發現以下的規律：提高雷射功率，熔覆層剪切強度提高，斷口表面纖維區占比增大。這表明纖維區為高韌性區，裂紋的萌生和擴展較慢，而放射區為低韌性區，裂紋擴展速度較快。

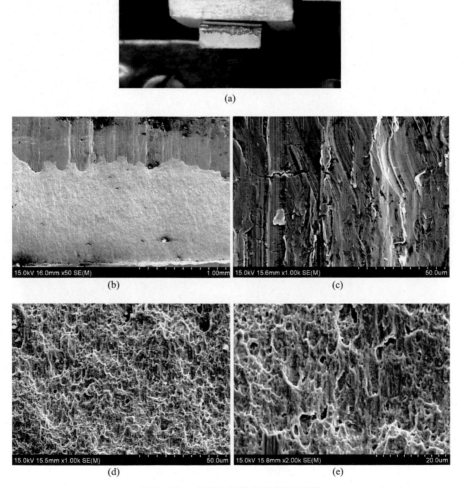

圖 3.20 Q550 鋼的剪切斷口形貌

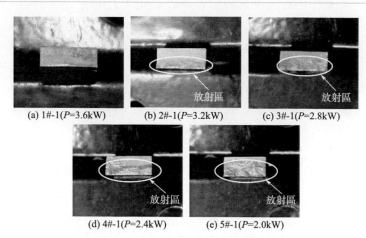

(a) 1#-1(*P*=3.6kW)　　(b) 2#-1(*P*=3.2kW)　　(c) 3#-1(*P*=2.8kW)

(d) 4#-1(*P*=2.4kW)　　(e) 5#-1(*P*=2.0kW)

圖 3.21　1# ～ 5# 熔覆層剪切斷口整體形貌

　　2＃及6＃～9＃熔覆層具有相同的雷射熔覆功率，雷射掃描速度從 2.5mm/s 依次增加到 5.0mm/s，其剪切斷口整體形貌如圖 3.22 所示。試樣整體剪切斷口同樣存在纖維區和放射區兩部分。6＃試樣剪切斷口上放射區的比例最小，隨著雷射掃描速度增加，剪切斷口上纖維區面積比例逐漸減小，而放射區的比例增大。熔覆層 9＃的剪切斷口上基本全部為放射區，且中部有一條裂紋貫穿剪切面。參考 3.3.2 節中所述雷射掃描速度與熔覆層剪切強度關係，可以發現如下規律：提高雷射掃描速度，熔覆層剪切強度下降，斷口表面放射區占比增大。

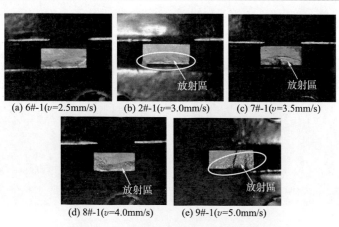

(a) 6#-1(*v*=2.5mm/s)　　(b) 2#-1(*v*=3.0mm/s)　　(c) 7#-1(*v*=3.5mm/s)

(d) 8#-1(*v*=4.0mm/s)　　(e) 9#-1(*v*=5.0mm/s)

圖 3.22　熔覆層剪切斷口整體形貌

1#熔覆層($P=3.6$kW,$v=3$mm/s)剪切斷口形貌見圖3.23。整體剪切面上部較為粗糙的區域為放射區，該區域放大後可觀察到「菊花狀」河流花樣、扇形河流花樣和不規則解離面。裂紋在放射區擴展速度較快，部分裂紋擴展為二次裂紋，在裂紋中間存在撕裂的熔覆層組織，如圖3.23(b)所示。在粗糙區這種斷口形貌表明該部位趨向於解理斷裂。整體剪切面下部較為平坦的區域為纖維區，該區域是初始裂紋萌發區域。可觀察到斷面上分布有非常均勻、規則的解離小平面。大量短小而密集的撕裂棱線條聚集在解離小平面之間，在圖3.23(d)的放大圖中可觀察到，短小的撕裂棱線條交匯於一點，該點即為點狀裂紋源，周圍分布有多個不同角度的解離小平面。1#熔覆層纖維區這種斷口形貌特徵表明該部位趨向於準解離斷裂。

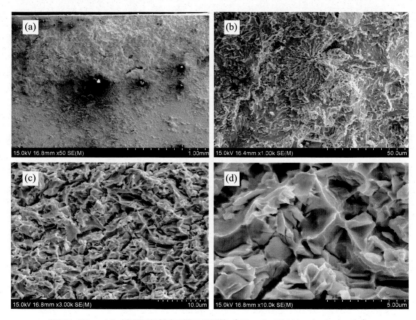

圖3.23　1# 熔覆層剪切斷口形貌（$P=3.6$kW, $v=3$mm/s）

2#熔覆層（$P=3.2$kW，$v=3$mm/s）見圖3.24，3#熔覆層（$P=2.8$kW，$v=3$mm/s）剪切斷口形貌見圖3.25。二者具有類似的解離面，在2#樣品剪切斷口放射區，可觀察到扇形解離面和解離臺階。2#樣品纖維區為取向不規則的解離小平面和高密度分布的短小撕裂棱。3#樣品剪切斷口上放射區的範圍增大，放射區斷口形貌以扇形解離面和平滑解離面為主，在圖3.24(c)中還可觀察到較多的二次裂紋以及撕裂的熔覆

層組織。3♯樣品纖維區斷口形貌也是以解離小平面為主，但斷口表面不平整，解離小平面匯聚成的斷裂面出現了高度的起伏。

圖 3.24　2# 熔覆層剪切斷口形貌（$P=3.2$kW, $v=3$mm/s）

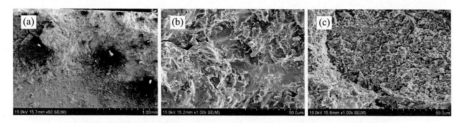

圖 3.25　3# 熔覆層剪切斷口形貌（$P=2.8$kW, $v=3$mm/s）

　　4♯熔覆層（$P=2.4$kW，$v=3$mm/s）剪切斷口形貌見圖 3.26。隨著雷射功率降低，4♯熔覆層剪切斷口中放射區面積占比進一步增大，在圖 3.26(a) 中還可觀察到剪切斷口界面上出現了大量的灰色橢圓狀顆粒。如圖 3.26(d) 所示，灰色顆粒斷口表面為扇形花樣和光滑解離面，顆粒內部出現了較多互相交錯的二次裂紋，表明該區域是脆性斷裂，具有極低的韌性。為確定灰色顆粒物相，利用 EDS 能譜測定灰色顆粒內部及周邊熔覆層組織的元素成分，結果如圖 3.27 所示。按原子百分比，灰色顆粒含有 C 元素 47.13%，含有 W 元素 52.47%。二者原子比接近 1:1，因此判定該灰色橢圓狀區域為未熔的 WC 顆粒。周邊解離面上鎳基熔覆層 EDS 元素分析表明，含有 C 元素約 20%，表明解離面的裂紋擴展沿著共晶碳化物進行。

　　4♯熔覆層剪切強度僅為 (78.08 ± 32.05)MPa，與 1♯～3♯熔覆層相比剪切強度大幅下降，根據剪切斷口形貌分析（圖 3.27），大量殘餘 WC 顆粒在界面處沉積是引起剪切強度下降的主要原因。WC 顆粒具有高硬度和耐磨性，但是韌性極低。隨著雷射能量密度的下降，熔覆層中未熔 WC 顆粒含量增加，且由於 WC 顆粒密度較大，容易在界面上聚集。在界面收到剪切載荷作用時，低韌性的 WC 顆粒首先破碎，成為裂紋源。

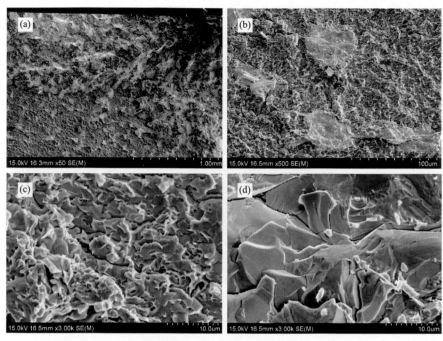

圖 3. 26　4# 熔覆層剪切斷口形貌（P= 2. 4kW，v= 3mm/s）

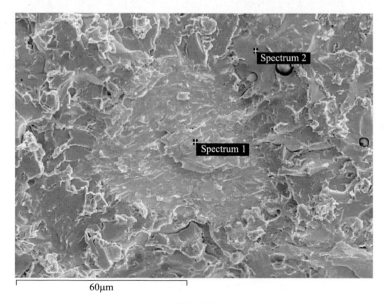

圖 3. 27

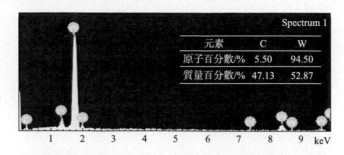

元素	C	W
原子百分數/%	5.50	94.50
質量百分數/%	47.13	52.87

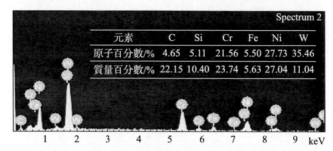

元素	C	Si	Cr	Fe	Ni	W
原子百分數/%	4.65	5.11	21.56	5.50	27.73	35.46
質量百分數/%	22.15	10.40	23.74	5.63	27.04	11.04

圖 3.27　4# 熔覆層剪切斷口 EDS 分析

　　在 3.2.1 節熔覆層/基體界面顯微組織分析中，我們發現界面處 WC 顆粒和鎳基平面/樹枝晶的含量受雷射能量密度的影響顯著。當雷射功率密度降低時，WC 顆粒在界面上含量提高，從而導致熔覆層剪切強度明顯下降。圖 3.28 和圖 3.29 所示分別為 8♯ 和 9♯ 熔覆層剪切斷口形貌，在兩組熔覆層剪切斷口表面的放射區可觀察到大量的灰色 WC 顆粒。9♯ 熔覆層中還可觀察到一條裂紋貫穿斷口表面，這也是導致 9♯ 熔覆層剪切強度僅達 (81.86±23.65)MPa 的原因。剪切斷口上 WC 顆粒與周邊熔覆層組織的解離面形貌見圖 3.28 和圖 3.29。WC 顆粒解離面光滑，裂紋從 WC 顆粒邊界或內部擴展到周邊的熔覆層組織中。熔覆層中二次裂紋的互相擴展，導致組織撕裂形成放射區，裂紋快速擴展後熔覆層整體斷裂[6]。

　　透過剪切斷口形貌分析發現，寬束雷射熔覆層/基體界面在剪切應力作用下發生脆性斷裂。但剪切斷口卻可以分為具有解理斷裂特徵的放射區和具有準解離斷裂特徵的纖維區。當雷射功率密度較大時，纖維區在斷口表面占比高，熔覆層具有較高的剪切強度。而當雷射功率密度降低時，放射區在斷口表面占比提高，特別是當低功率密度下熔覆層界面上出現較多未熔 WC 顆粒沉積時，熔覆層剪切強度迅速下降。

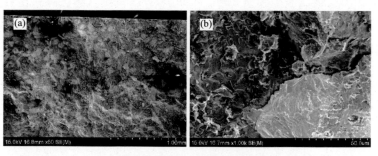

圖 3.28　8# 熔覆層剪切斷口形貌

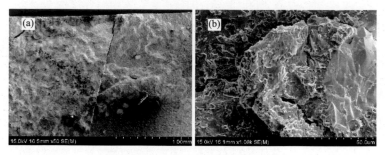

圖 3.29　9# 熔覆層剪切斷口形貌

　　在熔覆層剪切斷口上，纖維區和放射區具有不同的斷裂機製。當雷射能量密度較高時，熔覆層剪切斷口以纖維區為主，屬於準解理斷裂。其斷裂機製見圖 3.30。受到剪切應力作用，熔覆層首先發生彈性變形，此階段剪切應力與應變成線性關係同步增加。當變形量達到一定程度後，熔覆層內部萌生出解離微裂紋，隨著剪切應力進一步增加，微裂紋不斷增加、擴展。第三階段互相擴展的裂紋連接到一起，熔覆層在剪切應力作用下整體撕裂。最初萌生的微裂紋在斷面上發展為解離小平面，而微裂紋擴展相互連接後形成了密集的短小撕裂稜[7]。

　　當雷射能量密度較低時，熔覆層剪切斷口以放射區為主，屬於解理斷裂。其斷裂機製見圖 3.31。在剪切應力作用下，熔覆層發生彈性變形，但界面上沉積的 WC 顆粒具有極低的塑性，基本不能發生彈性變形，因此在 WC 顆粒/熔覆層基體局部界面上，由於位錯塞積導致該部位首先萌生裂紋。在剪切應力繼續作用下，裂紋首先向 WC 顆粒內部擴展，因為WC 顆粒韌性較低，裂紋迅速貫穿整個顆粒，導致 WC 顆粒破碎，形成較大的光滑解離面，在 WC 顆粒斷口表面可觀察到明顯扇形花樣和解離臺階。第二階段為 WC 顆粒裂紋向熔覆層中擴展，在剪切應力作用下，

熔覆層繼續發生彈性變形，而此時 WC 顆粒已經破碎無法釋放剪切應力，所以裂紋向熔覆層組織內擴展，以平衡剪切應力。第三階段熔覆層內部裂紋迅速擴展，二次裂紋相互連接導致熔覆層整體斷裂。

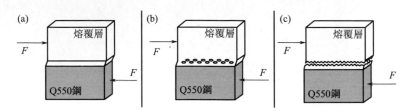

圖 3.30　高雷射能量密度下熔覆層準解理斷裂機製

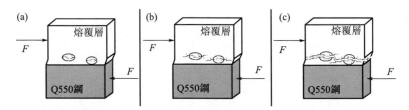

圖 3.31　低雷射能量密度下熔覆層解理斷裂機製

　　透過熔覆層界面斷裂機製分析可以發現，在雷射能量密度較低的工藝條件下，WC 顆粒在界面上沉積對熔覆層界面結合強度存在明顯的削弱，熔覆層在受到剪切載荷時，WC 顆粒首先破碎形成裂紋源，而後裂紋迅速向基體內擴展，導致熔覆層整體開裂，界面斷裂機製為解理斷裂。在雷射能量密度較高時，熔覆層界面組織以鎳基平面晶和樹枝晶、晶間析出相為主，在受到剪切載荷作用時，解理微裂紋萌生位點分布均勻，且密度較大，在起裂階段可以吸收較多的剪切內應力，使熔覆層/基體界面的結合能力顯著提高，而界面斷裂機製也轉變為準解理斷裂。

參考文獻

[1]　Zhou S, Xiong Z, Dai X, et al. Microstructure and oxidation resistance of cryomilled NiCrAlY coating by laser induction hybrid rapid cladding[J]. Surface

and Coatings Technology, 2014, 258: 943-949.

[2] Hemmati I, Ocelík V, Csach K, et al. Microstructure and phase formation in a rapidly solidified laser-deposited Ni-Cr-B-Si-C hardfacing alloy [J] . Metallurgical and Materials Transactions A, 2014, 45 (2): 878-892.

[3] Li J N, Wang X L, Qi W J, et al. Laser nanocomposites-reinforcing/manufacturing of SLM 18Ni 300 alloy under aging treatment [J] . Materials Characterization, 2019, 153: 69-78.

[4] Ivanov D, Travyanov A, Petrovskiy P, et al. Evolution of structure and properties of the nickel-based alloy EP718 after the SLM growth and after different types of heat and mechanical treatment [J] .

Additive Manufacturing, 2017, 18: 269-275.

[5] Thijs T, Kempen K, Kruth J P, et al. Fine-structured aluminium products with controllable texture by selective laser melting of pre-alloyed AlSi10Mg powder[J]. Acta Materialia, 2013, 61: 1809-1819.

[6] Ortiz A, Garcia A, Cadenas M, et al. WC particles distribution model in the cross-section of laser cladded NiCrBSi + WC coatings, for different wt% WC. Surface and Coatings Technology, 2017, 324: 298-306.

[7] Lin X, Cao Y Q, Wang Z T, et al. Regular eutectic and anomalous eutectic growth behavior in laser remelting of Ni-30wt% Sn alloys [J]. Acta Materialia, 2017, 126: 210-220.

第4章

雷射熔覆金屬
基/陶瓷複合
材料

4.1 雷射熔覆材料

影響雷射增材製造複合材料成形質量和性能的因素複雜，其中雷射熔覆材料是一個主要因素。雷射熔覆作為雷射增材製造技術的基礎和重要分支，相關研究對於提升雷射增材複合材料的品質具有舉足輕重的作用。熔覆材料直接決定熔覆層的服役性能，因此自雷射熔覆技術誕生以來，雷射熔覆材料一直受到研發人員和工程應用人員的重視。雷射增材再製造是以雷射熔覆技術為基礎，對服役失效零件及誤加工零件進行幾何形狀及力學性能恢復的技術。利用雷射熔覆層可以滿足材料對耐磨性、耐蝕性、隔熱性和耐高溫性能等的要求。根據其服役條件需求，靈活選擇和設計雷射熔覆材料是一個重要的問題。

4.1.1 雷射熔覆材料的分類

按熔覆材料的初始供應狀態，熔覆材料可分為粉末狀、絲狀、棒狀和薄板狀，其中應用最廣泛的是粉末狀材料。按照材料成分，雷射熔覆粉末材料主要分為金屬粉末、陶瓷粉末和複合粉末等。現在雷射熔覆用的材料基本上是沿用熱噴塗用的自熔合金粉末，或在自熔合金粉末中加入一定量 WC 和 TiC 等陶瓷顆粒增強相，獲得不同功能的雷射熔覆層[1]。熱噴塗與雷射熔覆技術具備許多相似的物理和化學特性，它們對所用合金粉末的性能要求也有很多相似之處。例如，合金粉末具有脫氧、還原、造渣、除氣、濕潤金屬表面、良好的固態流動性、適中的粒度、含氧量要低等性能。然而雷射熔覆與熱噴塗對所用合金粉末的性能要求也有一些不同之處，列舉如下。

① 熱噴塗時為了便於用氧乙炔焰熔化，也為了噴熔時基材表面無熔化變形，合金粉末應具有熔點較低的特性。然而根據金屬材料的物理性能，絕大多數熔點較低的合金具有較高的熱脹係數，根據熔覆層裂紋形成機理，這些合金也具有較大的開裂傾向。

② 熱噴塗時為了保證合金在熔融時有適度的流動性，使熔化的合金能在基材表面均勻攤開形成光滑表面，合金從熔化開始到熔化終了應有較大的溫度範圍，但在雷射熔覆時，由於冷卻速度快，枝晶偏析是不可避免的，熔覆合金熔化溫度區間越大，熔覆層內枝晶偏析越嚴重，脆性溫度區間也越寬，熔覆層的開裂敏感性也越大。

③ 與熱噴塗相比，雷射熔池存在時間較短，一些低熔點化合物如硼矽酸鹽往往來不及浮到熔池表面而殘留在塗層內，在冷卻過程中形成液態薄膜，加劇塗層開裂，或者造成夾渣等熔覆層缺陷。

正由於雷射熔覆與熱噴塗對所用合金粉末性能要求存在較大差距，導致採用現有熱噴塗用自熔合金粉末進行雷射熔覆加工處理時所製備的熔覆層容易產生裂紋、氣孔等缺陷。可見從改進熱噴塗用自熔合金粉末成分方面入手，提升雷射熔覆專用材料品質是急需解決的關鍵問題。

隨著雷射熔覆技術不斷發展，熔覆材料也得到快速發展，原則上可應用於熱噴塗的材料均可作為雷射熔覆專用材料。雷射熔覆材料可以從材料形狀、成分和使用性能等不同角度進行分類。

（1）按材料形狀分類

雷射熔覆材料根據形狀的不同，可分為絲材、棒材和粉末 3 種，其中粉末材料的研究和應用較為廣泛。不同形狀的雷射熔覆材料分類見表 4.1。

表 4.1　不同形狀的雷射熔覆材料分類

類別		熔覆材料
粉末	純金屬粉	Fe、Ni、Cr、Co、Ti、Al、W、Cu、Zn、Mo、Pb、Sn 等
	合金粉	低碳鋼、高碳鋼、不銹鋼、鎳基合金、鈷基合金、鈦合金、銅基合金、鋁合金、巴氏合金
	自熔性合金粉	鐵基（FeNiCrBSi）、鎳基（NiCrBSi）、鈷基（CoCrWB、CoCrWBNi）、銅基及其他有色金屬係
	陶瓷、金屬陶瓷粉	金屬氧化物（Al 係、Cr 係和 Ti 係）、金屬碳化物及硼氮、矽化物等
	包覆粉	鎳包鋁、鋁包鎳、鎳包氧化鋁、鎳包 WC、鈷包 WC 等
	複合粉	金屬＋合金、金屬＋自熔性合金、WC 或 WC-Co＋金屬及合金、WC-Co＋自熔性合金、氧化物＋金屬及合金、氧化物＋包覆粉、氧化物＋氧化物、碳化物＋自熔性合金、WC＋Co 等
絲材	純金屬絲材	Al、Cu、Ni、Mo、Zn 等
	合金絲材	Zn-Al-Pb-Sn、Cu 合金、巴氏合金、Ni 合金、碳鋼、合金鋼、不銹鋼、耐熱鋼
	複合絲材	金屬包金屬（鋁包鎳、鎳包合金）、金屬包陶瓷（金屬包碳化物、氧化物等）
	粉芯絲材	7Cr13、低碳馬氏體等
棒材	純金屬棒材	Fe、Al、Cu、Ni 等
	陶瓷棒材	Al_2O_3、TiO_2、Cr_2O_3、Al_2O_3-MgO、Al_2O_3-SiO_2

（2）按材料成分分類

雷射熔覆材料根據成分可分為金屬、合金和陶瓷三大類，見表 4.2。

表 4.2 雷射熔覆材料按其成分分類

類 別		熔覆材料
金屬與合金	鐵基合金	低碳鋼、高碳鋼、不銹鋼、高碳鉬複合粉等
	鎳基合金	純 Ni、鎳包鋁、鋁包鎳、NiCr/Al 複合粉、NiAlMoFe、NiCrAlY、NiCoCrAlY 等
	鈷基合金	純 Co、CoCrFe、CoCrNiW 等
	有色金屬	Cu、鋁青銅、黃銅、Cu-Ni 合金、Cu-Ni-In 合金、巴氏合金、Al、Mg、Ti 等
	難熔金屬及合金	Mo、W、Ta 等
	自熔性合金[①]	Fe-Cr-B-Si、Ni-Cr-B-Si、Ni-Cr-Fe-B-Si、Co-Cr-Ni-B-Si-W 等
陶瓷	氧化物陶瓷	Al_2O_3、Al_2O_3-TiO_2、Cr_2O_3、TiO_2-CrO_3、SiO_2-Cr_2O_3-ZrO_2（CaO，Y_2O_3，MgO）、TiO_2-Al_2O_3-SiO_2 等
	碳化物	WC、WC-Ni、WC-Co、TiC、VC、Cr_3C_2 等
	氮化物	TiN、BN、ZrN、Si_3N_4 等
	矽化物	$MoSi$、$TaSi_2$、Cr_3Si-$TiSi_2$、WSi_2 等
	硼化物	CrB_2、TiB_2、ZrB_2、WB 等

[①] 在合金中加入了硼、矽等元素，因自身具有熔劑的作用，故稱自熔性合金。

（3）按材料功能分類

根據材料的性質以及獲得的塗層性能，可以分為耐磨材料、耐蝕材料、隔熱材料、抗高溫氧化材料、自潤滑減摩材料、導電材料、絕緣材料、打底層材料和功能材料等。

① 耐磨材料 耐磨材料主要用於具有相對運動且表面容易出現磨損的零部件，如軸頸、導軌、閥門、柱塞等。雷射熔覆耐磨材料是非常重要的一類應用。利用雷射熔覆在高磨損條件下服役的工件表面製備耐磨塗層可以顯著提高設備的使用壽命。耐磨材料的類型及特性見表 4.3。

表 4.3 耐磨材料的類型及特性

材料類型	特 性
碳化鉻	耐磨、熔點 1800℃
自熔性合金、Fe-Cr-B-Si、Ni-Cr-B-Si	耐磨、硬度 30～55HRC
WC-Co（12%～20%）	硬度＞60HRC，紅硬性好，使用溫度低於 600℃
鎳鋁、鎳鉻、鎳及鈷包 WC	硬度高，耐磨性好，可用於 500～850℃ 下的磨粒磨損

續表

材料類型	特　性
Al_2O_3、TiO_2	抗磨粒磨損，耐纖維和絲線磨損
高碳鋼(7Cr13)、馬氏體不銹鋼、鋁合金	抗滑動磨損

② 耐蝕材料　雷射熔覆耐蝕材料常用於船舶、沿海鋼結構、石油化工機械、鐵路車輛等行業。利用耐蝕材料在工件或者設備表面製備耐蝕層可以提高設備的使用壽命，降低維護成本，且克服了傳統電鍍、化學鍍工藝對環境污染大、塗層結合性能差、厚度薄等缺點。耐蝕材料的類型及特性見表 4.4。

表 4.4　耐蝕材料的類型及特性

材料	熔點/℃	特性
Zn	419	暗白色，塗層厚度 0.05～0.5mm，黏結性好，常溫下耐淡水腐蝕性好，廣泛應用於防大氣腐蝕，鹼性介質耐蝕性優於 Al
Al	660	黏結性好，銀白色，廣泛用於大氣腐蝕，在酸性介質時耐蝕性優於 Zn，使用溫度超過 65℃亦可用
富鋅的鋁合金	<660	綜合 Al 及 Zn 的特性，形成一種高效耐蝕層
Ni	1066	密封後可作耐腐蝕層
Sn	230	與鋁粉混合，形成鋁化物，可用於耐腐蝕保護

③ 隔熱材料　主要指氧化物陶瓷、碳化物以及難熔金屬等。雷射熔覆隔熱材料可以根據工件的工作條件，製備單層或多層熔覆層；雙層一般是底層為金屬，表面層為陶瓷；噴塗三層時，底層為金屬，中間為金屬-陶瓷過渡層，表面層為陶瓷。零件表面有隔熱材料的防護，工作溫度可降低 10～65℃。隔熱材料常用於發動機燃燒室、火箭噴口、核裝置的隔熱屏等高溫工作部位。

④ 抗高溫氧化材料　抗高溫氧化材料可以在氧化介質溫度 120～870℃下對零件表面進行防護。有些材料不僅可以抗高溫氧化，還具有耐蝕等其他多種特性。表 4.5 列出了部分抗高溫氧化材料的類型及特性。

表 4.5　抗高溫氧化材料的類型及特性

材料	熔點/℃	特性
自熔性鎳鉻硼合金	1010～1070	耐蝕性好，亦耐磨
高鉻不銹鋼	1480～1530	封孔後耐蝕
Al_2O_3	2040	封孔後耐高溫氧化腐蝕等

續表

材料	熔點/℃	特性
TiO$_2$	1920	層孔隙少，結合好，耐蝕
Cr	1890	封孔後耐蝕
Ni-Cr(20%～80%)	1038	抗氧化，耐熱腐蝕
特種 Ni-Cr 合金	1038	抗高溫氧化及耐蝕
Ni-Cr-Al＋Y$_2$O$_3$	—	高溫抗氧化
鎳包鋁	1510	自黏結，抗氧化
鎳包氧化鋁、鎳包碳化鉻	—	工作溫度 800～900℃，抗熱衝擊

⑤ 自潤滑減摩材料　自潤滑減摩材料的類型及特性見表 4.6。自潤滑減摩材料常用於具有低摩擦因數的可動密封零部件。塗層的自潤滑性好，並具有較好的結合性和間隙控制能力。

表 4.6　自潤滑減摩材料的類型及特性

材料	特性
鎳包石墨	用於 550℃，飛機發動機可動密封部件、耐磨密封圈及低於 550℃ 時的端面密封。潤滑性好、結合力較高
銅包石墨	潤滑性好，力學性能及焊接性能好，導電性較高，可作電觸頭材料及低摩擦因數材料
鎳包二硫化鉬	潤滑性良好，用於 550℃ 以上可動密封處
鎳包矽藻土	作為 550℃ 以上高溫減摩材料，耐磨，封嚴，可動密封
自潤滑自黏結鎳基合金	屬減摩材料，潤滑性好

⑥ 導電、絕緣熔覆材料　熔覆材料中常用的導電材料是 Al、Cu 和 Ag。Al 塗層製備在陶瓷或玻璃上可作電介電容；Cu 導電性較好，在陶瓷或碳質表面作電阻器及電刷；Ag 導電性好，可作電器觸點或印刷電路；絕緣層材料常採用 Al$_2$O$_3$。

⑦ 黏結底層材料　黏結底層材料能與光滑的或經過粗化處理的零件基材表面形成良好的結合。常用於底層以增加表面的黏結力，尤其是表面層為陶瓷脆性材料，基材為金屬材料時，黏結底層材料的效果更明顯。常用的黏結底層材料有 Mo、鎳鉻複合材料及鎳鋁複合材料等，其中最常用的鎳包鋁（或鋁包鎳），它不僅能增加面層的結合，同時還能在噴塗時產生化學反應，生成金屬間化合物（Ni$_3$Al 等）的自黏結成分，形成的底層無孔隙，屬於冶金結合，可以保護金屬基材，防止氣體滲透進行侵蝕。

⑧ 功能性材料　功能性材料是指具有特殊功能的材料，如 FeCrAl、FeCrNiAl 等。含某些稀土元素和鉛的功能性材料，具有較好的防 X 射線輻射的能力。含 BN、B_6Si 的複合粉末可塗於中子吸收裝置上。

4.1.2　雷射熔覆用粉末

(1) 自熔性合金粉末

在金屬粉末中，自熔性合金粉末的研究與應用最多。自熔性合金粉末是指加入具有強烈脫氧和自熔作用的 Si、B 等元素的合金粉末。在雷射熔覆過程中，Si 和 B 等元素具有造渣功能，它們優先與合金粉末中的氧和工件表面氧化物一起熔融生成低熔點的硼矽酸鹽等覆蓋在熔池表面，防止液態金屬過度氧化，從而改善熔體對基材金屬的潤濕能力，減少熔覆層中的夾雜和含氧量，提高熔覆層的工藝成形性能。自開展雷射熔覆技術研究以來，人們最先選用的熔覆材料就是鐵（Fe）基、鎳（Ni）基和鈷（Co）基自熔性合金粉末。這幾種自熔性合金粉末對碳鋼、不銹鋼、合金鋼、鑄鋼等多種基材有較好的適應性，能獲得氧化物含量低、氣孔率小的熔覆層。三種自熔性合金粉末的比較見表 4.7。

表 4.7　自熔性合金粉末的特點

自熔性合金粉末	自熔性	優點	缺點
鎳基	好	良好的韌性、耐衝擊性、耐熱性、抗氧化性，較高的耐蝕性	高溫性能較差
鈷基	較好	耐高溫性最好，良好的耐熱性、耐磨性、耐蝕性	價格較高
鐵基	差	成本低	抗氧化性差

① 鐵基合金粉末　鐵基合金的最大的優點是來源廣泛、價格低廉，且現在應用的工程構件的基材大部分都是鋼鐵材料，採用鐵基熔覆材料，熔覆層具有良好的潤濕性，界面結合牢固，可以有效地解決雷射熔覆中的剝落問題。鐵基合金粉末適用於要求局部耐磨而且容易變形的零件，熔覆層組織主要為富 C、B、Si 等的樹枝晶和 Fe-Cr 馬氏體組織。其最大優點是成本低且耐磨性能好，但也存在熔點高、合金自熔性差、抗氧化性差、流動性不好、熔層內氣孔夾渣較多等缺點[2]。目前，鐵基合金的合金化設計主要為 Fe、Cr、Ni、C、W、Mo、B 等，在鐵基自熔性合金粉末的成分設計上，通常採用 B、Si 元素來提高熔覆層的硬度與耐磨性，Cr 元素可提高熔覆層的耐蝕性，Ni 元素可提高熔覆層的抗開裂能力。常見鐵基合金粉末的化學成分見表 4.8，主要物理參數和使用特點見表 4.9。

表 4.8　常見鐵基合金粉末的化學成分

粉末牌號	化學成分（質量分數）/%								
	C	Ni	Cr	B	Si	Cu	Co	Fe	其他
Fe30	1.0～2.5	30～34	8～12	2.0～4.0	3.0～5.0	—	—	餘	—
Fe45	1.0～1.6	10～18	12～20	4.0～6.0	4.0～6.0	—	—	餘	—
Fe55	1.0～2.5	8～16	10～20	4.5～6.5	4.0～5.5	—	—	餘	—
Fe60	1.2～2.4	6～16	12～20	4.2～5.6	4.0～6.0	—	—	餘	—
Fe65	2.0～4.0	—	20～23.5	1.5～2.5	3.0～6.0	—	—	餘	—

表 4.9　鐵基合金粉末的物理參數和使用特點

粉末牌號	物理參數					使用特點
	粒度/目	硬度(HRC)	熔點/℃	鬆裝密度/g·cm⁻³	流動性/g·50s⁻¹	
Fe30	−150～+400	25～30	1050～1100	3.5	20	抗磨損,切削性能好,用於鋼軌表面壓塌、擦傷等的磨損修復和表面防護
Fe45	−150～+400	42～48	1050～1100	3.5	20	抗磨損,用於軸類等耐磨損機械零部件
Fe55	−150～+400	54～58	1050～1100	3.7	20	耐磨,用於滾機葉片、螺栓輸入器、浮動油封面、軸承密封面、礦山機械、工程機械
Fe60	−150～+400	55～60	1050～1100	4.0	20	抗磨粒磨損性能高,主要用於石油鑽杆接頭、農機、礦機等
Fe65	−60～+200	60～65	1150～1200	4.0	25	抗高應力磨粒磨損性能高,用於礦機、石油鑽杆接頭、破碎機等設備零件

② 鎳基合金粉末　鎳基自熔性合金粉末以其良好的潤濕性、耐蝕性、高溫自潤滑作用和適中的價格在雷射熔覆材料中研究最多且應用最廣。它主要適用於局部要求耐磨、耐熱腐蝕及抗熱疲勞的構件，所需的雷射功率密度比熔覆鐵基合金的略高。鎳基自熔性合金的合金化原理是運用 Fe、Cr、Co、Mo、W 等元素進行奧氏體固溶強化，運用 Al、Ti 等元素進行金屬間化合物沉澱強化，運用 B、Zr、Co 等元素實現晶界強化。C 元素加入可獲得高硬度的碳化物，形成彌散強化相，進一步提高熔覆層的耐磨性；Si 和 B 元素一方面作為脫氧劑和自熔劑，增加潤濕性，另

一方面，透過固溶及彌散強化提高塗層的硬度和耐磨性。鎳基自熔性合金粉末中各元素的選擇正是基於以上原理，而合金元素添加量則依據合金成形性能和雷射熔覆工藝確定[3,4]。鎳基合金粉末主要有以下幾種類型。

a. 鎳-鉻係合金粉末　該種粉末種類較多，例如鎳-鉻耐熱合金，它是在鎳中加入一定質量比例鉻製成的。鎳-鉻耐熱合金在高溫下幾乎不氧化，是典型的耐熱、耐蝕和耐高溫氧化的材料。鎳-鉻耐熱合金與基材金屬的黏結性能良好，是一種極好的過渡層材料，既能增加基材防高溫氣體侵蝕的能力，又能改善塗層與基材材料的黏結強度。

b. 鎳-鉻-鐵係合金粉末　此類粉末是在鎳-鉻中加入適當的鐵，其耐高溫氧化性能比鎳-鉻係合金稍差一些，其他性能基本上與鎳-鉻係合金接近，突出優點是價格比較便宜，可用作耐蝕工件的修補，也可做過渡層熱噴塗粉末使用。

c. 鎳-鉻-硼-碳係合金粉末　此係合金由於含有硼、鉻和碳等元素，硬度比較高，韌性也適中，噴塗後，塗層耐磨、耐蝕、耐熱性較好，可用於軸類、活塞等的防腐修復。

d. 鎳-鋁合金粉末　鎳-鋁合金粉末常用來打底層，它的每個微粒都是由微細的鎳粉和鋁粉組成。雷射熔覆時鎳和鋁之間產生強烈的化學反應，生成金屬間化合物，並釋放出大量的熱，同時部分鋁還會氧化，產生更多的熱量。在此高溫下，鎳可擴散到基材金屬中去，使塗層的結合強度顯著提高。鎳-鋁複合粉末的膨脹係數與大多數鋼材的膨脹係數接近，因此也是一種理想的中間塗層材料。

常見鎳基合金粉末的化學成分見表 4.10，主要物理參數和使用特點見表 4.11。

表 4.10　常見鎳基合金粉末的化學成分

粉末牌號	化學成分(質量分數)/%							
	C	Ni	Cr	B	Si	Fe	Co	其他
Ni20	≤1.0	餘	4~6	0.4~1.6	1.5~2.5	≤5	—	—
Ni25	≤1.6	餘	8~13	0.6~2.6	1.5~5.0	≤6	—	—
Ni35	≤3	餘	8~14	1.0~4.0	3.5~5.5	≤8	—	—
Ni45	≤3	餘	10~14	3.5~5.5	4.5~6.5	≤10	8~12	—
Ni60	1.0~2.0	餘	14~18	2.5~4.5	3.5~4.5	≤17	—	—

表 4.11　鎳基合金粉末的物理參數和使用特點

粉末牌號	物理參數					使用特點
	粒度/目	硬度(HRC)	熔點/℃	鬆裝密度/g·cm^{-3}	流動性/g·50s^{-1}	
Ni20	−150～＋400	18～23	1040	≥3.5	≤20	熔點低,耐急冷急熱,切削性、耐熱蝕性好,易加工。用於模具、鑄鐵、鎳合金、鋼、不銹鋼零件,以及曲軸、軋輥、軸套、軸承座、偏心輪等零件
Ni25	−150～＋400	20～30	1050	≥3.6	20	熔點低,耐急冷急熱,切削性、耐熱蝕性好,易加工。用於模具、軸類零部件
Ni35	−150～＋400	30～40	1050	3.8	20	耐磨、耐蝕、耐熱、耐衝擊、易加工。用於模具沖頭、顯像管模具、齒輪、汽輪機葉片、各類軸承等
Ni45	−150～＋400	40～50	1080	3.9	19	耐磨、耐高溫、耐熱、硬度中等、自熔性好。適用於修復排氣閥密封面,活塞環、汽輪機葉片、氣門等
Ni60	−150～＋400	55～62	980	4.1	18	耐磨、耐蝕、耐熱、金屬間摩擦係數極小,用於金屬加工模具、鏈輪、凸輪、拉絲滾筒、排氣門、機械磨損件等

③ 鈷基合金粉末　鈷基自熔性合金粉末是以 Co 為基本成分,加入 Ni、Fe、Cr、Mo、W 以及 C、B 等元素組成的合金。Cr 元素能固溶在 Co 的面心立方晶體中,對晶體既起固溶作用,又起鈍化作用,提高耐蝕性能和抗高溫氧化性能。富餘的 Cr 與 C、B 形成碳化鉻和硼化鉻硬質相,提高合金硬度和耐磨性。Mo,W 等元素的加入具有提高耐磨性的功能。Ni,Fe 元素可以降低鈷基合金熔覆層的熱脹係數,減小合金的熔化溫度區間,有效防止熔覆層產生裂紋,提高熔覆合金對基材的潤濕性。Mo,W 固溶在 Co 基材中,能使晶格發生大的畸變,顯著強化合金基材,提高基材的高溫強度和紅硬性。過量的 W 還能與碳形成碳化鎢硬質相,提高耐磨性。鈷基合金的雷射熔覆層組織為 Co-Cr 的 γ 相固溶體,彌散析出鉻和鎢的碳化物和硼化物。具有耐熱、耐磨、耐蝕、抗高溫氧化等優越性能。一般在 600℃ 以上仍具有很高的紅硬性。鈷基自熔性合金粉末具有良好的耐高溫及抗蝕耐磨性能,常被應用於石化、電力、冶金等工業領域的耐磨、耐蝕及抗高溫氧化等場合[5]。常見的鈷基合金粉末的化學成分見表 4.12,主要物理參數和使用特點見表 4.13。

表 4.12　鈷基合金粉末的化學成分

粉末牌號	化學成分(質量分數)/%								
	C	Ni	Cr	B	Si	Fe	Cu	Co	其他
Co42A	1.0～1.2	14～16	18～24	1.2～1.6	2.5～3.2	≤6	—	餘	W:6.0～8.0
Co42B	1.0～1.2	14～16	18～24	1.2～1.6	2.5～3.2	≤6	—	餘	Mo:4.0～6.0
Co50	0.3～0.7	26～30	18～20	2.0～3.5	3.5～4.0	≤12	—	餘	Mo:4.0～6.0

表 4.13　鈷基合金粉末的物理參數和使用特點

粉末牌號	物理參數					使用特點
	粒度/目	硬度(HRC)	熔點/℃	鬆裝密度/g·cm⁻³	流動性/g·50s⁻¹	
Co42A	−60～+200	40～45	1130～1200	3.5	32	高溫耐磨、耐燃氣腐蝕,用於高溫排氣閥頂保護、高溫高壓閥門等
Co42B	−60～+200	40～45	1130～1200	3.4	31	
Co50	−150～+400	40～55	1100	3.6	25	用於高溫高壓閥門、內燃機排氣閥、密封面、鏈鋸導板。耐空蝕,用於高溫模具,汽輪機葉片等

④ 其他金屬粉末　除以上幾類雷射熔覆材料體系,目前已研發的熔覆材料體系還包括銅基、鈦基、鋁基、鎂基、鋯基、鉻基以及金屬間化合物基材料等。這些材料多數是利用合金體系的某些特殊性質使其達到耐磨減摩、耐蝕、導電、抗高溫、抗熱氧化等一種或多種功能。

銅基雷射熔覆材料主要包括 Cu-Ni-B-Si、Cu-Ni-Fe-Co-Cr-Si-B、Cu-Al$_2$O$_3$、Cu-CuO 等銅基合金粉末及複合粉末材料。利用銅合金體系存在液相分離現象等冶金性質,可以設計出雷射熔覆銅基自生複合材料的銅基複合粉末材料。研究表明,銅基雷射熔覆層中存在大量自生硬質顆粒增強體,具有良好的耐磨性[6]。

鈦基熔覆材料主要用於改善基材金屬材料表面的生物相容性、耐磨性或耐蝕性等。研究的鈦基雷射熔覆粉末材料主要是純 Ti 粉、Ti6Al4V 合金粉末以及 Ti-TiO$_2$、Ti-TiC、Ti-WC、Ti-Si 等鈦基複合粉末。

鎂基熔覆材料主要用於鎂合金表面的雷射熔覆,以提高鎂合金表面的耐磨性能和抗腐蝕性能等。國外學者 J. Dutta Majumdar 等在普通商用鎂合金上熔覆鎂基 MEZ 粉末 (Zn:0.5%, Mn:0.1%, Zr:0.1%, Re:2%,其餘為 Mg,均指質量分數)。使熔覆層顯微硬度由 HV35 提高到 HV85～100,且因晶粒細化和金屬間化合物的重新分布,熔覆層在質量分數 3.5%

的 NaCl 溶液中的抗腐蝕性能相比基材鎂合金有極大提高。

（2）陶瓷粉末

雷射熔覆陶瓷粉末近年來受到人們的關注。陶瓷粉末具有高硬度、高熔點、低韌性等特點，因此雷射熔覆過程可將其作為增強相使用。陶瓷材料具有與金屬基材差距較大的線脹係數、彈性模量、熱導率等熱物理性質，而且陶瓷粉末的熔點往往較高，因此雷射熔覆陶瓷的熔池溫度梯度差距很大，易產生較大的熱應力，熔覆層中容易產生裂紋和空洞等缺陷。雷射熔覆陶瓷塗層往往採用過渡熔覆層或者梯度熔覆層的方法來實現。多數陶瓷材料具有同素異晶結構，在雷射快速加熱和冷卻過程中常伴有相變發生，導致陶瓷體積變化而產生體積應力，使熔覆層開裂和剝離。因此，雷射熔覆陶瓷材料必須採用高溫下的穩定結構（如 α-Al_2O_3、金紅石型 TiO_2）或透過改性處理獲得穩定化的晶體結構（如 CaO、MgO、Y_2O_3 穩定化 ZrO_2），這是雷射加工技術成功製備陶瓷塗層的重要條件。

雷射熔覆運用的陶瓷粉末種類較多，從化學成分上分類主要包括碳化物粉末、氧化物粉末、氮化物粉末、硼化物粉末等。這些陶瓷粉末具有不同的熱物理化學性能，與金屬黏結相的潤濕性和相容性也不盡相同，使用時往往根據具體的要求進行選擇。

① 碳化物粉末　常用的碳化物陶瓷粉末有 WC、TiC、ZrC、VC、NbC、HfC 等，這些材料不僅具有熔點高、硬度高、化學性能穩定等典型的陶瓷材料的特點，同時又顯示出一定的金屬性能：其電阻率與磁化率與過渡金屬元素及合金相比，大多數碳化物的熱導率較高，是金屬性導體，這類碳化物又稱為金屬型碳化物。碳化物材料的硬度一般隨使用溫度的升高而降低，常溫下 TiC 最硬，但隨使用溫度升高，硬度急劇降低。WC 在常溫下具有相當高的硬度，至 1000℃ 其硬度也下降較少，具有優異的紅硬性，是高溫硬度最高的碳化物。由於碳化物熔點高、硬度高，且噴塗的碳化物顆粒與基材材料的附著力差，在空氣中升高溫度時容易發生氧化。因此，純碳化物粉末很少單獨用作雷射熔覆粉末材料。通常需用 Co、Ni-Cr、Ni 等金屬或合金作黏結相製成燒結型粉末或包覆型粉末供雷射熔覆使用。

碳化鎢（WC）是製造硬質合金的主要原材料，也是雷射熔覆領域製備高耐磨塗層的重要材料。鎢-碳二元系能形成 WC 和 W_2C 兩種晶型的碳化物。WC 硬度高，特別是其熱硬度高。它能很好地被 Co、Fe、Ni 等金屬熔體潤濕，尤以鈷熔體對 WC 的潤濕性最好。當溫度升高至金屬熔點以上時，WC 能溶解在這些金屬熔體中，而當溫度降低時，又能析出。

WC 這些優異的性能，使 WC 能用 CO 或 Ni 等作黏結相材料，經高溫燒結或包覆處理，形成耐磨性很好的耐磨塗層材料。W_2C 的熔點和硬度都比 WC 高，它能與 WC 形成 W_2C+WC 共晶混合物，熔點降低，易於鑄造，就是所謂的「鑄造碳化鎢」，其平均含碳量 3.8%～20%（質量分數）其中 W_2C 含量為 78%～80%（質量分數），WC 含量為 20%～22%（質量分數）。這種鑄造碳化鎢是成本較低的最硬最耐磨的一種材料。包覆型、團聚型、燒結型碳化鎢粉末均可用作熔覆材料。

碳化鈦（TiC）熔點很高，具有極高的硬度，是常溫下使用的最耐磨材料之一。但隨著使用溫度升高，TiC 硬度急劇下降，超過 500℃時，其硬度非常低，因此 TiC 一般不用作高溫耐磨材料。TiC 與 Co、Ni、Fe 等金屬熔體的潤濕性不好，很難獲得 TiC 彌散分布在 Co、Ni、Fe 金屬相的耐磨塗層中。但 TiC 能與部分硬質合金的鐵合金成分結合，製成具有重要用途的鋼結硬質合金，其最大特點是退火狀態硬度低、易加工成型，然後透過焠火使其硬化，獲得高耐磨製件[7]。

碳化鉻（Cr_3C_2）具有較低的熔點和密度，常溫硬度和熱硬度都很高，與 Co、Ni 等金屬的潤濕性好，在金屬型碳化物中抗氧化能力最高，在空氣中要在 1100～1400℃才遭受嚴重氧化，耐蝕性優良，是綜合性能優異的抗高溫氧化、耐摩擦磨損和耐燃氣沖蝕材料。純 Cr_3C_2 粉末噴塗層的附著力不強，常作為耐高溫複合粉末的原料組分來使用，如 NiCr-Cr_3C_2 複合粉末。

除上述 3 種金屬型碳化物以外，可用來噴塗的金屬型碳化物材料還有 ZrC、VC、NbC、HfC、TaC 和 Mo_2C。但這些碳化物由於成本高、用量少，應用有限，即使有特殊需要，一般應加入黏結相材料製成燒結粉末或複合粉末方宜進行噴塗。ZrC 與 HfC 的性能與 TiC 相似，熔點和硬度都很高。V、Nb、Ta 的碳化物，除形成 MC 型碳化物外，還生成 M_2C 型碳化物。只有 MC 型碳化物適合作塗層原料。NbC 和 TaC 有顏色，前者為淡紫色，後者為黃色。Mo_2C 在室溫下性能穩定，在 500～800℃空氣中可嚴重氧化。常用碳化物陶瓷粉末的物理性能見表 4.14。

表 4.14　常用碳化物陶瓷粉末的物理性能

陶瓷粉末	密度 /g・cm^{-3}	硬度 (HV)	熔點 /℃	熱脹係數 /10^{-6}・K^{-1}	熱導率 /W・m^{-1}・K^{-1}	電阻率 /10^{-6}Ω・cm
WC	15.7	1200～2000	2776	5.2～7.3	121	22
W_2C	17.3	3000	2587	6.0	—	—
TiC	4.93	～3000	3067	7.74	21	68

續表

陶瓷粉末	密度 /g・cm^{-3}	硬度 (HV)	熔點 /℃	熱脹係數 /10^{-6}・K^{-1}	熱導率 /W・m^{-1}・K^{-1}	電阻率 /10^{-6}Ω・cm
Cr_3C_2	6.68	1400	1810	10.3	19.1	71
ZrC	6.46	2700	3420	6.73	20.5	42
VC	5.36	2900	2650	7.2	38.9	60
NbC	7.78	2000	3160	6.65	14	35
HfC	12.3	2600	3930	6.59	20	37
TaC	14.48	1800	3985	6.29	22	25
Mo_2C	9.18	1500	2520	7.8	21.5	71

② 氧化物粉末　氧化物及其複合氧化物陶瓷材料一般具有硬度高、熔點高、熱穩定性和化學穩定性好的特點。氧化物陶瓷材料用作雷射熔覆層材料可以有效地提高基材的耐磨損、耐高溫、抗高溫氧化、耐熱衝擊、耐蝕等性能。雷射熔覆過程中應用的氧化物陶瓷材料主要有 Al_2O_3、TiO_2、Cr_2C_3、ZrO_2 等。這些陶瓷材料由於熔點較高、熱導率低，與金屬粉末相比難以在雷射束或者熔池中完全熔化，因此雷射熔覆中純氧化物陶瓷粉末的製備仍處於試驗研究狀態，並未大量應用。目前比較成熟的氧化物塗層製備方法主要為等離子噴塗或氣相沉積技術。表 4.15 列出了常用國產氧化物陶瓷粉末的成分、主要性能和用途。

表 4.15　常用國產氧化物陶瓷粉末的成分、主要性能及用途

類型	牌號	主要化學成分(質量分數)/%	主要性能及用途
氧化鋁及複合粉末	AF-251	Al_2O_3≥98.4	耐磨粒磨損、沖蝕、纖維磨損，840～1650℃ 耐衝擊、熱脹、磨耗、絕緣、高溫反射塗層
	P711	TiO_2=3.0,Al_2O_3=97	
	P7112	TiO_2=13,Al_2O_3 餘	540℃ 以下耐磨粒磨損、硬麵磨損、微動磨損、纖維磨損、氣蝕、腐蝕磨損塗層
	P7113	TiO_2=20,Al_2O_3 餘	
	P7114	TiO_2=40,Al_2O_3 餘	
	P7115	TiO_2=50,Al_2O_3 餘	
氧化鋯粉末	CSZ	ZrO_2=93.9,CaO=4～6	845℃ 以上耐高溫、絕緣、抗熱脹、高溫粒子沖蝕，耐熔融金屬及鹼性爐渣侵蝕塗層
	MSZ	(ZrO_2+MgO)≥98.45	
	YSZ	(ZrO_2+Y_2O_3)≥98.25	1650℃ 高溫熱障塗層，845℃ 以上抗沖蝕塗層
氧化鉻粉末	Cr_2O_3	Cr_2O_3=91,SiO_2=8,Al_2O_3=0.61	540℃ 以下耐磨粒磨損、沖蝕、250℃ 抗腐蝕、纖維磨損、輻射塗層

續表

類型	牌號	主要化學成分(質量分數)/%	主要性能及用途
氧化鈦粉末	P7420	$TiO_2 \geqslant 98$	540℃以下耐黏著、耐腐蝕磨損、光電轉換、紅外輻射、抗靜電塗層
	$TiO_2 \cdot Cr_2O_3$	$TiO_2 = 55$，$Cr_2O_3 = 45$	540℃以下耐蝕磨損、抗靜電塗層
	TZN	$TiO_2 = 5 \sim 2$，$ZrO_2 = 80 \sim 90$，$Nb_2O_5 = 1$	紅外及遠紅外波輻射塗層
	TZN-2	$TiO_2 = 5 \sim 20$，$ZrO_2 = 20$，$Nb_2O_5 = 3$	

③ 其他陶瓷粉末　氮化物陶瓷與碳化物陶瓷一樣具有熔點高、硬度高、化學穩定性好、質脆等陶瓷化合物的特點，同時又顯示出典型的金屬特徵，如具有金屬光澤、熱導率高等。目前常用的氮化物陶瓷粉末主要有 TiN、Si_3N_4、BN 等。

氮化鈦（TiN）粉末具有淺褐色，熔點和硬度很高，化學性質穩定，耐硝酸、鹽酸、硫酸三大強酸腐蝕，耐有機酸和各種有機溶劑腐蝕。TiN 可以使用純組分噴塗也可以與 TiC 按一定比例複合或者混合使用。

氮化矽（Si_3N_4）是高強度高溫陶瓷材料。整體 Si_3N_4 陶瓷是採用高溫高壓或熱壓燒結製造的，Si_3N_4 的熱脹係數較低，抗熱振性能好、硬度高、摩擦係數小，具有自潤滑性能，耐摩擦性能優異。但是 Si_3N_4 在高溫下容易分解，因此不適於單獨用作噴塗材料，多為複合粉末的組分。

氮化硼（BN）是白色鬆散的粉末，有六方晶型和立方晶型兩種晶體結構。六方晶型 BN 質地軟，摩擦係數低，是優異的自潤滑材料。在高溫下六方 BN 可轉變為立方晶型 BN。立方晶型 BN 硬度極高，接近金剛石，強度也很高，且具有優異的抗高溫氧化性能，溫度上升到 1925℃ 也不會分解，是優異的耐高溫磨損材料。

硼化物陶瓷粉末材料具有典型的陶瓷特徵：熔點高、硬度高、飽和蒸氣壓低、化學性能穩定。耐強酸腐蝕，抗高溫氧化能力強，僅次於矽化物。常用的硼化物陶瓷粉末主要有：TiB_2、CrB_2、ZrB_2、VB_2、WB 等。氮化物、硼化物等陶瓷粉末化學成分與物理性能見表 4.16。

表 4.16　氮化物、硼化物等陶瓷粉末化學成分與物理性能

陶瓷粉末	密度/g·cm⁻³	硬度(HV)	熔點/℃	熱脹係數/$10^{-6} \cdot K^{-1}$	熱導率/$W \cdot m^{-1} \cdot K^{-1}$	電阻率/$10^{-6}\Omega \cdot cm$
TiN	5.21	>9	2950	6.61	7.12	1.65×10^7
α-Si_3N_4	3.44	9	1899	3.66	17.2	$>10^{13}$

續表

陶瓷粉末	密度 /g·cm^{-3}	硬度 (HV)	熔點 /℃	熱脹係數 /10^{-6}·K^{-1}	熱導率 /W·m^{-1}·K^{-1}	電阻率 /10^{-6}Ω·cm
六方晶型 BN	2.27	2	3000	5.9	16.7～50.2	1.7×10^5
立方晶型 BN	3.48	10		10.15		
TiB$_2$	4.4～4.6	8	2890～2990	8.64	22.19	15.2
CrB$_2$	5.6	8～9	2150	11.2	30.98	21
ZrB$_2$	6.0～6.2	9	3000	9.05	24.08	
VB$_2$	5.1～5.3	8～9	240	7.56	—	
WB	16.0	8～9	2870～2970	7.38	46.89	

（3）複合材料粉末

複合材料粉末是由兩種或兩種以上不同性質的固相顆粒經機械混合而形成的。組成複合粉末的成分，可以是金屬與金屬、金屬（合金）與陶瓷、陶瓷與陶瓷、金屬（合金）與石墨、金屬（合金）與塑膠等，範圍十分廣泛，幾乎包括所有固態工程材料。透過不同的組分或比例，可以衍生出各種功能不同的複合粉末，獲得單一材料無法比擬的優良的綜合性能，是熱噴塗和雷射熔覆行業內品種最多、功能最廣、發展最快、使用範圍最大的材料。

按照複合粉末的結構，一般可分為包覆型、非包覆型和燒結型。目前應用較多的是包覆型和非包覆型複合粉末。包覆型複合粉末的芯核顆粒被包覆材料完整地包覆；非包覆型粉末的芯核材料被包覆材料包覆的程度是不完整的。但這兩種材料各組分之間的結合一般都為機械結合。按照複合粉末所形成塗層的結合機理和作用可分為增效複合粉末（或稱自黏結複合粉末）和工作層複合粉末。複合粉末主要特點如下。

① 具有單一顆粒的非均質性與粉末整體的均質性的統一。就每一顆粒而言，它是由兩個或更多的固相所組成的，各組分具有不同的物理化學性能，存在著明顯的物相界面，因而是非均質性的；但對粉末整體而言，同一粒度範圍的複合粉末，則具有相同的鬆裝密度、流動性和噴塗工藝性能等特性，所獲得的表面塗層具有均勻的綜合物理化學性能。

② 可採用不同的製造方法製備出具有綜合性能的塗層，特別是金屬或合金與非金屬陶瓷製成的複合粉末塗層，其性能更是其他加工方法難以達到的。廣泛的材料組合使塗層具有多重功能，如硬質耐磨、減摩、自潤滑、可磨耗密封、耐腐蝕、抗氧化、絕熱、耐高溫、導電、絕緣、生物、防輻射、抗干擾等功能。

③ 芯核粉末受到包覆層的保護，在塗層製備工藝過程中可避免或減少發生元素的氧化燒損和熱分解等現象，保持芯核顆粒的幾何形狀和晶體結構，從而獲得高質量的塗層。採用複合碳化物粉末製成的塗層，比採用混合粉末製成的塗層碳化物的失碳量明顯降低，塗層硬度提高，耐磨性能增強。

④ 選擇適當的組分配製複合粉末，使粉末組分間在高溫下能夠發生化學反應，生成的金屬間化合物具有比粉末各組分更高的熔點，並產生大量的熱量，使粉粒和基材表面受熱，基材出現局部熔融薄層。當熔融粒子高速撞擊基材表面時，粉末與基材表面便能形成牢固的「冶金」結合，從而能得到緻密的塗層。在熱噴塗時能夠發生放熱反應並生成金屬間化合物的組元很多，但綜合考慮資源、成本以及製造方法、塗層性能、環境污染等諸多因素，以 Ni-Al、Al-Cr、Ni-Si、Al-B、B-Cr 製備複合粉末比較合理，尤以 Ni-Al 複合粉末或複合金屬線材在工業上的應用最為廣泛[8]。

⑤ 複合粉末與混合粉末相比，不僅塗層性能優異，且熔覆速率和沉積效率也要高得多。在粉末的生產製備上組分和配比容易調整，性能比較容易控制，使用的設備較少，既可大量生產，又可實驗室進行少量試製。

採用不同的製備方法，能獲得金屬或合金非金屬陶瓷製成的複合粉末，具有其他加工方法難以達到的優異的綜合性能：在儲運和使用過程中，複合粉末不會出現偏析，克服了混合粉末因成分偏析造成的塗層質量不均勻等缺陷；芯核粉末受到包覆粉末的保護，在熱噴塗過程中能減少或避免元素氧化燒損或失碳等；能製成放熱型的複合粉末，使塗層與母材之間除機械結合外，還存在冶金結合，增強了塗層的結合強度。複合粉末生產工藝簡單，組合和配比容易調整，性能易控制。

硬質耐磨複合粉末的芯核材料為各種碳化物硬質合金顆粒，包覆材料為金屬或合金。以不同成分組成和配比可製成多種硬質耐磨複合粉末，如 Co-WC、Ni-WC、NiCr-WC、NiCr-Cr$_3$C$_2$、Co-WTiC$_2$、Co-Cr$_3$C$_2$ 等。當加入自黏結性的鎳包鋁複合粉末後，可以增強塗層與基材的結合強度，提高塗層的緻密性和抗氧化能力。表 4.17 列出了常用複合粉末的主要化學成分和性能。

表 4.17 常用複合粉末的主要化學成分及性能

類型	牌號	主要化學成分（質量分數）/%	主要性能及用途
鎳包鋁複合粉	FF01·01	Al=9.0～11，Ni 餘	黏結底層和中間塗層，但在酸、鹼、中性鹽電解質溶液中不耐蝕，用於抗高溫氧化、黏著磨損、密封塗層
	FF01·03	Al=17～20，Ni 餘	

續表

類型	牌號	主要化學成分(質量分數)/%	主要性能及用途
鎳包氧化鋁粉	FF03・01	$Al_2O_3 = 20 \sim 25$，Ni 餘	高溫熱障塗層的中間過渡層，耐高溫磨損腐蝕塗層
	FF03・02	$Al_2O_3 = 40 \sim 45$，Ni 餘	
	FF03・04	$Al_2O_3 = 60 \sim 65$，Ni 餘	
	FF03・05	$Al_2O_3 = 80 \sim 85$，Ni 餘	
鈷包碳化鎢粉	FF02・01	Co = 8.5~9.5，C = 5.3~5.6，W 餘	用於碳鋼、鎂、鋁及其合金基材上噴塗，耐低應力磨粒磨損、沖蝕磨損、微動磨損及硬面塗層
	FF02・02	Co = 11.5~13.5，C = 5.3~5.6，W 餘	
	FF02・04	Co = 16~18，C = 4.85~5.15，W 餘	
	FF02・07	Co = 20~22，C = 4.6~5.1，W 餘	
鎳包銅粉	FF04・01	Cu = 30~33，Ni 餘	耐海水、有機酸、鹽溶液腐蝕塗層，抗黏著磨損塗層
	FF04・03	Cu = 68~72，Ni 餘	
鎳包鉻粉	FF05・01	Cu = 18~22，Ni 餘	900℃左右耐高溫、抗氧化、耐蝕塗層
	FF05・03	Cu = 58~62，Ni 餘	

注：粉末粒度範圍在−140~+400號中篩選。

（4）稀土及其氧化物粉末

稀土及其氧化物粉末在雷射熔覆中作為改性材料使用，極少添加量就可明顯改善雷射熔覆層的組織和性能。目前研究較多的是 Ce、La、Y 等稀土元素及其氧化物 CeO_2、La_2O_3、Y_2O_3 等。純稀土金屬極易與其他元素反應，生成穩定的化合物，在熔覆層凝固過程中可以作為結晶核心、增加形核率，並吸附於晶界阻止晶粒長大，顯著細化枝晶組織；稀土元素與硫、氧的親和力極強，又是較強的內吸附元素，易存在於晶界，既強化又淨化晶界，可在一定程度上阻礙內氧化層前沿的氧化過程；可明顯提升抗高溫氧化性能和耐蝕性能；稀土粉末還可有效改善熔覆層的顯微組織，使硬質相顆粒形狀得到改善並在熔覆層中均勻分布[9]。

4.1.3　雷射熔覆用絲材

針對雷射熔覆專用絲材的開發及研究較少，可借鑒熱噴塗用絲材和線材的種類。應用於雷射熔覆的絲材主要有有色金屬絲、黑色金屬絲和複合絲材，包括鎳及鎳合金、鋁及鋁合金、錫及錫合金、銅及銅合金、鋅及鋅合金、碳鋼、低合金鋼及不銹鋼等。

（1）金屬及合金絲材

① 鎳及鎳合金絲　鎳合金中用作熔覆材料的主要為鎳鉻合金，這類

合金具有較好的抗高溫氧化性能，可在880℃高溫下使用，是目前應用最廣的熱阻材料。常用鎳及鎳合金絲材的牌號、成分及特性見表4.18。鎳鉻合金絲材還可耐水蒸氣、二氧化碳、一氧化碳、氨、醋酸及鹼等介質的腐蝕，因此鎳鉻合金被大量用作耐蝕及耐高溫噴塗層。

表 4.18　鎳及鎳合金絲材的牌號、成分及特性

牌號	主要化學成分/%	絲材直徑/mm	主要性能及應用
N6	C＝0.1，Ni＝99.5	1.6～2.3	非氧化性酸、鹼氣氛和各種化學藥品耐蝕塗層
Cr20Ni80	C＝0.1，Ni＝80，Cr＝20	1.6～2.3	抗980℃高溫氧化塗層和陶瓷黏結底層
Cr15Ni60	Ni＝60，Cr＝15，Fe 餘	1.6～2.3	硫酸、硝酸、醋酸、氨、氫氧化鈉耐蝕塗層
蒙乃爾合金	Cu＝30，Fe＝1.7，Mn＝1.1，Ni 餘	1.6～2.3	非氧化性酸、氫氟酸、熱濃鹼、有機酸、海水耐蝕塗層

② 鋅及鋅合金絲　鋅及鋅合金絲材的牌號、成分及特性見表4.19。在鋼鐵構件上，只要噴塗0.2mm厚的鋅層，就可在大氣、淡水、海水中保持幾年至幾十年不銹蝕。該技術被廣泛應用於噴塗大型橋梁、塔架、鋼窗、電視臺天線、水閘門及容器等。

熱噴塗時，為了避免有害元素對鋅塗層耐蝕性的影響，最好使用純度99.85％以上的純鋅絲，表面不應沾有油污等，更不能生成氧化膜。鋅中加入鋁可提高塗層的耐蝕性能，若鋁含量為30％，則鋅鋁合金塗層的耐蝕性最佳。但由於鋅鋁合金的延性較差，拉拔加工困難，各國使用的鋅鋁合金噴塗絲中含鋁量一般控制在16％以下。

表 4.19　鋅及鋅合金絲材的牌號、成分及特性

牌號	主要化學成分（質量分數）/%	絲材直徑/mm	主要性能及應用
Zn-2	Zn≥99.9	1.0～3.0	耐大氣、淡水、海水等環境長效防腐
ZnAl15	Al＝15，Zn 餘	1.0～3.0	耐大氣、淡水、海水等環境長效防腐，鋁塗層亦可作導電、耐熱、裝飾等塗層
L1	Al≥99.7	1.0～3.0	
Al-Mg-R	Mg＝0.5～0.6，Re 微量，Al 餘	1.0～3.0	

③ 鋁及鋁合金絲　鋁用作防腐蝕噴塗層時作用與鋅相似。它與鋅相比，密度小，價格低廉，在含有二氧化硫的氣體中耐蝕效果比較好。在

鋁及鋁合金中加入稀土元素不僅可以提高塗層的結合強度，且能有效降低孔隙率。鋁還可以用作耐熱噴塗層。鋁在高溫作用下，能在鐵基材上擴散，與鐵發生作用形成抗高溫氧化的 Fe_3Al，從而提高鋼材的耐熱性。鋁噴塗層已廣泛應用於儲水容器、食品儲存器、燃燒室、船體和閘門等。

④ 銅及銅合金絲　鋁青銅的強度比一般黃銅高，耐海水、硫酸及鹽酸腐蝕，有很好的抗腐蝕及耐磨性能。鋁青銅採用電弧噴塗時與基材有很好的結合強度，形成理想的粗糙表面，又可以作為打底塗層。主要用於噴塗水泵葉片、氣閘閥門、活塞、軸瓦表面，也可用於噴塗青銅鑄件及裝飾件等。磷青銅塗層較其他青銅塗層更為緻密，有較好的耐磨性，主要用於修復軸類和軸承等易磨損部位，也可用作裝飾塗層。

銅及銅合金絲材的牌號、成分及特性見表 4.20。

表 4.20　銅及銅合金絲材的牌號、成分及特性

牌號	主要化學成分 （質量分數）/％	絲材直徑 /mm	主要性能及應用
T2	Cu＝99.9	1.6～2.3	導電、導熱、裝飾塗層
HSn60-1	Cu＝60,Sn＝1～1.5, Zn 餘	1.6～2.3	黃銅件修復、耐蝕塗層
QAl9-2	Al＝9,Mn＝2,Cu 餘	1.6～2.3	耐磨、耐蝕、耐熱塗層、Cr13 塗層 黏結底層
QSn4-4-2.5	Sn＝4,P＝0.03, Zn＝4,Cu 餘	1.6～2.3	青銅件、軸承的減摩、耐磨、耐蝕塗層

⑤ 碳鋼及不銹鋼絲　熱噴塗中最常用的碳鋼絲為高碳鋼絲和碳素工具鋼絲，主要用於常溫下工作的機械零件滑動表面的耐磨塗層以及磨損部位的修復，如曲軸、柱塞、機床導軌和機床主軸等。碳鋼絲的紅硬性差，溫度高於 250℃時硬度和耐磨性會有所降低。

熱噴塗用不銹鋼絲主要有馬氏體不銹鋼、鐵素體不銹鋼和奧氏體不銹鋼，馬氏體不銹鋼絲 1Cr13、2Cr13、3Cr13 主要用於強度和硬度較高、耐蝕性不太強的場合，噴塗工藝較好，不易開裂。Cr17 等鐵素體不銹鋼絲在氧化性酸類、多數有機酸、有機酸鹽的水溶液中有良好的耐蝕性。奧氏體不銹鋼中 18-8 鋼應用最廣泛，有良好的工藝性，在多數氧化性介質和某些還原性介質中都有較好的耐蝕性，用於噴塗水泵軸、造紙烘缸等。但塗層收縮率較大，適於噴薄的塗層，否則容易開裂、剝落等。

常用碳鋼及不銹鋼絲材的牌號、成分及特性見表 4.21。

表 4. 21　常用碳鋼及不銹鋼絲材的牌號、成分及特性

類別	牌號	主要化學成分/%	絲材直徑/mm	主要性能及應用
碳鋼	B2、C2	C=0.09~0.22，Si=0.12~0.30，Mn=0.25~0.65，Fe 餘	1.6~2.3	滑動磨損的軸承面超差修補塗層
	B3、C3		1.6~2.3	
	45 鋼	C=0.45，Si=0.32，Mn=0.65，Fe 餘	1.6~2.3	軸類修復、複合塗層底層、表面耐磨塗層
	T10	C=1.0，Si=0.35，Mn=0.4，Fe 餘	1.6~2.3	高耐磨零件表面強化塗層
不銹鋼	2Cr13	C=0.16~0.24，Cr=12~14，Fe 餘	1.6~2.3	耐磨、耐蝕塗層
	1Cr18Ni9Ti	C=0.12，Cr=18~20，Ni=9~13，Ti=1	1.6~2.3	耐酸、鹽、鹼溶液腐蝕塗層

⑥ 其他有色金屬及其合金絲　錫塗層常用作食品器具的保護塗層，但錫中含砷量不得大於 0.015％。在電子工業中，錫絲可用作軟釬焊過渡塗層，在機械工業中，可作軸承、軸瓦及其他滑動摩擦部件的耐磨塗層。此外由於錫熔點較低，可在熟石膏等材料上噴塗，製造低熔點模具等。噴塗用錫絲的直徑一般為 3mm 左右。鉛錫合金絲可作為電子器件焊接表面的過渡塗層，用於耐蝕時需經封孔處理。錫、鉛及其他金屬絲的牌號、成分及特性見表 4.22。

表 4. 22　錫、鉛及其他金屬絲的牌號、成分及特性

類別	牌號	主要化學成分(質量分數)/%	絲材直徑/mm	主要性能及應用
錫及其合金	SN-2	Sn≥99.8	3.0	副食品及有機酸腐蝕塗層、木材、石膏、玻璃黏結底層
	CH-A10	Sb=7.5，Cu=3.5，Pb=0.25，Sn 餘	3.0~3.2	耐磨、減摩塗層
鉛	Pb1、Pb2	Pb≥99.9	3.0	耐硫酸腐蝕、X 射線防護塗層
其他金屬	W1	W=99.95	1.6	抗高溫、電觸點抗燒蝕塗層
	Ta1	Ta=99.95	1.6	超高溫打底塗層、特殊耐酸蝕塗層
	Cd-05	Cd=99.95	1.0~3.0	中子吸收和屏蔽塗層

（2）複合絲材

用機械方法將兩種或更多種材料複合壓製成絲（線）材就稱為複合絲材，主要有鎳鋁、不銹鋼、銅鋁複合絲材等。

鎳鋁複合絲供火焰噴塗用，得到的塗層性能基本上與鎳包鋁複合粉末相同。自結合不銹鋼複合絲是由不銹鋼、鎳、鋁等組成的複合絲，既利用鎳鋁的放熱效應，使塗層與多種母材金屬形成牢固結合，又因複合其他強化元素，改善了塗層的性能。這種塗層收縮率中等，噴塗參數容易控制，便於火焰噴塗。主要用於油泵轉子、軸承、汽缸襯裡和機械導軌表面的噴塗，也可用來修補碳鋼或耐蝕鋼磨損件。銅鋁複合噴塗絲是一種自結合型青銅材料，塗層含有氧化物和鋁銅化合物等硬質點，因此具有良好的耐磨性，主要用於銅及銅合金零部件的修補以及換擋叉、壓配件、軸承座等工件的噴塗。

4.2 Ti-Al/陶瓷複合材料的設計

Ti-Al 金屬間化合物是一種具有合理性價比與良好工藝性能的輕型結構材料。相對於純鈦，Ti-Al 金屬間化合物具有高彈性模量、良好的耐磨性能、低密度、高抗氧化性以及較好的力學性能等特性。在鈦合金基材表面雷射熔覆純 Al 或 Ti-Al 金屬間化合物與陶瓷混合粉末，可在基材表面形成陶瓷相強化 Ti-Al 基複合塗層，該層可顯著提高鈦合金表面的顯微硬度與耐磨性[10]。

雷射熔覆技術製備耐磨塗層首要考慮因素為雷射熔覆層與基材的熱脹係數對熔覆層的結合強度，特別是抗開裂能力的影響。熔覆層與基材的熱脹係數應當盡可能接近，防止雷射熔覆層開裂。Ti 與 Al 為 Ti6Al4V 中的主要元素，可選擇 Ti 與 Al 作為熔覆層合金係的基本元素。

圖 4.1 所示為 Ti-Al 二元相圖，可知 Ti 與 Al 在雷射熔池中可發生化學反應生成多種具有較高硬度的化合物，如 Ti_3Al、TiAl 及 Al_3Ti。Ti_3Al 易形成於高溫區，且當液相中 Ti 含量較高（質量分數大於 65％）的情況下才產生。

Ti_3Al 是一種以 DO19 超點陣結構的 α_2 相為基的 $\alpha_2 + \beta$ 兩相金屬間化合物，具有密度低、比強度高、彈性模量高及優異的抗氧化性等特點，在新一代航空發動機結構中具有良好的應用前景。由 Ti-Al 二元相圖可知，當液相中 Al 含量大於 62％，溫度下降到約 1350℃時，Al_3Ti 可形成；當溫

度下降到 660℃ 以下時，Al_3Ti 轉變為 $\alpha\text{-}Al_3Ti$；當液相中 Al 含量為 35%～62% 時，溫度下降到約 1470℃ 時，可形成 TiAl；TiAl 的各方面性能均與 Al_3Ti 類似，同樣具有密度低、比強度高、彈性模量高等特點。

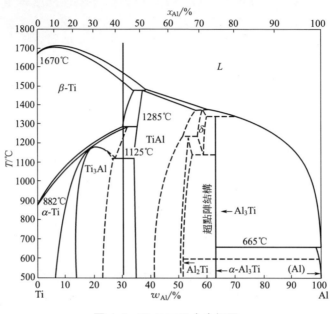

圖 4.1　Ti-Al 二元合金相圖

作為雷射熔覆預置塗層黏結劑的水玻璃，其主要組成成分為 $Na_2O \cdot nSiO_2$。在雷射熔覆過程中，部分 Si 從水玻璃中釋放，Si 在 Ti-Al 相中具有低溶解度，易使 Ti_5Si_3 在雷射熔覆層中產生，且 Ti_5Si_3 具有高硬度（約為 $1500HV_{0.2}$）與強抗氧化性。在熔覆層中形成 Ti_5Si_3 可顯著改善 Ti-Al/陶瓷複合材料的耐磨性與耐高溫性。

陶瓷相在 Ti-Al/陶瓷複合材料中彌散分布，對其起到彌散強化作用。但如陶瓷相含量過多，會增加熔覆層的脆性，從而降低其耐磨性。在雷射熔覆工藝中，陶瓷含量需根據組織結構與性能要求嚴格控制。

4.2.1　組織特徵

雷射束能量密度呈高斯分布，熔池中部從雷射中吸取的能量較多，周邊則較少。因此，雷射熔覆層呈中間深兩邊淺的形貌。圖 4.2 為 TC4 鈦合金上 Al＋30%TiC 與 Al＋40%TiC 雷射熔覆層的整體金相照片。如圖 4.2(a) 所示，Al＋30%TiC 雷射熔覆層與基材之間產生了良好的冶金

結合，且無明顯的氣孔與裂紋產生。大量氣孔與裂紋在 Al＋40％TiC 雷射熔覆層中產生，如圖 4.2(b) 所示。

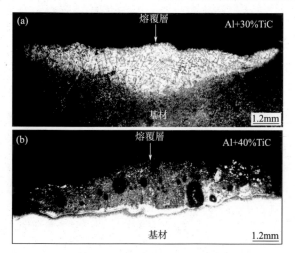

圖 4.2　雷射熔覆層的組織形貌

　　實際上，隨著 TiC 含量增加，雷射束透過塗層傳導到基材的能量減少，基材熔化體積也隨之減少，導致基材對熔覆層稀釋率降低。盡管增加陶瓷相含量可有效提高雷射熔覆層的硬度與耐磨性等，但其含量卻並非越高越好。由於 TiC 熔點遠高於熔覆層基材中 Ti-Al 金屬間化合物的熔點，且 TiC 與 Ti-Al 金屬間化合物之間的熱脹係數、彈性模量及熱導率相差很大。因此，熔池區域中溫度梯度較大，易在局部產生較大應力。

　　雷射熔覆層中 TiC 含量越高，裂紋越容易在熔覆層中產生，影響熔覆層與基材的結合質量。TiC 在 Al＋40％TiC 熔覆層中含量過高，導致雷射熔池中大量能量被 TiC 吸收，熔池存在時間較短，熔覆過程中產生的部分氣體來不及排出，使大量氣孔在熔覆層中產生。

　　圖 4.3 為 TC4 基材上 Al＋30％TiC 與 Al＋40％TiC 雷射熔覆層的 X 射線衍射圖譜。將該衍射結果與粉末衍射標準聯合委員會（JCPDS）發布的標準粉末衍射卡進行對比可知，Al＋TiC 雷射熔覆層頂部主要由 β-Al(Ti)、Ti_3Al、TiAl、Al_3Ti、Al_2O_3 及 TiC 組成，該相組成有利於改善 TC4 鈦合金表面的耐磨性。XRD 測試結果表明，大量 Ti-Al 金屬間化合物出現在 Al＋TiC 雷射熔覆層中，這是由於雷射熔覆過程中，基材對熔池產生稀釋作用，大量 Ti 由基材進入熔池，進而與預置塗層中的 Al 發生化學反應而生成。

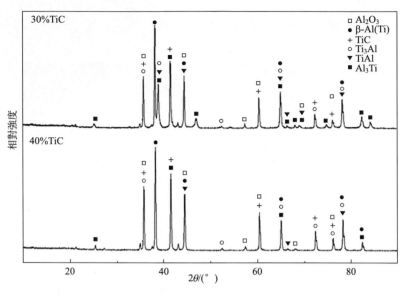

圖 4.3　雷射熔覆層的 X 射線衍射圖譜

　　根據 Ti-C 二元合金相圖（見圖 4.4）分析可知，在熔池凝固過程中，當溫度降到液相線以下時首先析出 TiC 初晶。由於熔覆層冷卻速度很快，TiC 以樹枝晶形式長大。因熔覆層的冷卻速度極快，形核率成長速度大於 TiC 晶體長大速度，所以 TiC 枝晶非常細小。

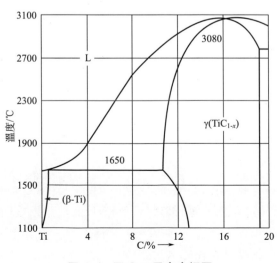

圖 4.4　Ti-C 二元合金相圖

在雷射熔池高過冷度作用下，TiC 在 Al＋30％TiC 雷射熔覆層中以樹枝晶形式析出並生長［見圖 4.5(a)］。TiC 枝晶在生長過程中受熔體流動干擾，導致枝晶生長方向紊亂[11]。

TiC 在 Al＋40％TiC 雷射熔覆層中呈未熔顆粒狀，且裂紋出現在該熔覆層中，如圖 4.5(b) 所示。這主要是因為熔覆層中產生的熱應力超過了其材料的屈服強度極限，導致裂紋產生。

表面凹凸不平的 TiC 未熔顆粒在 Al＋40％TiC 雷射熔覆層中產生，如圖 4.5(c) 所示。這是由於雷射熔覆過程中 Al＋40％TiC 熔池存在的時間較短，大顆粒來不及熔化，在冷卻過程中被保留下來。TiC 顆粒因發生破碎熔解，顆粒邊緣變得凹凸不平。

圖 4.5(d) 表明，大量針狀馬氏體產生於 Al＋30％TiC 熔覆層的熱影響區中。實際上，TC4 鈦合金 $\beta \rightarrow \alpha$ 的相變轉變溫度從 882℃下降到850℃過程中，當冷卻速度大於 200℃/s 時，以無擴散方式完成馬氏體轉變，基材組織中出現針狀馬氏體（α-Ti）。另外，由於 β 相中原子擴散係數大，鈦合金熱影響區的加熱溫度超過相變點後，β 相長大傾向特別大，易形成粗大晶粒。

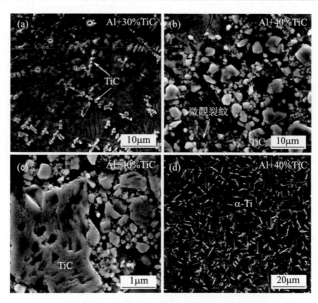

圖 4.5　雷射熔覆層的 SEM 形貌

EPMA 能譜分析（圖 4.6）結果表明，主要有 Ti、Al、V 以及 C 元素分布於 Al＋40％TiC 雷射熔覆層與基材中。

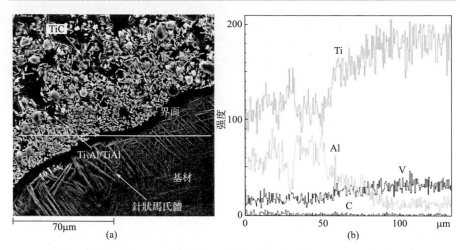

圖 4.6　Al+ 40% TiC 雷射熔覆層結合區組織形貌及 EPMA 能譜分析

　　大量未熔 TiC 顆粒出現在 Al＋40％TiC 雷射熔覆層中。同時，在未熔 TiC 顆粒表層上，出現了許多針狀晶 [見圖 4.7(a)]。點 1 的 EDS 分析結果表明此針狀晶主要包含 Al、Ti、C 及 V 三種元素 [見圖 4.7(b)]。

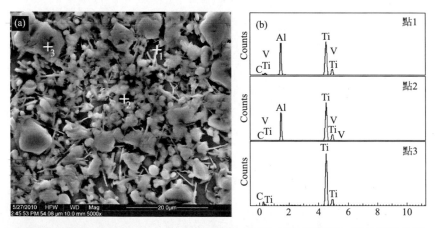

圖 4.7　TiC 在 Al+ 40% TiC 雷射熔覆層結合區的 SEM 形貌及 EDS 能譜分析

　　結合 XRD 結果可知，此針狀晶主要由 TiC 及 Ti-Al 金屬間化合物組成，具有很強的耐磨性。EDS 能譜分析結果表明，熔覆層基材主要包含 Al、Ti、C、V 四種元素。C 在點 2 中含量明顯小於點 1 中含量，見表 4.23。結合 XRD 分析結果表明，該熔覆層基材主要由 Ti-Al 金屬間化

合物組成。點 3 的 EDS 能譜分析結果表明，Al＋40％TiC 雷射熔覆層中的未熔大塊為 TiC。

表 4. 23　TiC 在 Al＋40％TiC 雷射熔覆中的 EDS 結果

測試位置	化學元素含量（質量分數）/％			
	Ti	C	Al	V
點 1	44. 25	12. 67	39. 33	3. 74
點 2	53. 48	3. 50	39. 07	3. 96
點 3	76. 26	23. 74	—	—

4.2.2　溫度場分布

模擬計算以 TC4 鈦合金上雷射熔覆 Al 塗層為研究對象，工藝參數：$P＝0.9kW$，$v＝5mm/s$，$D＝4mm$。圖 4.8 是不同雷射掃描時間下的瞬態溫度分布。

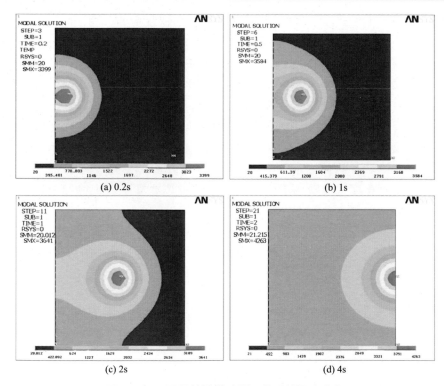

(a) 0.2s

(b) 1s

(c) 2s

(d) 4s

圖 4.8　不同雷射掃描時間下的瞬態溫度分布

在雷射掃描的初始階段，最高溫度逐漸升高，在 0.2s 時最高溫度為 3399℃。0.5s 時迅速升至 3584℃，最高溫度增加了 185℃。1s 過後溫度場進入準穩態，最高溫度增加到 3641℃。雷射熔覆過程快結束時溫度迅速攀升，在 2s 時最高溫升至 4263℃。這主要是由於雷射熔覆過程中，試樣邊緣受到雷射照射時間短，雷射開始時掃描溫度較低，由於熱量積累，伴隨掃描距離增加，雷射照射點的最高溫度逐漸增加。

材料內部熱量主要散失方式是熱傳導，末端能量只能進行單向熱傳導，造成端部的熱量大量積累，熔池深度和寬度迅速增加。被雷射照射的地方溫度很高，熔池溫度最高點出現光斑中心。熱源離開後，透過工件與周圍介質的對流換熱和工件內部的熱傳導，材料溫度迅速降低，表現出典型的急熱急冷特徵。這一特徵使得熔覆層組織的凝固速度很快，可形成局部組織細小緻密的熔覆層。溫度峰值後拖有一長尾，這是由於雷射的移動，光斑移出的區域溫度沒來得及下降，光斑進入的區域迅速升溫，導致光斑移出的等溫區域比將要進入的區域大。熔池前方溫度變化較為劇烈，熔池後方的溫度變化則較為緩慢。

雷射在鈦合金表面所形成的熔池的溫度分布，對於雷射熔覆層中晶體的生長速率及方式、形核率大小及熔覆層的局部組織結構具有重要意義。

雷射熔覆層表面沿掃描方向各點溫度變化情況如圖 4.9(a) 所示。各點有著基本相同的熱循環曲線，只是達到最高溫度的時間先後不同。隨掃描距離的增加，光斑中心升溫曲線逐漸趨於平緩，熱加載時間逐漸變長。同時可看出，各點的升溫速率明顯大於冷卻速率，冷卻時各點溫度趨近於試樣的平均溫度。雷射照射時，在同一時刻沿雷射掃描方向，鄰近節點有的處於升溫階段，有的則處於冷卻階段，沿掃描方向存在較大溫度梯度。各點熱脹冷縮相互製約，必然產生較大的熱應力，熱應力則是雷射熔覆過程產生裂紋的主要原因。

相關試驗研究表明，預熱熔覆層和基材對熔覆層與基材的結合及防止熔覆層組織裂紋、熱應力等各方面的性能均起到很大的改善作用。熱源能量的高斯分布使熔覆過程中同時進行了局部預熱，從而提高了加工效率與質量。

圖 4.9(b) 是熔覆層中心處沿深度方向各節點的溫度變化曲線。加熱初期在熱傳導作用下，各點溫度共同緩慢上升。當光斑到達表面中心點時，該處溫度急劇上升到峰值溫度 3662℃，此時距離表面 2.1mm 處（5點）溫度為 746℃，熔覆層和基材存在強烈的溫度梯度。光斑離開後，由於熱傳導作用，表層下的節點溫度繼續上升，5 點處滯後一段時間達到峰值 842℃，此點與雷射掃描方向上溫度變化一樣，升溫速率明顯大於降溫

速率，離表面越近，節點溫度變化越劇烈。反之，節點溫度則變化較平緩。當冷卻進行到一定程度時，各點溫度很快趨於相同。

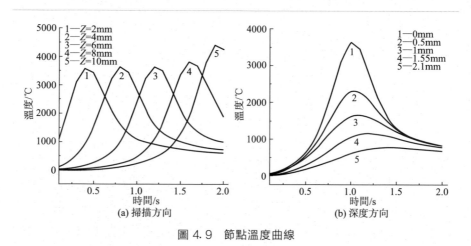

圖 4.9　節點溫度曲線

4.2.3　工藝參數的影響

鈦合金表面雷射熔覆過程中，影響雷射熔覆層質量的工藝因素很多，如雷射功率 P、光斑尺寸（光束直徑 D 或面積 S）、光束構型和聚焦方式、工件移動速度或雷射掃描速度 v、雷射掃描多道搭接係數 α，以及不同填料方式確定的塗層材料添加參量（如預置厚度 d 或送粉量 g）等。雷射熔覆層質量主要靠調整 3 個參數來實現，即雷射功率 P、雷射束直徑 D 和掃描速度 v[12]。

（1）雷射功率

相同工藝條件下，雷射功率越大，熔化的鈦合金量越多，氣孔產生的概率越小。隨著雷射功率增加，塗層深度增加，周圍液態金屬流向氣孔，而使氣孔數量逐漸減少甚至得以消除，裂紋數量也逐漸減少。當塗層深度達到極限深度後，隨著功率提高，將引起等離子體增大，基材表面溫度升高，導致變形和開裂現象加劇。雷射功率過小，僅表面塗層熔化，基材未熔，此時熔覆層表面出現局部起球、空洞等外觀，達不到表面熔覆的目的。

（2）雷射束直徑

雷射束一般為圓形，熔覆層寬度主要取決於光斑直徑的大小。光斑直徑增加，熔覆層就會相應變寬。同時光斑尺寸不同會引起熔覆層表面

能量分布變化，所獲得的熔覆層形貌和力學性能存在較大差別。一般來說，在小尺寸光斑作用下，熔覆層品質較好，隨著光斑尺寸的增大，熔覆層品質下降。但光斑直徑過小，則無法獲得大面積的熔覆層。

（3）掃描速度

掃描速度與雷射功率有著相似的影響。掃描速度過高，粉末不能完全熔化，未達熔覆效果；掃描速度太低，熔池存在時間過長，粉末過燒，合金元素損失。同時，鈦合金基材所承受的熱輸入量大會增加變形量。

海內外研究者在這方面做了大量工作，研究者認為雷射熔覆參數不是獨立地影響熔覆層整體和局部質量，而是相互影響的。為說明三者的綜合作用，提出了雷射比能量的概念，比能量 $E_s = P/(Dv)$，即單位面積的輻照能量，需將功率密度和掃描速度等因素綜合在一起考慮。

稀釋率是評定雷射熔覆層表面品質和合金過渡的主要依據之一，其定義為塗層材料和熔化的熔覆基材混合引起的塗層合金的成分變化。它可以用面積法或成分法計算。用面積法計算的稀釋率又稱幾何稀釋率

$$\lambda = [S_1/(S_1 + S_2)] \times 100\%$$

式中，λ 為稀釋率，S_1 為基材熔化面積，S_2 為熔覆層面積。上式可簡化為

$$\lambda = [h/(H+h)] \times 100\%$$

式中，h 為基材熔深，H 為熔覆層深度。針對雷射比能量研究表明，比能量減小有利於降低稀釋率，同時它與粉末層厚度也有著不同的依賴關係。

在雷射功率一定的條件下，所形成的雷射熔覆層稀釋率隨光斑寬度增大而減小；當掃描速度和光斑寬度一定時，熔覆層稀釋率隨雷射束功率增大而增大。同樣，隨著掃描速度增加，基材的熔化深度下降，基材對熔覆層的稀釋率下降，一般認為在 10% 以下為宜。但稀釋率並非越小越好，稀釋率太小形成不了良好的結合界面。

多道熔覆中搭接率也是影響熔覆層表面粗糙度的重要因素，隨著搭接率提高，熔覆層表面粗糙度降低，但搭接部分的表面均勻性很難得到保證。熔覆道之間相互搭接區域的深度與熔覆道正中的深度有所不同，從而影響整個熔覆層深度的均勻性。殘餘拉應力會疊加，使局部總應力值迅速增大，提升了熔覆層裂紋敏感性。預熱和回火能顯著降低雷射熔覆層中產生裂紋的傾向。

鈦合金表面雷射熔覆的目的是為了提高鈦合金的耐熱性、耐蝕性及耐磨性等特性。因此，雷射熔覆層的品質至關重要，整體品質與局部品

質都需要獲得較好的試驗指標。良好的雷射熔覆層具有光滑平整的表面形貌，且沒有明顯表面微裂紋產生。可透過觀察鈦合金雷射熔覆層的表面形貌初步確定較為合理的工藝參數。

(4) 雷射比能量

Al＋35％TiC 與 Al＋45％TiC 雷射熔覆層的稀釋率與雷射比能量的關係如圖 4.10 所示，隨著雷射比能量的增大，材料的稀釋率增大。這是由於雷射比能量增大了基材熔化面積所致。稀釋率隨著 TiC 含量的增加而減小。TiC 含量增加，雷射束透過複合塗層傳導到基材的能量隨之減少，基材熔化體積也相應減少，因而稀釋率降低。選擇合適的雷射比能量，要綜合考慮基材與塗層的結合情況以及熔覆層的表面品質。

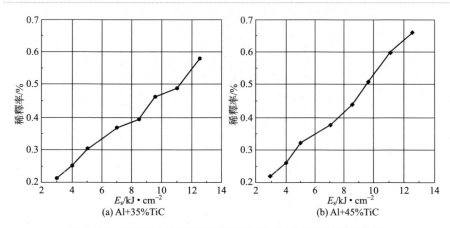

(a) Al+35%TiC

(b) Al+45%TiC

圖 4.10　不同雷射熔覆層中稀釋率與雷射比能量的關係曲線

Al＋25％TiC 為預置塗層粉末時，採用氫氣作為保護氣體，其他工藝參數與試驗結果如表 4.24 所示。對試樣所做的金相形貌分析如圖 4.11 所示，雷射熔覆層的形貌呈「月牙狀」。這是由於雷射束能量密度為高斯分布，中心能量高、邊緣低。表 4.24 與圖 4.11 表明，當掃描速度一定時，隨著雷射功率增大，熔覆層的厚度逐漸增大。當雷射功率一定時，雷射束掃描速度越大，雷射熔覆層厚度越小。

表 4.24　雷射熔覆工藝參數與結果

試樣號	1	2	3
功率/kW	0.9	0.9	0.9
速度/mm・s^{-1}	5	7.5	10
處理層最深深度/mm	2.3	1.4	0.6

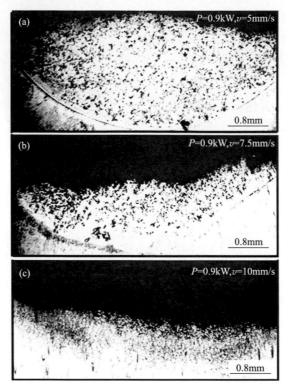

圖 4.11　不同雷射比能量作用下 Al+ 25％TiC 熔覆層的金相形貌

　　圖 4.12(a) 為雷射比能量為 $6kJ/cm^2$ 時，Al＋25％TiC 雷射熔覆層的截面組織形貌，從圖中可以看出較多裂紋在該熔覆層的結合區產生。當雷射比能量上升為 $9.5kJ/cm^2$ 時，Al＋25％TiC 雷射熔覆結合區組織形貌如圖 4.12(b) 所示，在此雷射比能量下熔覆層結合區品質良好，結合處無氣孔等缺陷產生。在 Al＋35％TiC 雷射熔覆層中，當雷射比能量為 $6kJ/cm^2$ 時，大氣孔與裂紋分別出現在 Al＋35％TiC 雷射熔覆層熔覆區與結合區，如圖 4.12(c)、(d) 所示。

　　當雷射比能量為 $6kJ/cm^2$ 時，雷射比能量偏低，熔池存在時間過短，熔池產生的氣體沒有充足的時間溢出，導致氣孔產生。另一方面，熔池底部溫度較低且黏度較大，處於熔池底部的顆粒可被黏滯力較大的熔體拖住進行充分熔化或與熔體中的某些元素反應。如果在熔化或反應過程中產生氣體，則這些氣體很難從凝固狀態且黏稠度較大的熔池中逸出，因而滯留於熔池邊緣處形成氣孔。因此，在此雷射比能量下，大量氣孔於 Al＋35％TiC 雷射熔覆層中產生。當雷射比能量為 $9.5kJ/cm^2$ 時，

Al＋35％TiC 雷射熔覆層與基材的交界處有明顯的白亮冶金結合帶產生，且沒有氣孔及裂紋產生，如圖 4.12(e)、(f) 所示。這是因為隨著雷射比能量增大，熔池存在時間較長，預置合金粉末得到充分熔化，有利於雷射熔覆層的品質改善。

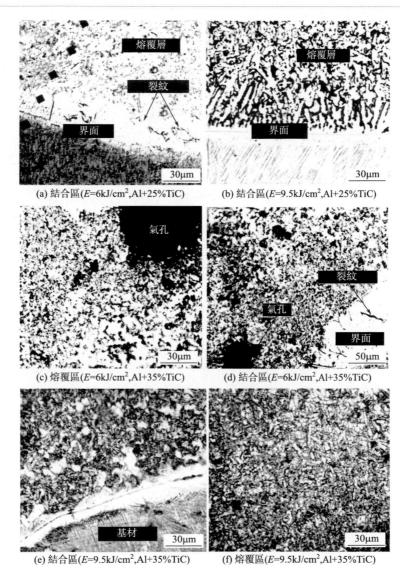

(a) 結合區(E=6kJ/cm^2,Al+25%TiC)　　(b) 結合區(E=9.5kJ/cm^2,Al+25%TiC)

(c) 熔覆區(E=6kJ/cm^2,Al+35%TiC)　　(d) 結合區(E=6kJ/cm^2,Al+35%TiC)

(e) 結合區(E=9.5kJ/cm^2,Al+35%TiC)　　(f) 熔覆區(E=9.5kJ/cm^2,Al+35%TiC)

圖 4.12　Al＋25％TiC 與 Al＋35％TiC 雷射熔覆層在不同雷射比能量條件下的組織形貌

圖 4.13 表明，當雷射比能量範圍在 5～10kJ/cm^2 時，Al＋25％TiC

雷射熔覆層的顯微硬度與雷射比能量大小成正比。分析可知，在較低雷射比能量條件下，Al＋25％TiC 雷射熔覆層品質較差且有氣孔及裂紋產生，預置塗層粉末無法充分熔化並析出，導致熔覆層顯微硬度較低。隨著雷射比能量增大，熔覆層品質得到明顯改善，預置塗層粉末可充分熔化。在熔池冷卻過程中，TiC 析出並彌散分布在 Ti-Al 基底上，對熔覆層起到彌散強化作用，可顯著提高熔覆層的顯微硬度。但當雷射比能量過高時，熔池存在時間過長，TiC 生長時間也隨之成長，熔覆層組織隨之變粗，硬度降低。

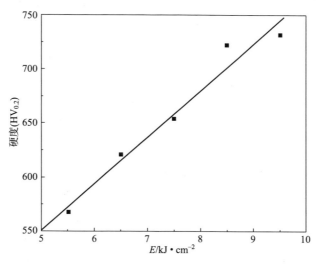

圖 4.3　在不同雷射比能量條件下 Al+25% TiC 雷射熔覆層的顯微硬度分布

4.2.4　氮氣環境中 Ti-Al/陶瓷的組織性能

在鈦合金基材表面進行雷射氮化可大幅提高基材的硬度與耐磨性。雷射氮化是在氮氣環境中利用雷射輻射熔化基材表面，並在鈦合金表面形成組織緻密的氮化層。在氮氣環境中進行雷射熔覆的過程中，盡管熔池內吹向熔池的保護氣體、Marangoni 對流及對熔池攪拌能起到一定的促進擴散作用，但合金元素在熔池內仍充分擴散。鈦合金雷射氮化處理後所產生的鈦的氮化物主要在雷射熔覆層表層形成。

氮氣作為保護氣時，在鈦合金上雷射熔覆 $Ti_3Al＋TiB_2$ 預置粉末可生成 $Ti_3Al＋TiB_2/TiN$ 複合塗層。圖 4.14(a)～(c) 分別為氮氣作為保護氣的環境中，雷射功率 0.8～0.9kW，掃描速度 5mm/s 時，TC4 基材

表面所產生的 $Ti_3Al+30\%TiB_2$、$Ti_3Al+40\%TiB_2$ 及 $Ti_3Al+50\%TiB_2$ 雷射熔覆層的組織形貌。稀釋率是決定熔覆層品質的重要因素，在一定的範圍內稀釋率提高有利於促進雷射熔覆層與基材間的冶金結合。隨著 TiB_2 陶瓷相在預置塗層中的增加，基材對雷射熔覆層的稀釋率降低，同時也降低了雷射傳輸到基材的能量。雷射熔覆過程中，TiB_2 在 $Ti_3Al+30\%TiB_2$ 及 $Ti_3Al+40\%TiB_2$ 熔池中可充分熔化，所以這兩個熔覆層組織分布緻密而均勻[13]。由於 TiB_2 具有高熔點，在熔池冷卻過程中，TiB_2 首先析出，為其他晶粒析出提供了諸多形核點，細化了熔覆層的顯微組織。

比較圖 4.14(a)、(b) 可知，由於具有較高的 TiB_2 含量，$Ti_3Al+40\%TiB_2$ 雷射熔覆層的顯微組織較 $Ti_3Al+30\%TiB_2$ 熔覆層更為細化。

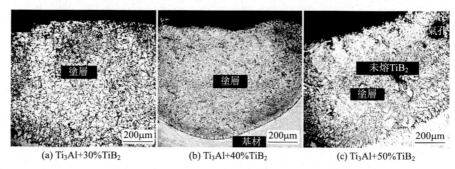

(a) Ti₃Al+30%TiB₂   (b) Ti₃Al+40%TiB₂   (c) Ti₃Al+50%TiB₂

圖 4.14　氮氣環境中不同 TiB_2 含量的 Ti_3Al 基雷射熔覆層的組織形貌

實際上，在 $Ti_3Al+40\%TiB_2$ 熔池中，高含量的 TiB_2 從雷射中吸取了大量能量，使熔池表層形成的原始 TiN 陶瓷相顆粒熔解程度降低，其析出和長大也受到極大限製。另外，高含量的 TiB_2 使熔覆層結晶前的傳質與傳熱過程加快，導致 TiN 析出相更加細小。而氣孔及大量未熔 TiB_2 塊狀物則出現於 $Ti_3Al+50\%TiB_2$ 雷射熔覆層中。這主要歸因於過高的 TiB_2 含量使熔池的存在時間過短，稀釋率降低。因此，TiB_2 無法充分熔化，氣體也未能及時溢出，導致未熔 TiB_2 與氣孔在熔覆層中產生［見圖 4.14(c)］。

XRD 結果表明，在氮氣環境下產生的 Ti_3Al-TiB_2 雷射熔覆層主要包含 TiB_2、Ti_3Al、TiN 及 AlB_2 相（見圖 4.15）。這種相組合有利於提高基材的顯微硬度與耐磨性。

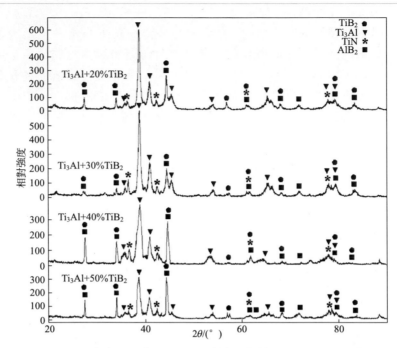

圖 4.15　氮氣環境中不同 TiB_2 含量雷射熔覆層的 XRD 圖譜

　　由於雷射能量極高，部分 TiB_2 能夠從雷射中獲取足夠的能量，在雷射所產生的熔池中分解為 Ti 與 B。同時，由於基材對熔池的稀釋作用，大量 Ti 與 Al 從基材進入熔池。在熔池中，Ti、Al 與 B 可發生如下化學反應：

$$TiB_2 \longrightarrow Ti + 2B \tag{4.1}$$

$$Al + 2B \longrightarrow AlB_2 \tag{4.2}$$

以上反應中吉布斯自由能均為負值，表明反應可正常進行。在雷射熔覆過程中，發生如下反應：

$$Ti + 1/2N_2 \longrightarrow TiN \tag{4.3}$$

　　TiN 主要分布於雷射熔覆層表層，是重要的硬質強化相，對熔覆層耐磨性的提高起到重要作用。氮氣環境中不同 TiB_2 含量的 Ti_3Al 基雷射熔覆層的 SEM 形貌如圖 4.16 所示。

　　當 Ti_3Al-TiB_2 預置合金粉末在氮氣環境下被高能雷射照射之時，合金粉末從雷射中吸收能量並迅速熔化。比較圖 4.16(a)、(b) 可知，TiN 析出相在氮氣環境中產生的 $Ti_3Al + 20\%\ TiB_2$ 雷射熔覆層的尺寸明顯大於其在 $Ti_3Al + 40\%\ TiB_2$ 熔覆層的尺寸。當 TiB_2 在預置塗層中含量小於

50％時，雷射熔覆層組織的細化程度與 TiB_2 在預置塗層中的含量成正比。SEM 分析表明，TiN 與 TiB_2 相間生長，起到抑製彼此枝晶生長的作用，這有利於細化雷射熔覆層的組織結構[14]。

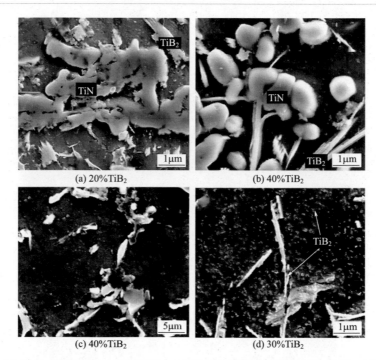

(a) 20%TiB₂ (b) 40%TiB₂

(c) 40%TiB₂ (d) 30%TiB₂

圖 4.16　氮氣環境中不同 TiB_2 含量的 Ti_3Al 基雷射熔覆層的 SEM 形貌

　　圖 4.16(c) 表明，大量硼化物聚集於熔覆層基底晶界處，起到細化及強化晶界的作用。不同形態的 TiB_2 析出相彌散分布於 $Ti_3Al+30\%$ TiB_2 雷射熔覆層基底處，對熔覆層起到彌散強化的作用［見圖 4.16(d)］。部分 TiB_2 析出相呈棒狀，主要原因為部分 TiB_2 沿 c 軸優先生長。另一方面，由於雷射熔覆層過冷度極高，TiB_2 生長時間有限，一部分 TiB_2 無法得到充足時間長大，導致大量極為細小的 TiB_2 析出相彌散分布在熔覆層中。

　　在氮氣環境中生成的 $Ti_3Al+30\%TiB_2$ 雷射熔覆層中，部分 TiB_2 晶體呈六稜狀，如圖 4.17(a) 所示。TiB_2 晶體中生長速率較快的晶面將被不斷堆砌的新晶面所淹沒，最終形成具有較低生長速度的晶面。所以 TiB_2 晶體將生長成為 (0001) 面，$\{10\bar{1}0\}$ 為稜面的六稜狀形貌的晶體。圖 4.17(b) 為 $TiB_2[223]$ 晶帶軸的選區電子衍射斑點。

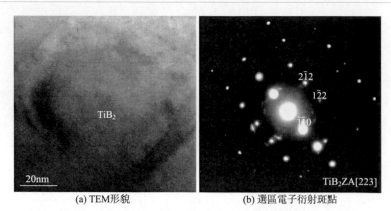

| (a) TEM形貌 | (b) 選區電子衍射斑點 |

圖 4.17　氮氣環境中 Ti₃Al+30％TiB₂ 雷射熔覆層 TEM 形貌

當雷射功率由 0.8～0.9kW 升高到 0.95～1.15kW 時，氮氣環境中產生的 Ti₃Al＋50％TiB₂ 雷射熔覆層無氣孔及裂紋產生，且與基材形成良好的冶金結合〔見圖 4.18(a)〕。在熱影響區中形成的 α-Ti 針狀馬氏體也可改善鈦合金表面的組織性能。在本試驗條件下，氮氣較難深入熔池底部，TiN 卵狀析出相主要於熔覆層上層形成〔見圖 4.18(b)〕。

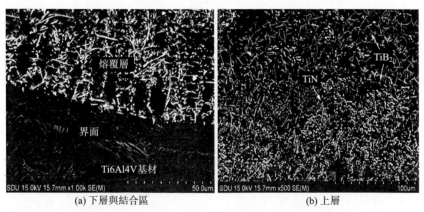

| (a) 下層與結合區 | (b) 上層 |

圖 4.18　功率為 0.95～1.15kW 時，氮氣環境中
Ti₃Al+50％TiB₂ 雷射熔覆層 SEM 形貌

TiN 與 TiB₂ 析出相非常細小，彌散分布於 Ti₃Al＋50％TiB₂ 雷射熔覆層中，如圖 4.19(a) 所示。點 1 的 EDS 結果表明，熔覆層中塊狀析出相主要包含 Al、Ti、N 及 V 元素。結合 XRD 結果可證實，該塊狀析出相主要由 TiN 以及少量 Ti-Al 金屬間化合物組成。由於 TiN 具有較高的熔點

(2950℃)，可推知 TiN 主要產生於析出相中部，而 Ti-Al 金屬間化合物則主要存在於塊狀析出相表面。點2的 EDS 分析結果表明，片狀析出相主要包含 Al、Ti、B 及 V 元素，B 原子的數量大約是 Ti 原子數量的兩倍［見圖 4.19(b) 與表 4.25］，這表明該片狀析出相主要由 TiB_2 組成。

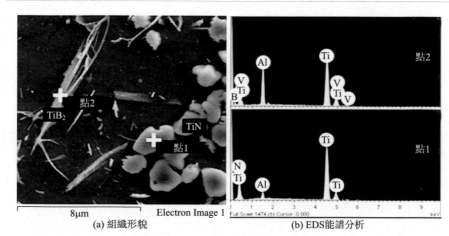

(a) 組織形貌　　　　　　　　　(b) EDS能譜分析

圖 4.19　功率 0.95～1.15kW 時氮氣環境中 $Ti_3Al+50\%TiB_2$
雷射熔覆層的形貌及 EDS 能譜分析

表 4.25　$Ti_3Al+50\%TiB_2$ 雷射熔覆層中不同點的 EDS 能譜分析結果

| 測試位置 | 主要化學元素成分(質量分數)/% | | | | |
	Ti	Al	B	N	V
點 1	62.90	4.16	—	32.94	—
點 2	29.32	12.09	56.92	—	1.67

4.2.5　稀土氧化物對 Ti-Al/陶瓷的影響

稀土氧化物 Y_2O_3 含量對 Ti-Al/陶瓷材料的組織結構及耐磨性產生重要影響。試驗所用的材料和工藝參數見表 4.26。兩個典型樣品在雷射熔覆過程中的雷射功率與掃描速度一致，採用 0.4MPa 氬氣側吹法保護雷射熔池。

表 4.26　雷射熔覆工藝參數與材料

雷射熔覆層	熔覆粉末成分 /%	雷射功率 /kW	掃描速度 /mm·s^{-1}
Al_3Ti-10C-TiB_2-5Cu-1Y_2O_3	69Al_3Ti-5Cu-15TiB_2-10C-1Y_2O_3	0.8～1.2	5
Al_3Ti-10C-TiB_2-5Cu-3Y_2O_3	67Al_3Ti-5Cu-15TiB_2-10C-3Y_2O_3		

　　當 1％Y_2O_3 在預置塗層中加入，雷射熔覆層組織明顯細化［見圖 4.20 (a)］。圖 4.20(b) 表明，當預置塗層中 Y_2O_3 含量達 3％時，析出相在高含量的稀土氧化物的作用下很難生長，熔覆層組織更為細化。地毯狀的小顆粒薄膜出現在 Al_3Ti-10C-TiB_2-5Cu-3Y_2O_3 雷射熔覆層基底。該區域的 EDS 能譜表明，主要有 B、Al、Ti 及 Cu 元素存在於該區域［見圖 4.20(c)、(d)］。結合 XRD/EDS 分析結果表明，主要有 $Ti(CuAl)_2$、Ti_3Cu、Ti-Al 金屬間化合物及少量鈦硼化合物存在於該區域。

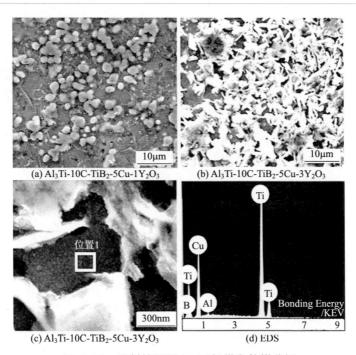

(a) Al_3Ti-10C-TiB_2-5Cu-1Y_2O_3　　　(b) Al_3Ti-10C-TiB_2-5Cu-3Y_2O_3

(c) Al_3Ti-10C-TiB_2-5Cu-3Y_2O_3　　　(d) EDS

圖 4.20　雷射熔覆層 SEM 組織與能譜分析

　　雷射熔覆過程中，部分 Y_2O_3 會分解為 Y 與氧氣。稀土元素 Y 的產生減小了液態金屬的表面張力與臨界形核半徑，使同一時間內的形核點數目明顯增加，有利於細化雷射熔覆層組織。未發生分解的 Y_2O_3 一定程度上阻礙了晶體生長，可進一步細化熔覆層組織。

　　如圖 4.21(a) 所示，聚集態的 Y_2O_3 出現於 Al_3Ti-10C-TiB_2-5Cu-3Y_2O_3 雷射熔覆層基底晶界處，且高含量 Y_2O_3 使熔覆層具有極大脆性，易導致裂紋產生[15,16]。如圖 4.21(b) 所示，TiB 棒狀析出相也出現在該雷射熔覆層中。TiB 與 Ti 之間存在如下位向關係：$(001)_{TiB} // (\bar{1}101)_{\alpha\text{-}Ti}$，$(1\bar{1}1)_{TiB} // (\bar{1}012)_{\alpha\text{-}Ti}$ [113]。

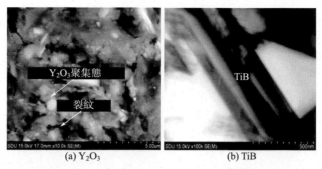

圖 4.21　Al_3Ti-10C-TiB_2-5Cu-3Y_2O_3 雷射熔覆層的 SEM 組織

在 Al_3Ti-10C-TiB_2-5Cu-3Y_2O_3 雷射熔覆層中顆粒狀物質為 Y_2O_3，如圖 4.22（a）所示，表明大量 Y_2O_3 在熔覆層局部區域發生了聚集。圖 4.22（b）為 Ti_3Al［223］晶帶軸與 Y_2O_3［210］的複合電子衍射斑點。分析表明基底 Ti_3Al 與 Y_2O_3 兩相之間存在著如下取向關係：（001）Y_2O_3／／（110）Ti_3Al。根據 TEM 分析結果，針狀馬氏體組織出現在了雷射熔覆層下部，見圖 4.22（c）。圖 4.22（d）為針狀馬氏體組織晶帶軸的選區電子衍射斑點。

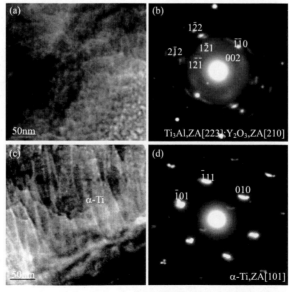

圖 4.22　Al_3Ti-10C-TiB_2-5Cu-3Y_2O_3 熔覆層 TEM 形貌和選區電子衍射圖

　　圖 4.23(a) 所示為 Al_3Ti-10C-TiB_2-5Cu-3Y_2O_3 雷射熔覆層中 Ti_3Al 基底的高解析晶格像，圖中條紋間距 0.288nm，對應於其（110）晶面。圖 4.23(b) 為該雷射熔覆層中 TiC 相高解析晶格像，其中條紋間距 0.249nm，對應於 TiC(111) 晶面。

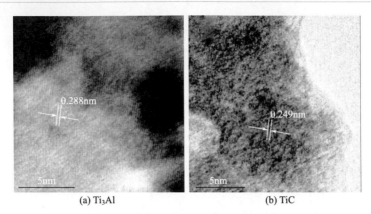

(a) Ti_3Al　　　　　　　　(b) TiC

圖 4.23　Al_3Ti-10C-TiB_2-5Cu-3Y_2O_3 雷射熔覆層的高解析電鏡晶格像

4.3　Fe_3Al/陶瓷複合材料的設計

　　金屬間化合物的研究始於 1930 年代，主要集中於 Ni-Al、Ti-Al 和 Fe-Al 三大合金係。Ni-Al 和 Ti-Al 係金屬間化合物，價格昂貴，主要用於航空航天等領域。與 Ni-Al 和 Ti-Al 係相比，Fe-Al 係金屬間化合物具有成本低和密度小等優勢，有較為廣闊的應用前景。Fe-Al 係金屬間化合物中最受關注的是 Fe_3Al 金屬間化合物。目前，海內外研究者在其製備工藝、合金成分設計、室溫脆性、高溫強度等方面的研究已取得進展，並已開始針對奈米晶 Fe_3Al 及單晶 Fe_3Al 進行預研，以提高其力學性能和克服沿晶斷裂。以 Fe_3Al 為基材的產品已在加熱爐、熱交換器、煤氣化裝置和汽車製造等方面得到應用，但焊接問題一直是製約 Fe_3Al 金屬間化合物工程應用的主要障礙。

4.3.1　組織特徵

　　Fe_3Al 金屬間化合物的有序化溫度較低。有序化進程是 Fe、Al 原子從無序到有序重新分布的過程，需要一定的時間，而焊接過程冷卻速度

很快，導致有序化過程不能充分進行，可能在焊接區保留部分不完全有序的 B2 型結構甚至無序 α-Fe(Al) 結構，對焊接區的組織性能有一定影響。

Fe$_3$Al 金屬間化合物 DO$_3$ 與 B2 型有序點陣結構的晶胞如圖 4.24 所示。它由 8 個體心立方點陣堆積而成，將晶胞中的四個點陣位置分別標以 α_1、α_2、β 和 γ。當 $\alpha_1 = \alpha_2 \neq \beta \neq \gamma$ 時為 DO$_3$ 型結構晶胞，Fe 原子占據 α_1、α_2 和 β 位置，Al 原子占據 γ 位置，多餘的 Al 原子則占據 β 位置。當 $\alpha_1 = \alpha_2$，$\beta = \gamma$ 而 $\alpha_1 \neq \gamma$ 時為 B2 型結構晶胞，Fe 原子占據 α_1 和 α_2 位置，其餘位置被 Fe、Al 原子隨機占據。

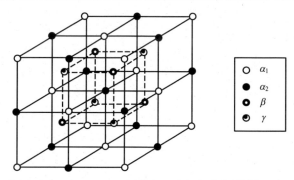

圖 4.24　Fe$_3$Al DO$_3$ 型與 B2 型有序點陣結構的晶胞

在 Fe$_3$Al 的點陣結構中，原子間結合既有金屬鍵，又有共價鍵和離子鍵，這種獨特的晶體結構決定了它的特殊性能，既保留了金屬材料的某些特性，如導熱性、塑性，又具備許多與陶瓷材料相似的性能，如密度低、比強度高、抗高溫氧化和耐蝕性好等[17,18]。

超點陣位錯與反相疇界（APB）是有序合金中典型的線缺陷和面缺陷。如圖 4.25 所示，在正常的點陣結構中，A 原子與 B 原子總是相互包圍，當晶體中的位錯發生滑移時沿滑移面產生界面，在界面兩側同類的原子彼此相對，這一界面即為反相疇界。通常將兩超點陣位錯及它們之間的反相疇界一起稱為超位錯。

研究表明，超點陣位錯間距與反相疇界能之間成反比，而反相疇界能大小決定於近鄰原子交互作用能的大小。降低最近鄰原子間交互作用能有利於反相疇界能的減小。超點陣位錯之間的間距隨合金長程有序地降低而成長，有利於降低反相疇界能。因此，透過添加合金元素 M 並在 DO$_3$ 超點陣結構合理占位，改變 Fe-Al 原子對的結合狀態，將單一的 Fe-Al 原子對轉變為 Fe-Fe、Fe-Al、Al-M 原子對，降低 Fe$_3$Al

最近鄰原子間的交互作用，提高超點陣位錯的分解能力可有效改善其室溫塑性。

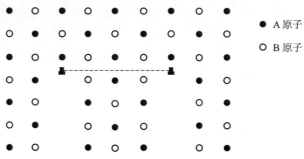

圖 4.25　Fe_3Al 金屬間化合物中超位錯示意

　　Co 包 WC 合金粉末具有較高的耐磨性能，廣泛應用於航空航天製造領域。$SiC/CeO_2/Ce$ 等物相可顯著細化複合層的組織結構。Fe_3Al 粉末適用於鈦合金表面雷射熔覆工藝，熔覆後可與鈦合金基材形成良好的冶金結合。Fe_3Al 具有良好的耐高溫、抗氧化以及耐磨損等性能。實驗表明，在 TC4 鈦合金上雷射熔覆 Fe_3Al＋Co 包 WC/C＋$SiC/nano$-CeO_2 混合粉末可形成金屬基陶瓷顆粒強化複合層，可顯著改善 TC4 鈦合金表面的耐磨性能。但在熔覆過程中，C 與 Ti 在熔池中反應生成過量 TiC 陶瓷硬質相，影響了複合層的耐磨性能及表面形貌。而 C 加入量過少，盡管可以降低複合層中 TiC 含量，卻抑製了陶瓷硬質相對熔覆層的強化作用。雷射熔覆過程中 Ti 與 Cu 反應生成 Ti-Cu 間金屬化合物，可降低複合層中的複合梯度並提高耐磨性能。雷射熔覆過程中 Cu 與 Ti 在熔池中反應生成 Ti_2Cu，阻礙了過量 TiC 硬質相的產生，改善了複合層的組織結構與耐磨性能。基於上述原因，可用 Cu 改善鈦合金基材 Fe_3Al＋Co 包 WC/C＋SiC/CeO_2 雷射熔覆複合層的性能。

　　雷射熔覆的實質是將具有特殊性能（如耐磨、耐蝕、抗氧化等）的粉末預先噴塗在金屬表面或同雷射同步送粉，在雷射束作用下迅速熔化及快速凝固，在基材表面形成無裂紋、無氣孔的冶金結合層的一種表面改性技術。雷射熔覆陶瓷顆粒強化複合層是一種提升鈦合金表面耐磨性能的有效手段。

　　試驗材料包括基材與熔覆材料兩部分，其中基材為 TC4 鈦合金，熔覆材料包括：Fe_3Al（純度≥99.5％，50～200 目），C（純度≥99.5％，50～100 目），Co 包 WC（純度≥99.5％，50～100 目，wt.％20Co），

CeO_2（純度≥99.5％，10～50目），SiC（純度≥99.5％，250～400目）以及 Cu（純度≥99.5％，50～150目）。鈦合金熔覆試樣尺寸為 10mm×10mm×10mm，預置塗層厚度為 0.8mm。雷射熔覆之前預置塗層製備：將鈦合金基材表面用砂紙磨平，用水玻璃（$Na_2O \cdot nSiO_2$）作為黏結劑將熔覆粉末調成糊狀，再將糊狀混合物均勻預塗覆於基材上，晾乾。

試驗採用上海雷射所生產的橫流式 CO_2 雷射加工設備進行雷射熔覆。雷射熔覆設備包括：雷射器（最大功率為 1500W，功率連續可調）、光學系統和工作檯。利用 CO_2 受激發後產生的雷射作為試驗所用的雷射源，透過光學系統將光束進行傳輸、聚焦及功率檢測。透過可見光同軸瞄準，找準工件的加工部位；工作檯用於固定工件並使之按要求相對於雷射束做相對運動，完成雷射束在工件表面的掃描過程，即雷射熔覆過程，熔覆時用 0.4MPa 氬氣側吹法保護熔池。

磨損試驗用 MM200 型盤式滑動磨損試驗機，採用環-快滑動干磨損方式。多道搭接的雷射熔覆試樣尺寸為 10mm×10mm×30mm。摩擦表面經磨削加工，粗糙度 Ra 為 1～2.5μm。磨盤材料為 W18Cr4V 調質鋼，表面硬度為 HRC62，磨輪外徑為 40mm，內徑為 20mm，磨輪寬度為 10mm，摩擦副轉速為 400r/min，摩擦表面線速度為 0.84m/s。用分析天平測量磨損失重量 Δm。

用 HM-1000 型顯微硬度計測定雷射熔覆層的顯微硬度；用 DMAX/2500PC 型 X 射線衍射儀（XRD）判定雷射熔覆層的相組成；用 QUANTA200 型掃描電鏡（SEM）觀察分析雷射熔覆層的顯微組織特徵。

圖 4.26 為 TC4 鈦合金上 Fe_3Al-WC-C 與 Fe_3Al-WC-C-Cu 雷射熔覆層的 X 射線衍射譜。由圖可知，雷射熔覆後，Fe_3Al-WC-C 熔覆層由 γ-Co 固溶體以及 Fe_3Al、Ti_3Al、TiC、Ti_2Co、WC、α-W_2C、$M_{12}C$（W_6Co_6C）、SiC 等化合物組成，有利於提高 TC4 基材的耐磨性能。γ-Co 固溶體、Fe_3Al、$TiAl$、Al_3Ti、TiC、Ti_2Co、Ti_2Cu、WC、α-W_2C、$M_{12}C$（W_6Co_6C）、SiC、Ti_5Si_3 和 V_3Al 化合物產生在了 Fe_3Al-WC-C-Cu 熔覆層中。圖 4.26 表明 Ti_3Al 衍射峰出現於 Fe_3Al-WC-C 熔覆層的 X 射線衍射譜中。

由於基材對雷射熔池的稀釋作用，大量 Ti 由 TC4 基材進入熔池中，形成富 Ti 熔池。$TiAl/Al_3Ti$ 衍射峰出現在 Fe_3Al-WC-C-Cu 熔覆層的 X 射線衍射譜中，Ti_3Al 衍射峰則未出現。XRD 結果表明，Cu 與 Ti 在熔池中反應生成 Ti_2Cu。Ti_2Cu 的產生消耗了熔池中大量 Ti，導致非富 Ti 熔池產生，因此 Ti_3Al 衍射峰消失。分析認為，非富 Ti 熔池的產生一定

程度上阻礙了 Ti 與 C 在熔池內部的化學反應，所以 Fe_3Al-WC-C-Cu 熔覆層中 TiC 衍射峰值低於其在 Fe_3Al-WC-C 的峰值[19]。

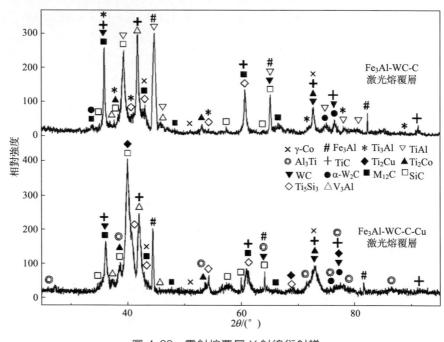

圖 4.26　雷射熔覆層 X 射線衍射譜

當高能密度的雷射束照射預置塗層時，一部分 SiC 與 Ti 在熔池中發生化學反應生成 Ti_5Si_3/TiC。SiC 與 Ti 反應表達式：

$$8Ti + 3SiC \longrightarrow Ti_5Si_3 + 3TiC$$

因此，Ti_5Si_3 衍射峰出現在了熔覆層的 X 射線衍射譜中。未參加此反應的 SiC 可對熔覆層起到細化作用。

4.3.2　局部分析

圖 4.27(a) 所示，Fe_3Al-WC-C 雷射熔覆層與基材間產生冶金結合。雷射熔覆過程中，大量 Ti 由基材進入熔池。熔池最靠近基材的部位，即基材與熔池的結合區存在大量 Ti，此區域有利於 Ti 與 C 反應生成 TiC。雷射束能量呈高斯分布，熔池底部從雷射中吸收能量較低，溫度也較低。由於 TC4 基材對結合區有顯著的冷卻作用，使結合區具有極高的冷卻速度。較低溫度與極高的冷卻速度導致該區域中 TiC 無法在短時間內得到足夠能量，只有部分熔化並重新凝固，呈如圖 4.27(a)～(c) 所示的 TiC

樹枝形態。WC 具有高密度（15.63g/cm^3），雷射熔覆過程中，一部分 WC 迅速下沉到熔池底部。因為熔池底部低溫與極高冷卻速度兩個原因，導致未溶 WC 陶瓷硬質相在熔覆層底部產生［圖 4.27(c)］。

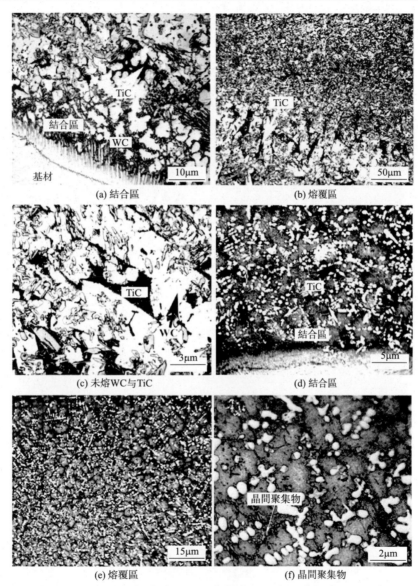

圖 4.27　Fe_3Al-WC-C（a，b，c）與 Fe_3Al-WC-C-Cu（d，e，f）
雷射熔覆層的組織形貌

　　$Fe_3Al\text{-}WC\text{-}C\text{-}Cu$ 雷射熔覆層與基材同樣實現了冶金結合，如圖 4.27
(d) 所示。$Fe_3Al\text{-}WC\text{-}C\text{-}Cu$ 熔覆層與基材的結合區中沒出現未熔陶瓷
顆粒。結合 XRD 分析可知，在預置塗層中加入 Cu 降低了 TiC 在熔池
中的含量。隨著 TiC 含量減少，熔化過程中 TiC 從雷射中吸取的能量
隨之降低，可知，$Fe_3Al\text{-}WC\text{-}C\text{-}Cu$ 熔池中，TiC 從雷射束中吸取的能量
少於其在 $Fe_3Al\text{-}WC\text{-}C$ 熔池中吸取的能量。因此，$Fe_3Al\text{-}WC\text{-}C\text{-}Cu$ 熔池
可以從雷射中獲得足夠的能量，利於陶瓷硬質相充分熔化並析出。
圖 4.27(e) 所示，TiC 樹枝晶彌散分布於 $Fe_3Al\text{-}WC\text{-}C\text{-}Cu$ 雷射熔覆層
中，對熔覆層起到彌散強化作用，有利於提高其耐磨性能。圖 4.27(f)
表明許多析出物叢聚在熔覆層的基底的晶界上，部分未熔 CeO_2 粒子極
易聚集在基底的晶界上，對基底中晶體的生長起到一定的阻礙作用。
雷射熔覆過程中，由於熔池中各部位受熱不均勻，許多細小的 CeO_2 無
法熔化而在熔池的冷卻過程中成為晶體結晶的成核點，對熔覆層起到
顯著的細化作用。

　　圖 4.28(a) 為 $Fe_3Al\text{-}WC\text{-}C\text{-}Cu$ 熔覆區中樹枝晶的 SEM 照片。根據
EDS 能譜分析結果［圖 4.28(c)］可知，該樹枝晶中主要包含 C、Al、
Ti、Si、V、Cu、W 元素。結合 XRD 分析可知，該樹枝晶主要包含 TiC
硬質相及少量 WC、V_3Al、Ti_2Cu 與 SiC 等化合物。TiC 粒子的大小與
冷卻速度成反比，TiC 析出物形貌亦取決於熔覆層的冷卻速度。冷卻速
度為 $7.1 \times 10^5\,K/s$ 時，TiC 樹枝晶得到充分生。熔池冷卻過程中，在
TiC 高熔點（3200℃）與熔池中所產生的較高負自由能作用下，TiC 優
先從熔池中析出，TiC 在熔覆層中為初生相。

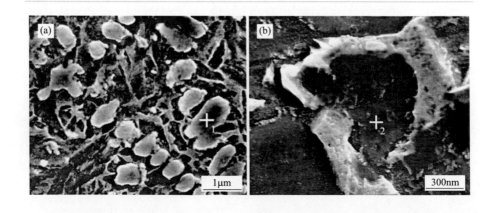

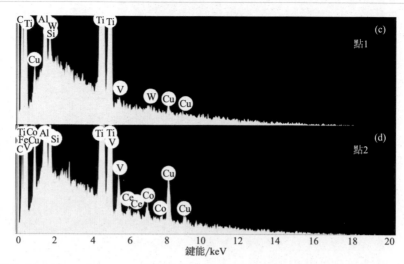

圖 4.28　Fe_3Al-WC-C-Cu 雷射熔覆層 SEM 組織形貌以及點 1 與點 2 所含元素

　　點 2 的 EDS 能譜分析表明〔圖 4.28(b)、(d)〕，熔覆層基底主要包含 C、Al、Ti、Fe、Si、Co、Ce、Cu、V 元素。結合 XRD 分析結果，可知熔覆層底部由 Fe_3Al、TiAl、Al_3Ti、Ti_2Cu、Ti_5Si_3、Ti_2Co、V_3Al 以及小部分 TiC/Fe_3Al 枝晶間共晶組成。雷射熔覆過程中，部分 CeO_2 發生分解，其反應式如下：

$$CeO_2 \longrightarrow Ce + O_2 \uparrow$$

　　微量活性 Ce 離子易吸附於晶核表面，使晶體長大受到抑製。稀土的加入減小了液態金屬的表面張力與臨界形核半徑，同一時間內的形核點數目明顯增加。此外，適量稀土（0.5%～1.5%）可以增加液態金屬的流動性，減小凝固過程中的成分過冷，降低成分偏析，減弱枝晶生長方向性，使組織均勻化。

　　圖 4.29(a) 為 Fe_3Al-WC-C 雷射熔覆層的 SEM 照片。結合點 3 的 EDS 與 XRD 分析結果可知，該層基底主要包含 Fe_3Al/Ti_3Al/Ti_2Co 化合物。結合之前的 XRD 分析可知，此基底中還包含少量 TiC/Fe_3Al 共晶及 Ti_5Si_3 化合物。點 4 的 EDS 結果表明該熔覆層的塊狀析出物主要包含 C、Al、Si、Ti、V、Co、W、Ce 元素。Fe_3Al-WC-C 熔覆層的塊狀析出物由 TiC、SiC、Ti_2Co 以及鎢碳化合物組成。TiC 在 Fe_3Al-WC-C 熔覆層的含量明顯高於其在 Fe_3Al-WC-C-Cu 熔覆層中的含量。TiC 與基底中所含化合物的熱脹係數、彈性模量和熱導率相差很大，在雷射輻照後所形成的熔池區域的溫度梯度很大，產生較高應力，且 TiC 含量越高，越

容易產生裂紋。所以，雷射熔覆過程中產生大量 TiC 導致微裂紋在 Fe_3Al-WC-C 熔覆層中出現。TiC 在 Fe_3Al-WC-C 熔池中吸取了大量能量，導致部分 CeO_2 粉末顆粒無法從熔池中獲取足夠能量而熔化。熔池極高的冷卻速度與較低溫度，使未熔化的 CeO_2 無法及時充分擴散而發生聚集。熔覆層中 CeO_2 高度聚集的地方具有很大脆性，易產生微裂紋〔見圖 4.29(b)〕。

圖 4.29(c) 表明，塊狀未熔 WC 陶瓷顆粒出現在 Fe_3Al-WC-C 雷射熔覆層底部。針狀晶出現在未熔 TiC 陶瓷顆粒周圍〔見圖 4.29(d)〕，這種針狀晶具有很強的耐磨性能。雷射熔覆後，針狀馬氏體出現在基材熱影響區中〔見圖 4.29(e)〕。TC4 鈦合金從 882℃ 下降到 850℃ 的冷卻過程中，發生 $\beta \rightarrow \alpha$ 相變。在此過程中，當冷卻速度大於 200℃/s 時，以無擴散方式完成馬氏體轉變，基材組織中出現 α-Ti 針狀馬氏體。Fe_3Al-WC-C 熔池從雷射束中獲取能量較低。該熔池的凝固是一個極快速的過程，熔覆過程中產生的部分氣體來不及排出，在雷射熔覆層中形成氣孔。

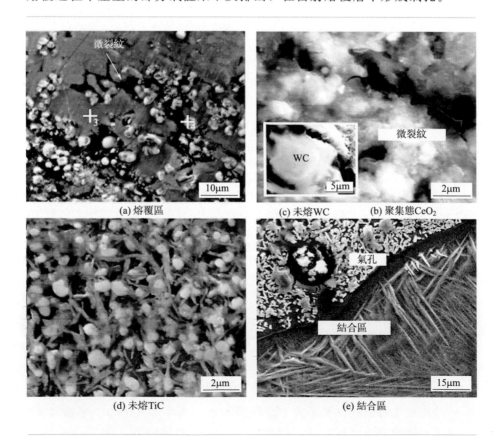

(a) 熔覆區

(c) 未熔WC　(b) 聚集態CeO₂

(d) 未熔TiC

(e) 結合區

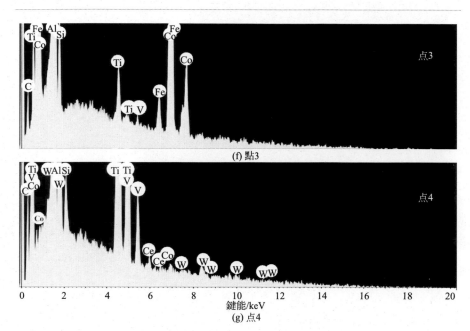

圖 4.29 Fe₃Al-WC-C 雷射熔覆層 SEM 組織形貌以及點 3 與點 4 各所含元素

4.3.3 耐磨性評價

在 Fe_3Al、Ti_3Al、TiC、Ti_2Co、WC、$\alpha\text{-}W_2C$ 等相及 SiC/CeO_2 對熔覆層的細化作用下，$Fe_3Al\text{-}WC\text{-}C$ 雷射熔覆層顯微硬度 $1150 \sim 1250HV_{0.2}$，約為 TC4 基材（約 $360HV_{0.2}$）的 3～4 倍。$Fe_3Al\text{-}WC\text{-}C\text{-}Cu$ 雷射熔覆層的顯微硬度 $1380 \sim 1500HV_{0.2}$。$Fe_3Al\text{-}WC\text{-}C\text{-}Cu$ 雷射熔覆層具有較高硬度，主要歸因於預置粉末在熔覆過程中的充分熔化及 Ti_2Cu 相的產生。

磨損試驗所加載荷 5kg，圖 4.30 表明 $Fe_3Al\text{-}WC\text{-}C$ 與 $Fe_3Al\text{-}WC\text{-}C\text{-}Cu$ 雷射熔覆層均顯著提升了 TC4 鈦合金表面耐磨性能，質量磨損率分別為 TC4 基材的約 $1/2$ 和 $1/5$。由圖可見，$Fe_3Al\text{-}WC\text{-}C$ 熔覆層的磨損失重明顯高於 $Fe_3Al\text{-}WC\text{-}C\text{-}Cu$ 熔覆層的磨損失重。分析認為，$Fe_3Al\text{-}WC\text{-}C$ 熔覆層較差的耐磨性能主要歸因於氣孔、微裂紋以及未熔硬質相在其內部的產生。$Fe_3Al\text{-}WC\text{-}C\text{-}Cu$ 熔覆層具有優良耐磨性能的原因歸因於高質量的組織結構及 Ti_2Cu 的產生。當稀土的加入量較少時，晶界得到強化，晶界附近位錯的移動性較晶粒之間的滑移傳遞容易，有利於促進摩擦過程中表面微裂紋頂部的應力鬆弛，增加裂紋擴展阻力，從而減輕磨損。

少量稀土氧化物 CeO_2 的加入有利於提高熔覆層的耐磨性能。

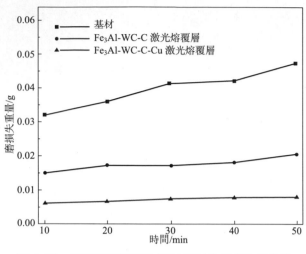

圖 4.30　雷射熔覆層以及 TC4 基材的磨損失重曲線

　　圖 4.31 示出雷射熔覆層磨損表面形貌。可見，Fe_3Al-WC-C 雷射熔覆層存在較深的脫落坑以及黏著撕脫痕跡。而 Fe_3Al-WC-C-Cu 雷射熔覆層則較為平整，磨痕細密。

圖 4.31　雷射熔覆層的磨損表面形貌

　　大量脆性相在 Fe_3Al-WC-C 熔覆層中產生，在外力作用下熔覆層表面易產生新的裂紋，並發生部分脫落現象。Fe_3Al-WC-C 熔覆層硬度較低，磨盤表面微凸體在摩擦載荷作用下可壓入其表面，發生犁削作用。大量未熔粉末顆粒保留在 Fe_3Al-WC-C 熔覆層中，這些粉末顆粒在磨盤的作用下易脫離熔覆層形成脫落坑。由於 Fe_3Al-WC-C-Cu 雷射熔覆層硬

度較高，磨盤表面微凸體的犁削作用較弱，因此 Fe_3Al-WC-C-Cu 雷射熔覆層磨痕細而淺。Cu 的加入使預置塗層從雷射中得到足夠能量，在 TC4 鈦合金表面充分熔化，改善了熔覆層的質量。因此，在磨盤作用下，由於硬質相強化、細晶強化以及高質量熔覆層結構，Fe_3Al-WC-C-Cu 熔覆層表面未出現大脫落坑與裂紋。以上表明，Fe_3Al-WC-C-Cu 雷射熔覆層具有良好的抗塑性變形與耐磨性能。

分析可知，在 TC4 鈦合金上雷射熔覆 Fe_3Al＋Co 包 WC/C＋SiC/CeO_2 預置混合塗層可形成金屬陶瓷複合層，有利於提高 TC4 基材的耐磨性能。該複合層由 γ-Co 固溶體以及 Fe_3Al、Ti_3Al、TiC、Ti_2Co、WC、α-W_2C、$M_{12}C(W_6Co_6C)$、SiC 等化合物組成。SiC/CeO_2 細化了該複合層的組織結構。Cu 可改善該金屬陶瓷複合層的組織結構，Cu 還可與因稀釋作用而進入熔池的 Ti 發生反應並生成 Ti_2Cu，阻礙過量 TiC 硬質相產生在熔覆層中，使熔覆層具有良好的組織結構。Cu 的加入可顯著提高 Fe_3Al＋Co 包 WC/C＋SiC/CeO_2 雷射熔覆層的硬度與耐磨性能，熔覆層質量磨損率為 TC4 基材的 1/5。該熔覆層具有的優良耐磨性能歸因於無局部缺陷的組織結構、硬質相強化及細晶強化作用。

參考文獻

[1] Gu D D, Meng G B, Li C, et al. Selective laser melting of TiC/Ti bulk nanocomposites: Influence of nanoscale reinforcement[J]. Scripta Materialia 2012, 67(2): 185-188.

[2] 朱慶軍，鄒增大，王新洪. 稀土 RE 對雷射熔覆 Fe 基非晶複合塗層的影響. 焊接學報，2008, 29 (2): 57-60.

[3] Lin X, Cao Y Q, Wang Z T, et al. Regular eutectic and anomalous eutectic growth behavior in laser remelting of Ni-30wt% Sn alloys [J]. Acta Materialia, 2017, 126: 210-220.

[4] Fu G Y, Liu S, Fan J W. The design of cobalt-free, nickel-based alloy powder (Ni-3) used for sealing surfaces of nuclear power valves and its structure of laser cladding coating[J]. Nuclear Engineering and Design, 2011, 241 (5): 1403-1406.

[5] Shu F Y, Yang B, Dong S Y, et al. Effects of Fe-to-Co ratio on microstructure and mechanical properties of laser cladded FeCoCrBNiSi high-entropy alloy coatings [J]. Applied Surface Science, 2018, 450: 538-544.

[6] Li J N, Su M L, Wang X L, et al. Laser deposition-additive manufacturing of ce-

ramics/nano crystalline inter metallics reinforced microlaminates. Optics and Laser Technology, 2019, 117: 158-164.

[7]　Gu D D, Hagedorn Y C, Meiners W, et al. Poprawe. Densification behavior, microstructure evolution, and wear performance of selective laser melting processed commercially pure titanium[J]. Acta Materialia, 2012, 60: 3849-3860.

[8]　Wei C T, Maddix B R, Stover A K, et al. Reaction in Ni-Al laminates by laser-shock compression and spalling[J]. Acta Materialia, 2011, 59（13）: 5276-5287.

[9]　楊尚磊，張文紅，李法兵，等．奈米 Y_2O_3-Co 基合金雷射熔覆複合塗層的分析[J]．焊接學報，2009, 30（2）: 79-82.

[10]　Li J N, Chen C Z, Squartini T, et al. A Study on wear resistance and microcrack of the Ti_3Al/TiAl + TiC ceramic layer deposited by laser cladding on Ti-6Al-4V alloy [J]. Applied Surface Science, 2010, 257（5）: 1550-1555.

[11]　Lei Y W, Sun R L, Tang Y, et al. Numerical simulation of temperature distribution and TiC growth kinetics for high power laser clad TiC/NiCrBSiC composite coatings[J]. Optics and Laser Technology, 2012, 44（4）: 1141-1147.

[12]　董世運，徐濱士，梁秀兵，等．鋁合金表面雷射熔覆銅合金層中的裂紋及其有限元分析[J]．中國表面工程，2001, 53（4）: 15-17.

[13]　Li J N, Chen C Z, Cui B B, et al. Surface modification of titanium alloy with the Ti_3Al+ TiB_2/TiN composite coatings [J]. Surface and Interface Analysis,

2011, 43（12）: 1543-1548.

[14]　Chatterjee S, Shariff S M, Padmanabham G, et al. Study on the effect of laser post-treatment on the properties of nanostructured Al_2O_3-TiB_2-TiN based coatings developed by combined SHS and laser surface alloying [J]. Surface and Coatings Technology, 2010, 205（1）: 131-139.

[15]　Tian Y S, Chen C Z, Chen L X, et al. Effect of RE oxides of the microstructure of the coatings fabricated on titanium alloys by laser alloying technique [J]. Scripta Materialia, 2006, 54（5）: 847-852.

[16]　Li J, Luo X, Li G J. Effect of Y_2O_3 on the sliding wear resistance of TiB/TiC-reinforced composite coatings fabricated by laser cladding[J]. Wear, 2014, 310（1-2）: 72-82.

[17]　Ma H J, Li Y J, Puchkov U A, et al. Microstructural characterization of welded zone for Fe_3Al/Q235 fusion-bonded joint[J]. Materials Chemistry and Physics, 2008, 112（3）: 810-815.

[18]　Li Y J, Ma H J, Wang J. A study of crack and fracture on the welding joint of Fe_3Al and Cr18-Ni8 stainless steel [J]. Materials Science and Engineering: A, 2011, 528（13-14）: 4343-4347.

[19]　Li J N, Gong S L, Li H X, et al. Influence of copper on microstructures and wear resistance of laser composite coating[J]. International Journal of Materials and Product Technology, 2013, 46（2-3）: 155-165.

第5章

雷射熔覆非
晶-奈米化
複合材料

雷射技術可針對不同服役條件，利用雷射束加熱溫度高及冷卻速度快等特點，在金屬表面製備非晶-奈米化增強金屬陶瓷複合材料，從而達到航空材料品質提升的目的。例如在鈦合金表面製備雷射非晶-奈米化增強金屬陶瓷複合材料，將陶瓷材料優異的耐磨性能與金屬材料的高塑韌性有機地結合起來，可大幅度延長航空鈦合金的使用壽命。關於雷射增材製造產品，其整體性能還有很大的上升空間，可將奈米、非晶及準晶等多物相及多種類複合材料引入此類產品中，將對其質量提升起到非常重要的作用。

5.1 非晶化材料

雷射製備非晶化複合材料是利用高能雷射束流直接在金屬表面快速加熱，依靠金屬本體的快速熱傳導冷卻而得到非晶化複合材料，與以往製備時的複雜工藝相比較，工藝簡單且可以使基材表面發生非晶化，可大幅提高材料的表面性能及壽命，又可節約大量貴重金屬，該方法可製備複合材料及進行材料表面改性，具有非常好的應用前景[1,2]。關於連續雷射熔覆製備非晶化複合材料早於 1980 年代就已有相關報導，有學者在低碳鋼表面雷射熔覆 Ni-Cr-P-B 非晶合金，且把合金成分控制在一個較為狹窄的範圍內，獲得了較為單一的非晶合金塗層[3]。相關研究表明，在 Cu 基材表面雷射熔覆 PdCuSi 合金，熔覆區呈多層結構狀態，表層存在約 $5\mu m$ 厚的非晶層。雷射熔覆是一個融傳熱、傳質、熔化和凝固的綜合物理冶金過程。由於雷射快速加熱和急速冷卻的工藝特點，使所熔材料的熔化與凝固過程偏離了平衡狀態，從而使熔覆層組織的形成機製及規律產生了相應變化。在雷射預熔非晶合金係中，其中的組元數量、性能及純度都將對所製備非晶合金形成能力產生極大影響。

非晶態合金作為一種具有優異性能的新型材料，是當前材料領域的研究焦點之一。1938 年 Kramer 用蒸發沉積方式製備出非晶薄膜。1960 年，美國加州理工學院 Duwaz 教授發明了直接將金屬急速冷卻製備非晶合金的方法——噴水冷卻法（Splating cooling），大量非晶合金體系被陸續發現。目前，已經發現的塊體非晶合金基於合金體系分類，有 Pd、Pt、Ce、Nd、Pr、Ho、Mg、Ca、Cu、Ti、Fe、Co、Ni 和 Zr 基等，從組成非晶態合金的組元數來看，從簡單的二元係一直到含有 8 個組元 $(Fe_{44.3}Co_5Cr_5Mo_{13.8}Mn_{11.2}C_{15.8}B_{5.9})_{98.5}Y_{1.5}$，都可以是非晶態。非晶合金具有高屈服強度、大彈性應變極限、無加工硬化現象及高耐磨性等力

學性能；優良的抗多種介質腐蝕的能力；優異的軟磁、硬磁及獨特的膨脹特性等物理性能。Fe基非晶合金作為一種具有極大應用前景的非晶合金，具有優異的力學性能和物理性能，及其相對於其他合金體系的廉價性使得其越來越受到人們的重視，其抗拉強度在室溫下高達1433MPa，約是傳統鐵晶體抗拉強度（630MPa）的2.27倍，維氏硬度達3800，抗壓強度達1360MPa[4]。2003年，美國橡樹嶺國家實驗室使Fe基非晶的尺寸從過去的公釐級推進到公分級。此後，哈爾濱工業大學進一步將Fe基塊體非晶合金的尺寸提高到16mm。目前這種材料還沒有大範圍推廣應用，主要歸因於其製備過程難以控制，在實際應用中被限製在如薄帶、細絲等低維度形狀。

雷射熔覆技術可利用雷射對材料表面進行改性，尤其是同步送粉的雷射熔覆。雷射熔覆的功率密度一般為$1\times10^{4}\sim1\times10^{6}$W/cm^{2}，冷卻速度為$1\times10^{4}\sim1\times10^{6}$K/s，作用區深度0.2~2mm。如此高功率密度和冷卻速度，只使熔覆層材料完全熔化，而基材熔化層極薄，這就極大地避免了基材對熔覆層合金的稀釋。利用其產生的溫度梯度，足以使玻璃形成能力強的合金係形成非晶相。由於雷射熔覆是在空氣中進行的，合金層不可避免會受到氧化和燒損等損失及污染，故使用雷射熔覆製備Fe基非晶層時，得到的塗層大都是非晶、奈米晶及細小樹枝晶的複合材料。

5.1.1 非晶化原理

非晶合金又稱金屬玻璃，是將液態金屬急速冷卻使結晶過程受阻而形成的材料體系。一般具有以下幾個基本特徵：①結構上呈現拓撲密堆的長程無序，但也分布著幾個晶格以內大小的短程有序；②不存在晶界、位錯、層錯等結構缺陷；③物理、化學和力學性能呈各向同性；④熱力學上處於亞穩態，有進一步轉變為穩定晶態的傾向。因此，非晶合金具有許多獨特性能，如優異的磁性和耐磨性、較高的強度、硬度和韌性、高電阻率和機電耦合性能等；在機械加工、化工電子、國防軍工等重要國民經濟領域具有廣闊的應用前景。

（1）製備方法

目前，製備非晶合金的方法主要有：銅模鑄造法、吸鑄法、高壓鑄造法、擠壓鑄造法、水淬法、定向凝固法、機械合金化法等。然而，傳統的非晶合金製備方法存在著一些不足，如機械合金化法進行合金化時所需時間較長，生產效率較低；而水淬法由於冷卻速率較低，一般只能應用於非晶形成能力高的合金體系；此外，大部分方法所製備的非晶合

金尺寸受限，塊體非晶合金製備困難。

近年來，海內外研究者們利用雷射快熱快冷的特點，在金屬材料表面製備具有優異性能的非晶材料方面取得了一些成果和進展。雷射熔覆技術是利用預置粉末法或同步送粉法將塗層粉末放置在被熔覆的基材上，經高能密度雷射束掃描後使塗層粉末和基材表面同時熔化並快速凝固，從而形成與基材呈冶金結合的表面塗層的工藝過程，具有冷卻速率快（高達 10^6K/S）、塗層與基材易形成冶金結合、熱影響區小、工件變形小、易於實現自動化、無污染等一系列特點。雷射熔覆製備非晶化材料是近三十年發展起來的一種新工藝，與其他非晶化材料製備技術相比，利用雷射熔覆法所製備的非晶化材料存在明顯優勢，如塗層中裂紋和氣孔等缺陷較少、塗層稀釋率低、熔覆層的尺寸控制精度高且尺寸不受限等，該技術適用於製備所有非晶材料體系且生產效率高、易實現較大規模的工業化應用，目前已成為製備非晶材料的主要方法之一。

隨著非晶合金研究的逐步深入，微合金化技術已被應用於開發和研究新型非晶合金係，特別是在提高非晶合金的玻璃形成能力方面，如在PdNiP 非晶合金中使用 Cu 進行微合金化後，形成的 PdNiCuP 非晶合金具有目前為止最大的玻璃形成能力，其最大的臨界直徑可達 7～8cm，臨界冷卻速率降低到 0.02K/s[3]。在非晶合金中，原子間的結合特性、電子結構和原子尺寸的相對值是決定合金玻璃形成能力（GFA）的內部因素。金屬與合金的晶體結構一般比較簡單，原子之間以無方向性的金屬鍵結合，在一般條件下凝固時熔體原子很容易改變相互結合和排列的方式而形成晶體。只有在很高的冷卻速度下才能「凍結」熔體原子的組態形成金屬玻璃。很多晶態的非金屬化合物的原子鍵和相應的平衡相結構正好相反，因而即使以很低的冷卻速度冷卻也能形成非晶態。金屬或合金的 GFA 還與其電子結構的特點和價電子濃度有關。

（2）動/熱力學解析

在熱力學上，根據 Inoue 經驗三原則，各組元之間具有負混合焓，其中三種主要組元之間具有較大的負混合焓，這加劇了冷卻過程中的晶化相之間的相互競爭。合金組元數量的增多引起液相熵值增大和原子隨機堆垛密度的增加，利於焓值和固/液界面能的降低，即多組元非晶合金形成的「混亂原理」。此外，大塊非晶合金的過冷熔體一般還具有較低的形核驅動力，導致了較低的形核速率並且提高其玻璃形成能力（GFA）。塊體非晶合金在過冷液體中呈現出低結晶驅動力，低驅動力則導致低的形核率，因而能組織晶相形核結晶，其玻璃形成能力就高。要得到小的驅動力需要熔化焓小，而熔化熵則要盡量大（需要體系的混亂度增加）。

由於 ΔS_f 是與局部狀態數成正比，所以大的熔化熵應該與多組元合金相聯繫。多組元體系中不同大小的原子的合理匹配會引起緊密隨機排列程度的增加，這一理論是與混沌原理和 Inoue 經驗三原則一致的。

對於雷射熔覆製備 Fe 基非晶複合材料，其組元也應滿足該原則。研究表明，由過渡族金屬與類金屬形成的非晶態合金（熔覆製備 Fe 基非晶化材料的合金大多屬於此類），不管它們處於熔融態還是化合物狀態，當相應的純組元形成非晶態合金時，始終顯示出負的混合熱。這意味著合金內的原子之間存在很強的相互作用，使得熔融態或固態合金中存在很強的短程序。試驗證明：伴隨各類金屬原子增加，合金係的 GFA 增加，這是由原子間強的相互作用引起的。

在動力學上，強玻璃形成能力的熔體在過冷狀態下一般具有較高黏度及慢運動狀態，這極大地延緩了熔體中的穩定形核過程。因為晶體的形核和長大需要原子團進行長距離的擴散以形成長程有序的晶體結構，只要過冷熔體有足夠大的黏度以很低的冷卻速度冷卻也能形成非晶態。但是每種體系的熔體其臨界黏度和冷卻速度不同。具有熱力學生長優勢相的生長因為過冷熔體中組元原子極低的移動能力而受到抑製，過冷液相中晶化相的形核和生長就變得困難，因此具有很大的玻璃形成能力並提高了過冷液相的熱穩定性。在過冷液相中原子的長程擴散是以原子基團的運動為主，同時還存在明顯的單原子跳躍，降低了原子擴散的能力。熔體急冷法製備非晶合金就是以快速的冷卻速率達到抑製晶化相形核、長大，形成接近氧化物玻璃的高黏度的過冷熔體來抑製原子的長程擴散和重新分布，從而將熔體「凍結」形成非晶態。雷射熔覆製備 Fe 基非晶材料就屬於此類方法[5]。熔體只要冷到足夠低的溫度不發生結晶，就會形成非晶態。

5.1.2　材料及工藝影響

微合金化元素可以分為兩類。第一類為非金屬元素 C、Si、B 等，此類元素一方面極易與主要金屬組元形成高熔點的化合物，引起非晶合金的玻璃形成能力降低；另一方面，由於其原子半徑極小，微量加入非晶合金係可增加原子堆垛密度進而增強過冷液相的穩定性，可有效提高非晶合金的玻璃形成能力。另一類則是金屬元素，如 Fe、Co、Ni、Al、Cu、Mo、Nb、Y 等。其實，不同微合金化元素對相同的合金係具有不同的影響，相同微合金化元素對不同的合金係所起的作用也不盡相同。另外，微合金化元素具體含量也對非晶合金係的玻璃形成能力有極大影響。

雷射非晶化將對金屬材料表面改性起到非常顯著的作用。研究表明，在鋯合金基材表面雷射熔覆 Fe 基非晶合金粉末，將極大加深基材表面的非晶化程度，整個塗層呈現非晶與晶化相共存的相結構[6]。如圖 5.1 所示，該非晶化塗層與基材已產生良好的冶金結合，有大量不同形狀的塊狀晶化相在塗層中產生，這些晶化相彌散分布於非晶基底上。圖 5.1(a)、(b) 顯示，有部分 Fe 基非晶合金粉末中的元素已熔於基材表面的稀釋區，同樣，基材也將對塗層產生顯著稀釋作用，將有大量 Zr 元素從基材進入塗層。Zr 屬於強碳化物形成元素，合金化過程中所生成的碳化物穩定且不易長大，質點細小，可有效阻止晶界移動，細化塗層組織。另外，Zr 具有極強的玻璃形成能力，因此該類元素進入熔池有利於非晶相的產生[7]。圖 5.1(c)、(d) 表明該稀釋區域尺寸大約為 5～10μm。

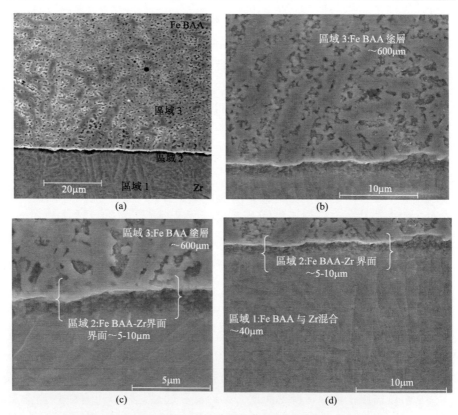

圖 5.1 Zr 合金表面 Fe 基非晶合金雷射熔覆塗層與基材

圖 5.2 表明，Fe 基非晶合金粉末經雷射非晶化處理，硬度隨著離基材距離越來越近呈明顯下降趨勢；而到了稀釋區時，硬度急劇下降，也

是因基材對塗層的稀釋作用，導致非晶相明顯減少的原因。

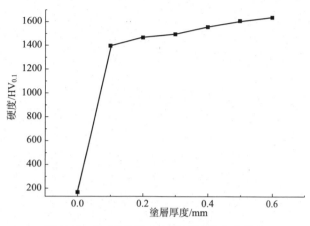

圖 5.2　Fe 基非晶合金塗層顯微硬度分布

　　在低碳鋼基材上雷射熔覆 Ni-Fe-B-Si-Nb 合金粉末也將對基材表面產生明顯的非晶化作用。如圖 5.3 所示，當雷射功率在一定範圍內，隨著

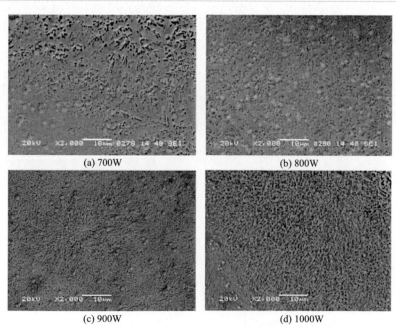

(a) 700W　　　　　　　　　　(b) 800W

(c) 900W　　　　　　　　　　(d) 1000W

圖 5.3　不同功率下低碳鋼上雷射熔覆
Ni-Fe-B-Si-Nb 合金粉末形成塗層的 SEM 相貌

雷射功率升高，塗層中網狀晶化相的數量呈明顯上升趨勢；當雷射功率為 700W，塗層晶化相的網狀組織並不明顯，組織較為模糊，呈明顯非晶化趨勢；但當雷射功率上升到 1000W 時，之前模糊的組織基本消失，大量網狀晶化相產生，表明該塗層的非晶化趨勢減弱。事實上，隨著雷射功率減小，在鋼材表面形成雷射熔池的存在時間也將隨之減少，加速了熔池冷卻速率，利於非晶相形成[8]。

採用雷射重熔方式對低碳鋼基材上的雷射熔覆層進行處理。研究表明，隨著雷射功率增加，經雷射重熔處理後複合材料的非晶化趨勢更加明顯，即所採用的雷射功率越低，其非晶化程度越高[9]。圖 5.4 表明，雷射重熔功率 700W，複合材料組織非常模糊，如一面平鏡，即呈明顯的非晶化結構；當雷射重熔功率 1000W 時，大量網狀晶化相組織再次出現，表明複合材料的非晶化程度下降。

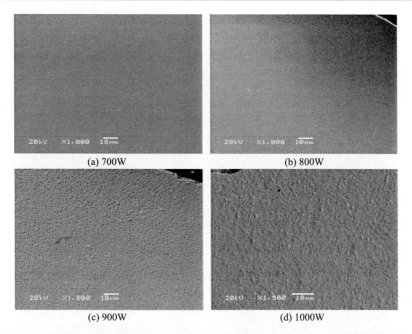

圖 5.4　不同功率下低碳鋼上雷射重熔 Ni-Fe-B-Si-Nb 合金形成塗層的 SEM

對於製備 Fe 基非晶-奈米化複合材料，其主要的微合金化元素還是依據現有的塊體非晶體系。主要可以分為三類：一類是非金屬元素 C、Si、B、P 等，這些元素一方面易於金屬元素形成化合物而促進熔覆層結晶，導致熔覆層合金非晶形成能力降低，另一方面，根據 Inoue 經驗三原則，原子直徑比需要大於 13％，這些小原子元素的加入增加了原子堆

垛密度，增強了熔覆層合金的非晶形成能力；另一類是金屬元素，如 Fe 基合金中常出現的這一類元素，原子直徑一般處於中等位置，是非晶合金的主要元素[10]；第三類是稀土元素，此類元素的原子半徑一般都比較大，進一步滿足了非晶製備原則中原子直徑比的要求，且這一類元素是良好的脫氧劑，在傳統的 Fe 基非晶製備工藝中，只需添加極少量此類元素就可極大地提高合金的非晶形成能力。

5.1.3　非晶化材料發展方向

雷射熔覆技術製備非晶化材料方面的研究經歷三十餘年發展，在非晶體系開發、雷射工藝及塗層性能優化等方面積累了大量的實驗數據和理論基礎，但至今尚未大規模應用於實際工業生產中。目前，海內外學者對雷射熔覆非晶化材料的研究主要集中在碳鋼、鈦合金、鎂合金等金屬基材上熔覆 Fe 基、Zr 基、Ni 基、Cu 基非晶化材料或非晶化複合材料的顯微組織和性能方面，並探討了粉末成分和雷射工藝參數的影響，但對於如何有效調控雷射熔覆非晶化材料的組織性能及其相關基礎理論仍需深入探討和研究。未來，利用雷射技術製備非晶化材料的研究可主要集中在以下幾個方面。

（1）雷射熔覆非晶化材料的成分設計和控制

非晶化材料的成分設計不同於塊體非晶的成分設計。非晶化材料成分由於受基材外延生長層成分及熔池流動傳質過程的影響，往往會偏離設計的名義成分，這對成分敏感的非晶合金製備是非常不利的。同時，在高溫雷射熔覆過程中不可避免地存在合金元素發生部分氧化和燒損等問題。因此，要想製備高質量的雷射非晶化材料必須在塊體非晶合金成分設計的基礎上，結合雷射熔覆技術本身的工藝特點，設計出適合雷射熔覆條件下形成的非晶合金體系成分。

添加微合金化元素/增強相是進一步提高雷射熔覆非晶化材料性能的有效途徑之一。微合金化元素及其含量對材料非晶形成能力和奈米晶第二相的析出存在明顯影響，其中微合金化元素的作用主要有：改變合金的結晶體系，降低材料中晶化相的比例；增大體系原子尺寸差異、體系混亂度以及體系的長程無序性；降低氧含量，從而提高材料的非晶形成能力。但過高的微合金化元素含量會導致合金較大地偏離其共晶成分，材料的非晶形成能力下降。故合理選擇微合金化元素和含量並建立相關微合金化理論模型來有效提高非晶形成能力及掌控奈米晶第二相的形態學和晶體學特徵是一個亟待解決的關鍵科學問題。

對於增強相的添加，一方面在高溫雷射過程中增強相可釋放出相應的原子，產生微合金化作用；另一方面，增強相需要吸收部分熱量而熔化，降低了基材的稀釋率，兩者均可提高材料的非晶形成能力。同時由於增強相本身性能優異，故可明顯改善其性能。添加的增強相含量不能過多，否則熱量不足以完全熔化高熔點的增強相，殘留的粉末顆粒可成為異質形核中心，導致材料的非晶形成能力下降。對於透過外加或內生增強方式，如何有效控制增強相的尺寸、結構、體積分數和分布等是提高非晶合金材料性能的關鍵。

在新型非晶化材料體系開發方面，近年利用雷射熔覆技術主要集中在熔點較高的 Fe 基、Zr 基、Ni 基、Cu 基等非晶化材料，在應用於低熔點基材如鎂合金、鋁合金等金屬材料表面時因物理性能差異較大導致塗層-基材間應力較大和結合力較差等問題[11]。而目前有關雷射熔覆製備低熔點非晶化材料如 Al 基和 Mg 基非晶體系方面的研究鮮見，因而可設計非晶形成能力較高的鋁基和鎂基非晶粉末用於低熔點基材的雷射熔覆處理。此外，多功能性和多元體系的非晶合金成分設計是今後雷射熔覆非晶化材料的重要發展方向。如高性能多組元高熵合金由於組成元素之間存在原子尺寸差異，易引起晶格發生畸變使原子呈無序排列，從而形成非晶相，可參考高熵合金成分設計原則來獲得非晶化複合材料。

（2）雷射熔覆非晶化材料的工藝設計和優化

雷射熔覆工藝參數與非晶化材料組織，特別是材料中的非晶含量有較大關係。一般認為，材料中非晶含量首先隨著雷射功率的增大而升高，達到峰值後呈下降趨勢，這主要是由於過低的雷射功率會導致塗層中成分不均勻而不利於非晶形成，但過高雷射功率會導致層間稀釋率過大且容易發生晶化從而降低非晶含量。對於掃描速率的影響，較大的掃描速率會導致熔池冷卻速度加快而易於獲得較高的非晶含量，但部分學者指出對於非晶形成能力較強的合金體系，較低的掃描速率即可獲得較高的非晶含量，較大的掃描速率反而導致熔池凝固時間太短，合金元素不能發生充分擴散而引起局部成分不均勻，偏離非晶形成的成分範圍，從而降低非晶含量。此外，目前海內外對其他雷射熔覆工藝參數如光斑大小、預置粉末厚度或同步送粉速率對非晶化材料形成影響方面的研究報導較少。因此，揭示典型雷射工藝參數對非晶形成能力和塗層性能的影響規律和局部機製，以及如何透過調控雷射工藝參數來掌控複合材料中非晶相的比例，是雷射熔覆非晶化材料的一個重要研究方向。

同時，雷射熔覆是獲得大面積、大厚度非晶化材料的有效途徑，而雷射多道熔覆和雷射多層熔覆中搭接部位的局部組織控制是雷射熔覆製

備高質量非晶塗層的關鍵技術問題之一。此外，對雷射熔覆非晶化材料進行後續雷射快速重熔或熱處理有望獲得綜合性能優異的非晶-奈米化複合材料，後續雷射快速重熔或熱處理方式對非晶組織以及奈米晶相析出的影響仍需進一步深入研究。

（3）雷射熔覆非晶化材料的基礎理論研究

雷射熔覆製備非晶化材料是一種非平衡的動態過程，其快熱快冷過程中的相變熱力學、動力學、擴散行為和界面行為等需要用相關相變理論和界面理論來解釋。因此，需探討雷射熔覆條件下的凝固行為，特別是一些亞穩相和非晶的形成規律，系統研究在遠離平衡條件下的凝固動力學和結晶學，豐富和完善快速凝固理論。深入探究雷射熔覆非晶化材料過程中的相變和界面行為，真正解決基材與塗層、基材與第二相顆粒等的結合強度等重要問題，並逐漸建立起合理有效的數學模型，從而為獲得優異的非晶化材料奠定理論基礎。此外，雷射非晶化內在機製的研究是今後研究的重點之一。因此，可利用電腦仿真技術，模擬實際製備條件，並採用先進的分析軟體如有限元技術模擬物質與雷射束相互作用的溫度場和熔覆層的應力場分布，為熔覆過程中的工藝參數優化提供理論參考和依據。

5.2 奈米晶化材料

奈米晶化材料具有獨特的結構特徵，含有大量的內界面，因而可能表現出許多與常規材料不同的理化性能。而在雷射製備的非晶-奈米化複合材料中包含大量奈米晶相及非晶相，這對於提高材料的綜合性能及發展高性能材料具有巨大的潛在優勢。這利用了雷射輻射材料時相互作用能量高、作用時間短、加熱與冷卻速度極快的特點，可高效且易控制地在形狀複雜的製品表面形成大面積奈米晶化複合材料。雷射方法製備奈米晶化複合材料與傳統製備方法相比，其製造成本降低，效率提高，而且所製備材料在組織結構及性能方面都有很大不同[12]。

1999年，盧秉恆院士提出金屬材料表面奈米化的概念，透過特定的方法直接在金屬材料的表層形成奈米晶粒結構，以優化和提高相應材料的綜合機械性能和使用壽命。2000年，徐濱士院士提出奈米表面工程的概念，將奈米材料、奈米技術和表面工程技術相結合，採用特定的加工技術或手段，以期在固體材料的表面得到具有奈米特徵的表面。盧秉恆院士所提出的金屬材料表面奈米化的概念是指在金屬材料的基材上採用

表面自奈米化的方法，在零件表面形成與基材成分一致的奈米晶粒結構；而徐濱士院士所提出的「奈米表面工程」是一個範圍更為寬廣的概念，是指充分利用奈米材料和奈米技術提升改善傳統表面工程，透過特定的加工技術或手段改變固體材料表面的形態、成分、結構，使其奈米化，從而優化和提高材料表面性能。這裡對基材，表層的成分、形成方式以及與基材的結構關係都沒有限製，只強調了表層材料的奈米化，筆者認為也應當廣義地理解這個奈米化，可以是表層材料完全奈米化、部分奈米化、混合奈米化或是只含有一定的奈米顆粒成分。

5.2.1 奈米晶化原理

材料表面奈米化的方法有多種，通常歸為三大類：一是表面塗層或沉積，如使用物理氣相沉積、化學氣相沉積或雷射熔覆、熱噴塗等方法在零件表面沉積一層奈米結構表層，材料成分可以與基材相同也可以不同，可以是單一成分也可以是複合成分，特點是晶粒均勻尺寸可控，但沉積層與基材結合強度通常較差，一般有明顯分層；二是表面自奈米化，就是直接使零件表層的材料晶粒組織細化到奈米量級，其實現方法主要有表面機械處理法和非平衡熱力學法，其特點是處理層和基材沒有明顯分界，晶粒由表及裡逐漸增大，且處理後外形尺寸基本不變；三是表面自奈米化與化學處理相結合的混合方式，即將表面奈米化技術與化學處理相結合，在奈米結構表層形成時，對材料進行化學處理，在材料的表層形成與基材成分不同的固溶體或化合物，特點是形成奈米晶粒結構的同時附加特殊性能，並且處理後的外形尺寸也基本不變。

在各類表面奈米化技術中有一大類，是利用雷射表面處理技術和奈米技術相結合實現奈米特性的表面層，可以統稱為雷射奈米表面工程技術，就是直接或主要利用雷射這種特定的技術手段並結合其他輔助手段，直接改變或是添加材料改變被處理固體材料表面的形態、成分或結構，使其形成含有奈米晶粒或一定奈米顆粒成分的表層。在不特別說明的情況下，是指對金屬基材進行雷射表面改性處理實現奈米特性表層的技術。

目前，已有諸多涉及利用雷射技術製備奈米晶化複合材料的方法，多採用直接添加奈米級顆粒或各類奈米管的方法來實現，雷射所產生熔池的高速急冷特性來抑製所添加奈米相的長大從而形成奈米晶化複合材料。也可利用化學方法經雷射誘導來製備奈米晶化材料，如利用各化學元素在雷射熔池中的原位生成化學反應生成奈米多晶相，再利用熔池的急冷特性，從而製備出所需的奈米晶化複合材料。該研究是一種新穎、

快捷、節能環保的加工方法，同時可有效增強雷射 3D 列印技術與輕質金屬材料的實用性。

　　以 Cu 添加於 TA15-2 鈦合金表面的預熔粉末為例，Cu 可使 TA15-2 鈦合金雷射合金化塗層進一步奈米化。在 TA15-2 表面進行雷射同軸送粉熔覆 Stellite12-B_4C 混合粉末可製備耐磨複合材料。伴隨 Cu 的添加，該雷射合金化塗層的奈米化程度極大提升，利用其在雷射熔池中化學反應生成 $AlCu_2Ti$ 超細奈米晶相來極大抑製顆粒長大的過程，亦是大量奈米多晶體在雷射熔池中產生的過程。另外，在 TA15-2 鈦合金基材表面進行雷射同軸送粉熔覆 Ni60A 基或 Stellite 基陶瓷／稀土氧化物也可生成奈米晶化複合材料。

　　雷射奈米化將對金屬材料表面改性起到非常顯著的作用，如在 AISI4130 合金結構鋼上雷射合金化 $Fe_{48}Cr_{15}Mo_{14}Y_2C_{15}B_6$ 粉末，將形成組織結構緻密的複合材料。複合材料的 TEM 證實，其中包含大量奈米晶。經衍射環標定證實，該奈米晶相為 $Cr_{23}C_6$（見圖 5.5）[13]。

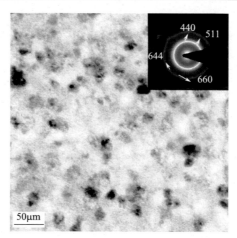

圖 5.5　AISI4130 雷射合金化 $Fe_{48}Cr_{15}Mo_{14}Y_2C_{15}B_6$
複合材料的 TEM 及對應電子衍射環

5.2.2　陶瓷與稀土氧化物的影響

　　稀土有「工業黃金」之稱，由於其優良的光、電、磁等物理特性，能與其他材料組成性能各異、品種繁多的新型材料。在冶金過程中加入適量稀土元素及其氧化物對金屬材料有較好的晶粒細化作用。稀土及其氧化物已在材料表面改性領域廣泛應用。在雷射待加工處理預熔粉中加

入適量稀土氧化物，可有效促使複合材料中非晶相及奈米晶相生成。

當基材為 TA15-2 鈦合金，在其表面雷射熔覆 Ni60A-B_4C-TiN-CeO_2 混合粉末形成複合材料。圖 5.6(a) 所示棒狀析出相為 B_4C 在雷射熔池發生分解所生成的硼化物 SEM 形貌。硼化物具有較高熔點，在雷射熔池急速冷卻過程中該類化合物首先析出，為其他晶粒析出提供形核點，有利於塗層組織結構細化。通常硼化物在雷射熔覆層中呈現如片狀、棒狀或網狀等形貌，在該雷射複合材料中所生成的硼化物呈奈米棒狀結構。圖 5.6(b) 表明，大量奈米晶在該複合材料中產生。因該雷射熔池包含多元合金係，且含有多種大原子半徑和小原子半徑元素。因小原子半徑合金元素在複合材料中產生壓應力，大原子半徑元素在複合材料中產生拉應力，這兩種應力場可相互作用從而有效降低合金體系應力，形成相對穩定的短程有序原子基團，有利於促進奈米晶相的形成。另外，雷射熔覆是快速加熱急冷的過程，在該過程中大量物相無法獲得充足時間長大，易形成奈米晶。CeO_2 加入熔覆層時，晶界得到強化，晶界附近位錯移動性也相應增強。雷射加工過程中，所加 CeO_2 可在很大程度上阻礙奈米顆粒及奈米棒在雷射熔池中長大，利於複合材料奈米結構產生。另外，CeO_2 在雷射熔池中會分解為 Ce 與 O_2，微量活性 Ce 離子易吸附於晶核表面，使奈米晶長大受到極大抑製，利於雷射熔覆複合材料奈米結構的產生，如 TiB 陶瓷奈米棒生長就在一定程度上受到稀土氧化物阻礙，從而保持細小的一維奈米結構[14]。

圖 5.6(b)、(c) 表明，大量奈米晶顆粒與奈米棒在塗層基底處發生聚集。雷射熔池具有擴散和對流兩種傳質形式，熔池在快速凝固過程中，亞穩定相得不到向穩定相轉變的激活能而可能保存下來。隨著凝固速率進一步提高，亞穩定相的析出可能被抑製，已成形晶核來不及長大熔池就已凝固，形成奈米晶。另一方面，由於奈米顆粒具有極大的比表面積，易發生聚集形成第二相粒子以降低系統界面能量。稀土氧化物也能在雷射所製備的複合材料中對材料的奈米化起到非常重要的作用。當在 TC4 鈦合金上雷射熔覆 Al_3Ti-TiB_2-Ni 包 WC-Al_2O_3-Y_2O_3 混合粉末時可形成奈米化複合材料。圖 5.7(a) 表明，Ti-B 奈米棒出現於該複合材料的局部，在複合材料基底處則出現大量奈米顆粒 [見圖 5.7(b)]。對由該複合材料中部取出的超薄片進行進一步 TEM 分析，TiB_2 晶體以條狀形式析出並生長 [見圖 5.7(c)]。圖中場斑點和多晶衍射環都是 TiB_2 的衍射斑點，其 [101] 晶帶軸的選區電子衍射斑點也示於該圖，而另外一部分 TiB_2 相則在複合材料中生成奈米多晶體，沿 (002)，(101) 及 (100) 面生長。另外，該選區還包含大量 Y_2O_3，其 [210] 晶帶軸的電子衍射

斑點示於圖 5.7(d)。

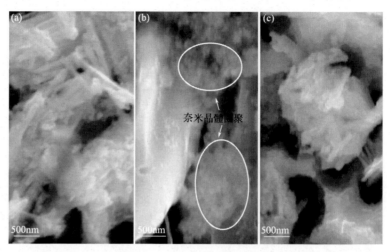

圖 5.6　TA15-2 鈦合金雷射熔覆 Ni60A-B₄C-TiN-CeO₂ 複合材料不同位置的 SEM

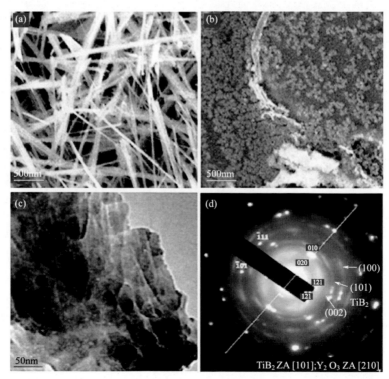

圖 5.7　鈦合金上雷射熔覆 Al₃Ti-TiB₂-Ni 包 WC-Al₂O₃-Y₂O₃ 塗層組織結構分析

實際上，雷射束中能量分布不均勻，中間溫度高，而光束邊緣溫度較低。因此，被雷射束邊緣所照射的 Y_2O_3 無法充分熔化，還可保持其原有形貌。因熔池中熔液對流的作用以及這些未熔的 Y_2O_3 在高溫下具有高擴散性，這類粒子可迅速擴散到熔池各個部位，將阻礙上晶體生長，利於奈米晶生成。另外，圖中心較亮的衍射環表明該熔覆層還包含非晶物質。

5.2.3 奈米晶化材料缺陷

雷射熔池具有擴散和對流兩種傳質形式，熔池在急速凝固過程中，亞穩定相得不到向穩定相轉變的激活能而可能保存下來；隨著凝固速率進一步提高，亞穩定相析出也可能被抑製，已成形的晶核來不及長大熔池就已凝固，從而形成奈米晶；由於奈米顆粒具有極大的比表面積，易發生聚集，形成第二相粒子以降低系統界面能量[15]。

圖 5.8(a) 為雷射熔覆製備複合材料中發生聚集現象的奈米顆粒，團聚現象會造成奈米顆粒分布不均，在很大程度上影響奈米顆粒對複合材料的增強作用。圖 5.8(b) 表示，當一定量非晶相加入後，奈米晶團聚現象更為明顯，以至形成了一個尺寸較大的塊狀物。圖 5.9 表明，聚集態奈米粒子還經常在晶化相前聚集，對於阻礙晶化相長大具有一定的作用。這些團聚狀奈米粒子對於複合材料也可起到一定增強作用，但由於分布不均勻，因此無法保證複合材料性能的穩定性。

(a) 聚集態納米粒子 　　　(b) 非晶相加入後聚集態納米粒子

圖 5.8　雷射熔覆製備複合材料 SEM

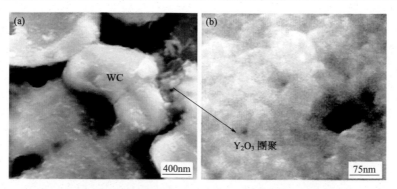

圖 5.9 聚集態奈米粒子阻礙於晶化相

　　圖 5.10 表明，用雷射處理 Au-C 形成奈米化複合材料，當 Au 含量比較少時，團聚現象還不算嚴重，當 Au 含量超過一定含量時，具有較大尺寸的奈米團聚物隨之產生，這歸因於大量奈米晶的產生造成系統界面能量的急劇上升[16]。

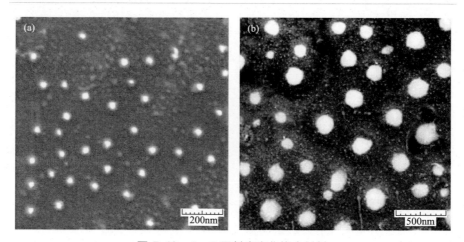

圖 5.10 Au-C 雷射奈米化複合材料

　　表面處理技術的應用歷史悠久，但表面工程技術從概念提出到發展成為完整的學科體系時間較短，到現在也只有幾十年，雷射技術和奈米技術與表面工程技術相結合的雷射奈米表面工程技術，雖然其所使用的各種雷射表面處理技術，如雷射輻照、雷射重熔、雷射熔覆和雷射衝擊，已經有很多的研究資料並取得了豐碩成果，但運用這些技術進行表面奈米化處理的研究還比較少，並且也沒有系統化，這一領域還有很多的研

究工作可做。

首先，各種雷射奈米表面工程技術的奈米化機理，有待於進一步深入研究。例如雷射輻照，目前極少見到有討論雷射輻照表面奈米化成因的文獻，雷射熔覆製備奈米塗層的研究相對較多，但這一方法所涉及到的內容較為繁雜，比如粉末體系、預製塗層的製備、雷射熔覆原位生成奈米塗層等方面的機理和影響因素又各不相同，到目前也並沒有形成系統的理論。雷射重熔和雷射衝擊的奈米化原理從根本上來說是不同的，雷射重熔本質上可以說是非平衡熱處理，這是其奈米化的主要原因，雷射衝擊則是高壓衝擊波引起的錯位結構透過滑移引起塑性變形造成晶粒細化，這可能是其表面奈米化的主要原因[17]。在雷射重熔奈米化的過程中，由於採用了水下重熔工藝，可以認為水就相當於雷射衝擊處理中的約束層，整個雷射重熔的過程也伴有雷射衝擊的作用機理，所以雷射奈米表面工程的過程可能是多因素共同作用的結果，這些機理都有待於進一步研究。

其次，使用各種雷射奈米表面工程技術處理不同材料時的工藝參量選擇和優化問題，需進一步研究形成完善而系統的結論。進行雷射奈米工程技術的研究，最終還是希望能取得實際應用。例如，如果可以使用雷射輻照進行材料表面奈米化處理，意義將十分重大。採用不同雷射奈米化方法，處理不同材料時，工藝參量的優化和選擇是保證雷射奈米工程技術處理質量和效率的前提，所以有必要對其進行系統而深入的研究。

再次，各種雷射奈米工程處理技術，針對處理後材料的各種性能有必要進行系統研究。雖然作為單獨的雷射處理技術，這方面的相關研究已經很多，但針對雷射處理後形成奈米表面的性能研究還比較零散，也比較少。通常認為表面奈米化後材料的耐磨性、硬度、耐蝕性等都會有相應提高，但不同材料採用不同雷射奈米工程技術處理後，雷射的處理過程對所獲得的表面是否有什麼不利的影響，還需進行深入的研究。

最後，各種雷射奈米表面工程技術的綜合應用，需進一步研究，就是在進行表面奈米化處理時將一種或幾種雷射奈米工程技術組合起來進行。例如，雷射重熔後進行雷射輻照，雷射熔覆後進行雷射重熔或者雷射重熔後進行雷射輻照與雷射衝擊等。這樣形成複合的雷射奈米表面工程處理技術。

總之，一般認為材料表面奈米化處理後，各種使用性能會有不同程度的提高。採用雷射處理的方式進行材料表面奈米化，相對於其他方式如機械研磨，鍍覆，物理、化學氣相沉積等有其獨特的優勢。

5.3 非晶-奈米晶相相互作用

　　在雷射製備的複合材料中同時存在非晶與奈米晶相，如兩者產生有機結合，相互作用，將極大改善複合材料的綜合性能。飛行器和艦船等重要軍事武器都面臨極端的服役條件，包括磨損、高溫、腐蝕等，非晶-奈米化複合材料可更為有效地解決上述問題，因此它在軍事領域具有巨大的應用潛力。非晶態合金兼有一般金屬與玻璃的特性，因而具有獨特的物理化學性能與力學性能，如極高的強度、韌性、抗磨損及耐蝕性。將奈米晶與非晶同時應用於鈦合金表面的雷射熔覆塗層中將極大提高其表面性能。

　　研究表明，鎳基高溫合金表面含 $2\%CeO_{2p}$ 的 NiCoCrAlY 雷射熔覆塗層具有極高的抗高溫氧化性能，氧化質量增重較未加奈米顆粒時減少一半以上，塗層進入穩態氧化所需時間極短，僅為未加奈米顆粒塗層的 $1/20$。

5.3.1 相互作用機理

　　在雷射非晶合金中原子之間的鍵合特性、電子結構、原子尺寸的相對大小、各組元的相對含量都是決定合金玻璃形成能力的重要因素。金屬與合金的晶體結構一般比較簡單，原子之間以無方向性的金屬鍵來結合，所以在一般條件下凝固時熔體原子極容易改變相互結合和排列的方式而形成非晶。只有在很高的冷卻速度下，才能「凍結」熔體原子的組態形成金屬玻璃。而雷射熔池恰好具有高速的冷凝特性，該特性也可極大抑製熔池中晶化相長大從而有利於奈米晶相的產生，所以在雷射熔覆材料極易產生非晶-奈米化趨勢。

　　當在基材 TA15 鈦合金上雷射熔覆 Ni60A-Ni 包 $WC-TiB_2-Y_2O_3$ 混合粉末時，用透射電鏡對由塗層中部取出的薄膜樣品進行觀察分析，其 TEM 圖像表明，由於雷射熔覆具有加熱及冷卻速度快的特點，熔體成分在整體上保持均勻的同時，在局部上卻存在著微區內成分不均勻的現象〔見圖 5.11(a)〕。對箭頭所指區域進行電子選區衍射，如圖 5.11(b) 所示，電子選區衍射圖譜呈現為表徵非晶相的漫散暈環加奈米晶相的多晶衍射環，按透射電鏡的相機常數計算、標定，此晶化相為 TiB_2 多晶體，該多晶體沿 (100)，(101)，(002) 平面生長，證明奈米顆粒在塗層中存

在。圖 5.11(c) 為塗層表層的 X 射線衍射圖。由該圖可知，塗層表層主要包括 γ-(Fe，Ni)、Ti-B、WC、α-W_2C 及 M_{12}C 相。

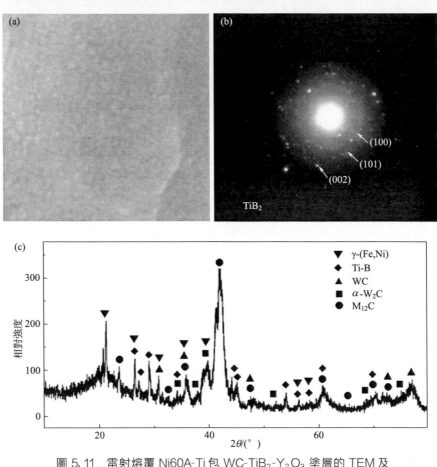

圖 5.11 雷射熔覆 Ni60A-Ti 包 WC-TiB_2-Y_2O_3 塗層的 TEM 及
其對應的選區電子衍射斑點和 XRD 分析

另據之前分析可知，塗層所含成分較為複雜，還包含少量 Ti-Al 金屬間化合物以及 Mo、Zr 及 V 元素的碳化物等相。衍射圖還表明寬漫散衍射峰出現在 2θ 為 15°～30°、36°～47° 以及 70°～80°，且有幾個尖銳的晶化衍射峰疊加在漫散衍射峰之上，證明塗層中同時存在非晶相與其他晶化相。由此可見，雷射複合材料中的晶化相形狀、大小各不相同，並與非晶相相間分布。奈米晶相不僅鑲嵌於非晶相上，也分布於晶化相之中，整個塗層為非晶、奈米晶及其他晶化相共存，這種相組成也有利於塗層組織結構的緻密及其組織性能的提高。非晶-奈米晶相

界面具有高結合能，可在很大程度上抑製奈米晶生長，從而有利於超細奈米晶的形成。另外，嚴重的晶格畸變可能在複合材料中產生。由於有限大小晶粒自由能狀態會受到其邊界的影響，當晶粒度變小之後，晶粒總自由能相對於完整晶格來説會增加。奈米晶自由能增加，促使基材中點缺陷濃度增加，成為點缺陷的過飽和狀態，引起複合材料發生晶格畸變。

在鈦合金上雷射合金化 Stellite12-Zn-B_4C 混合粉末，可形成非晶-奈米化增強複合材料。圖 5.12(a) 表明，複合材料中部組織為細小樹枝晶，枝晶間存在大量共晶組織，該部位還存在部分塊狀初生相。雷射合金化過程中，由於 Stellite12 粉末包含的 Ni 與 γ-Fe 同為面心立方晶格結構，可無限互溶，Ni 優先與 γ-Fe 形成固溶體晶核，晶核不斷從處於熔融狀態的熔池中吸收大量 Ni 原子而長大，並使大量 Ni 元素發生聚集，在熔合區形成富 Ni 網狀 γ-(Fe，Ni) 奧氏體相。在共晶區中，除含有大量 Fe、Ni 元素外，還有少量 Si、Fe、Mo、Cr、Zr 等元素。B_4C 等加入可顯著細化塗層晶界處網狀共晶結構。另外，由於熔覆過程中熔池各位置受熱不均勻，許多細小的陶瓷相無法充分熔化而在熔池冷卻過程中成為晶體結晶成核點，對塗層起到顯著細化作用。而大量共晶組織的形成也有利非晶相在複合材料中產生。圖 5.12(b)、(c) 所示，由於雷射熔覆具有加熱及冷卻速度快的特點，熔體成分局部上存在微區內成分不均勻現象，對所選區域進行 HRTEM 測試，圖中高解析條紋相表明該區域存在非晶相。圖 5.12(d) 表明，另有大量奈米顆粒在複合材料基底處產生，對該區域進行 HRTEM 分析表明，該區域不只存在奈米晶還存在大量非晶區，奈米晶相主要鑲嵌於非晶區域中，而非晶相的存在會極大抑製奈米晶相長大，利於複合材料的奈米化［見圖 5.12(e)］。

5.3.2　磨損形態

當在基材 TA15 鈦合金上雷射熔覆 Ni60A-Ni 包 WC-TiB_2-Y_2O_3 混合粉末，所製備的雷射熔覆塗層的顯微硬度如圖 5.13 所示。結果表明，塗層的顯微硬度範圍在 1250～1400 $HV_{0.2}$，較 TA15 基材（約 390$HV_{0.2}$）提高了約 2.5 倍。塗層顯微硬度提高主要歸因於 WC、TiB_2 等硬質相、細晶強化、固溶強化以及非晶-奈米晶綜合作用的結果；另外，由於雷射熔覆過程中基材對熔池強烈的稀釋作用，塗層的顯微硬度分布延塗層深度呈明顯下降趨勢。

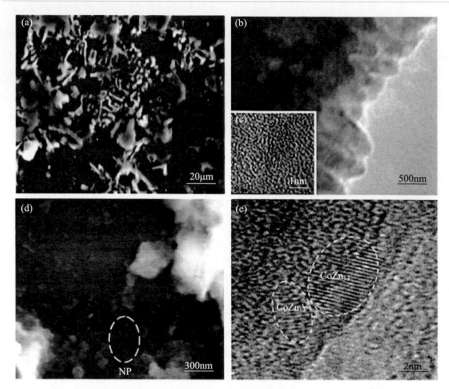

圖 5.12 雷射合金化 Stellite12-Zn-B$_4$C 塗層的 TEM 及 HRTEM 分析

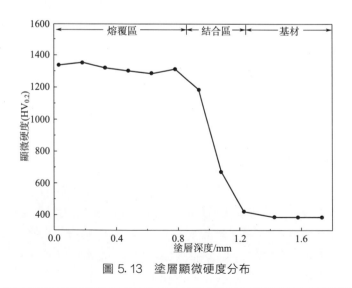

圖 5.13 塗層顯微硬度分布

摩擦係數是摩擦過程中的一個重要參數，它直接反映出材料的抗磨

損性能。經典摩擦理論表明，隨著摩擦表面硬度的增加，摩擦係數減少，磨損量也隨之減少，摩擦係數的高低表徵了雷射熔覆塗層的減摩性能，反映了其摩擦特性。圖 5.14(a) 表明，塗層的摩擦係數明顯低於 TA15 的摩擦係數，這是由於塗層相比基材具有較高的顯微硬度。隨載荷增加，塗層摩擦係數呈明顯下降趨勢，而 TA15 合金的摩擦係數曲線卻一直保持穩定。此過程中塗層摩擦係數的降低表明在不同載荷作用下，塗層相對基材表現出更好的耐磨損性能。圖 5.14(b) 的磨損試驗結果表明，當載荷 49N，經 40min 干滑動摩擦後，塗層的磨損體積約為 TA15 基材的 1/12，表明塗層較 TA15 基材表現出更好的耐磨性。在未添加潤滑劑的干摩擦條件下，一般透過提高材料的硬度來提高其耐磨性，而處於重載時，則需同時考慮材料的韌性以及硬度，防止折斷。塗層的耐磨性不僅與塗層的硬度有關，還需考慮增強相形態與性能。如先前分析所述，塗層中存在大量高硬度、高韌性以及形態細小的奈米顆粒增強相；磨損過程中，由於奈米顆粒增強相的存在，塗層表面還可產生加工硬化，從而提高塗層的耐磨性；此外，Ni60A 包含大量 Cr、Fe、Ni 等元素，在高能量密度的雷射照射下，部分元素將固溶於 γ-Ni 中，提高塗層強度與硬度；而平整光滑且孔隙率低的熔覆層與均勻緻密的組織結構也利於其耐磨性能的提升。

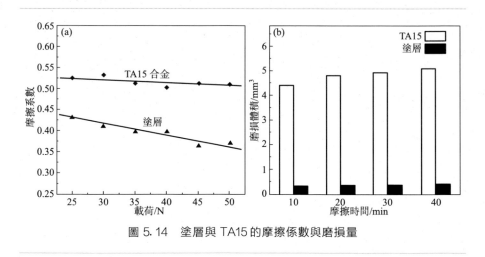

圖 5.14　塗層與 TA15 的摩擦係數與磨損量

　　圖 5.15(a) 為載荷 49N，經 40min 干滑動摩擦後 TA15 鈦合金的 SEM 磨損形貌。可推斷 TA15 合金的磨損過程為顯微切削與黏著損失，呈典型的黏著磨損形貌。

　　塗層磨損形貌較為光滑平整 ［見圖 5.15(b)］。當脫落磨屑在摩擦副

表面積聚時，磨損機製就會向磨粒磨損方式發生緩慢變化。由於磨屑尺寸較小，硬度較低的磨屑會在試樣表面形成一些細小犁溝；而後，在磨損過程中，試樣表面經過反覆塑性變形而剝落；而硬度較高的磨屑則會直接在試樣表面造成局部切削，形成大而深的犁溝。圖 5.15(c) 為塗層磨損表面經溶液腐蝕後的 SEM 形貌，表明大量奈米顆粒存在於塗層磨損表面，奈米顆粒的存在使塗層磨損表面光滑，利於摩擦係數與磨損量降低。

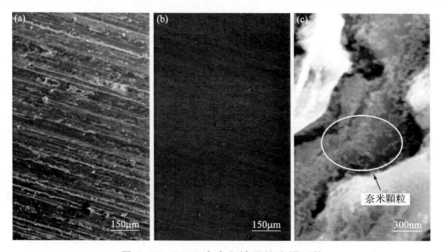

圖 5.15　TA15 合金與塗層的磨損形貌

鈦合金上 Ni60A-B$_4$C-TiN-CeO$_2$ 雷射熔覆塗層的顯微硬度分布如圖 5.16(a) 所示，表明顯微硬度範圍為 $1350 \sim 1500HV_{0.2}$，較 TA15-2 基材（約 $380HV_{0.2}$）提高 3～4 倍。塗層顯微硬度提高的原因極為複雜，主要可歸因於 TiC、TiN、TiB$_2$ 及 Ti(CN) 等硬質相、細晶強化、固溶強化以及非晶-奈米晶綜合作用的結果。然而，由於雷射熔覆過程中基材對熔池的強烈稀釋作用，雷射熔覆塗層顯微硬度分布沿塗層深度呈下降趨勢。

圖 5.16(b) 磨損試驗結果表明，當載荷 49N，經 40min 干滑動摩擦後，塗層磨損體積約為 TA15-2 基材的 1/10，表明塗層較基材表現出更好的耐磨損性。

圖 5.17(a) 為經過滑動摩擦後，TA15-2 鈦合金基材表面的 SEM 磨損形貌。可推斷 TA15-2 合金的磨損過程為顯微切削與黏著磨損並存，呈典型的黏著磨損形貌。

塗層的磨損形貌則較基材金屬更為光滑平整〔見圖 5.17(b)〕。

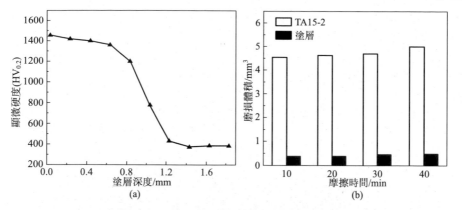

圖 5.16 塗層的顯微硬度分布與磨損體積

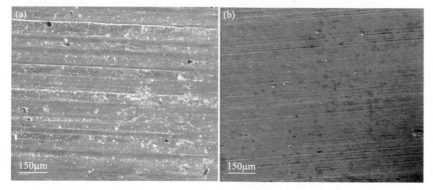

圖 5.17 TA15-2 合金與塗層的磨損形貌

5.4 非晶-奈米化複合材料的設計

5.4.1 非晶包覆奈米晶

　　中國航空製造技術研究院與山東大學合作，採用直接熔覆含 Ce-Al-Ni 非晶材料預熔塗層的方法製備非晶-奈米化複合材料，證實了一種新型非晶包覆奈米晶（ASNP）材料的存在。該材料在鈦合金表面雷射塗層中可呈顆粒狀［見圖 5.18(a)］、棒狀［見圖 5.18(b)］及塊狀［見圖 5.18(c)］。圖 5.18(d) 所示為 ASNP 材料的生成過程，可見在鈦合金表面雷射熔覆過程中，棒狀或奈米顆粒首先在熔池中產生，但 Ce-Al-Ni 非晶化

材料則圍遶該類奈米材料析出，待熔池冷卻後便在雷射熔覆層中形成了 ASNP 材料。ASNP 材料的組織結構較奈米晶材料更為粗大，但也表現出較強的耐磨損性能[17]。

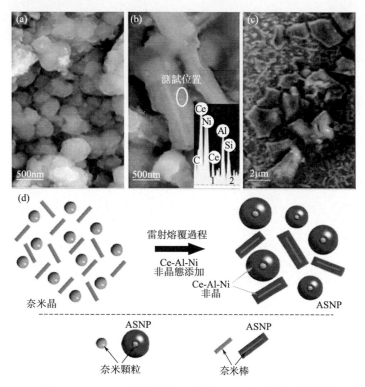

圖 5.18　ASNP 在雷射塗層中的 SEM 像及其生成過程

　　中國航空製造技術研究院與山東大學還透過合作在 TC4 鈦合金上製備出 ASNP 增強雷射非晶-奈米化複合材料。該研究將非晶態玻璃成分添加於 TC4 表面金屬/陶瓷混合粉末中形成預置塗層，後用雷射直接輻射該塗層形成具有極高硬度的非晶-奈米化複合材料。研究中採用 SEM 針對添加與未添加非晶玻璃的雷射複合材料做了比較（見圖 5.19），表明非晶玻璃添加前，在複合材料基底處產生大量呈彌散分布的奈米顆粒；而非晶玻璃添加後，大量微米級別的球狀析出物產生。可見，非晶玻璃的添加導致奈米顆粒迅速長大。

　　雷射熔覆是一個極快速的動態熔化與凝固過程，該工藝製備非晶合金就是以快速冷卻來抑製晶化相形核及長大，形成非晶相。大量奈米晶相產生使晶界自由能提高，導致塗層中點缺陷密度提高與晶格畸變發生。

而一些具有小原子半徑的非金屬元素，如 Si、B、C 等元素因之前預置粉末熔化或基材的稀釋作用而進入熔池，同樣增加了原子堆垛密度，利於增強過冷液相穩定性，促使非晶相產生，從而對奈米顆粒形成包覆。

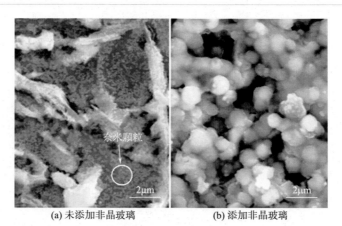

(a) 未添加非晶玻璃　　　　　(b) 添加非晶玻璃

圖 5.19　未添加與添加非晶玻璃雷射非晶-奈米化複合材料的 SEM

如圖 5.20(a)、(b) 所示，對添加非晶玻璃後所形成的複合材料中的 ASNP 做進一步 HRTEM 及 EDS 分析證實，ASNP 的表面主要包含非晶相，該非晶相主要包含添加的非晶玻璃成分，如含有大量 O、Na、Si、Ca 元素。

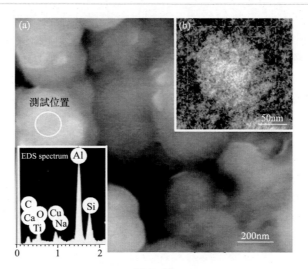

圖 5.20

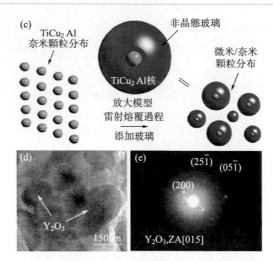

圖 5.20　HRTEM 及 EDS 分析複合材料中的 ASNP

中國航空製造技術研究院還在 Fe_3Al 基雷射熔覆金屬/陶瓷複合材料中製備出大量奈米棒〔見圖 5.21(a)〕及奈米顆粒〔見圖 5.21(b)〕。採用 TEM 對從 Fe_3Al 基雷射熔覆金屬/陶瓷複合材料中部取出的薄膜進行觀察分析表明，由於雷射合金化具有加熱及冷卻速率快的特點，熔體成分在整體上保持均勻的同時，在局部上卻存在微區內成分不均勻現象〔見圖 5.21(c)〕。圖 5.21(d) 選區電子衍射（SAED）分析結果表明，SAED 圖中包含非晶相的漫散暈環與奈米晶相的多晶衍射環，表明該選區存在大量非晶及奈米晶相。經標定，此晶相為奈米多晶體，沿（200），（220），（311）及（400）面生長。非晶及多晶環出現於 SAED 圖也表明，當部分非晶相剛開始發生結晶時，雷射熔池就已完成凝固。SAED 圖也證實該複合材料主要包含奈米棒、奈米顆粒及大量非晶相。

5.4.2　碳奈米管的使用

碳奈米管（CNTs）具有許多傳統材料所不具備的優越性能。現代工業中雷射合金化技術已被廣泛應用於合金表面改性領域中，可採用該技術製備雷射快速成形 CNTs 增強微疊層材料。透過實驗證實，當雷射功率未達一定值時，部分 CNTs 可原樣存在於雷射增材製造複合材料下部[18]。

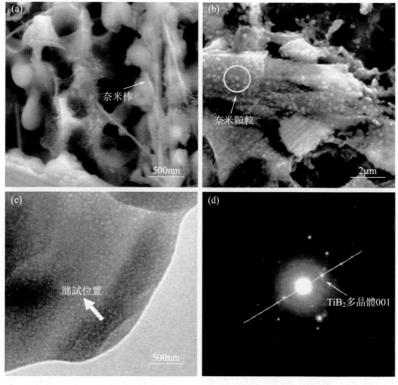

圖 5.21　Fe₃Al 基雷射熔覆塗層的 SEM、局部 TEM 和對應電子衍射圖

　　TA7 鈦合金為基材，其名義化學成分（質量分數）：5％ Al，2.5％ Sn，0.5％ Fe，0.08％ C，0.05％ N，0.015％ H，0.2％ O，餘為 Ti。熔覆材料：Stellite SF12（純度 ≥ 99.5％，50～150μm）、單壁 CNTs（純度 ≥ 99.5％，直徑 1.2～2.5nm），Cu（純度 ≥ 99.5％，20～100μm），其中 Stellite SF12 名義化學成分：1％ C，19％ Cr，2.8％ Si，9％ W，3％ Fe，13％ Ni，餘為 Co。雷射快速成形工藝在配有四軸電腦數控的 YAG（HL3006D）雷射加工設備完成，實驗環境為真空。將熔覆材料成分配比（質量分數）97％ Stellite SF12-3％ CNTs 混合粉末熔覆前烘乾並透過機械混粉器充分混合，粉末用水玻璃溶液調成糊狀，將其均勻塗敷於鈦合金表面，自然風乾後形成下層塗層。將熔覆材料成分配比（質量分數）94％ Stellite SF12-3％ CNTs-3％ Cu 混合粉末熔覆前進行同樣處理，自然風乾後與下層塗層一並形成疊層預置層，經雷射快速成形處理後微疊層複合材料。

　　如圖 5.22(a) 所示，雷射快速成形工藝後微疊層與 TA7 基材之間形

成良好的冶金結合，大量未熔 CNTs 緊貼 TiC 塊狀析出物出現於微疊層下部，見圖 5.22(b)。雷射束極高的溫度導致大量 CNTs 在微疊層下層被完全熔化，大量 C 元素進入雷射熔池之中，而後，C 與 Ti 在熔池中發生化學反應，生成 TiC 相。

　　如圖 5.22(c) 所示，非晶界面位於微疊層上層與下層界面之間，由於雷射輻射所產生的熔池具有急冷特性，利於非晶相產生，大量細小卵狀析出物出現於非晶界面之上，在 Cu 作用下其組織結構較下層組織更為細化。實際上，Cu 與 Al、Ti 元素在雷射高溫熔池中發生原位生成化學反應生成 $AlCu_2Ti$ 超細奈米粒子，該粒子對雷射合化層具有極強的細化作用。然而，在緊貼卵狀析出物區域未觀察到未熔 CNTs，可歸因於雷射束已完全熔化該區域的 CNTs，見圖 5.22(d)。

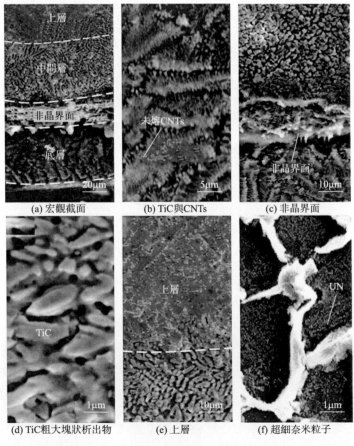

(a) 宏觀截面　　(b) TiC 與 CNTs　　(c) 非晶界面

(d) TiC 粗大塊狀析出物　　(e) 上層　　(f) 超細奈米粒子

圖 5.22　微疊層掃描電鏡圖（雷射功率 720W）

　　圖 5.22(e) 所示，該類卵狀析出物未在微疊層上層出現。由於雷射束能量具有高斯分布規律，雷射熔池溫度從上到下呈明顯下降趨勢。因此，上層所含 CNTs 極易被雷射束熔化，在微疊層上層基底處還存在著大量超細奈米顆粒，見圖 5.22(f)。而散漫的「饅頭峰」出現於圖 5.23(d)，證實了非晶相的存在。

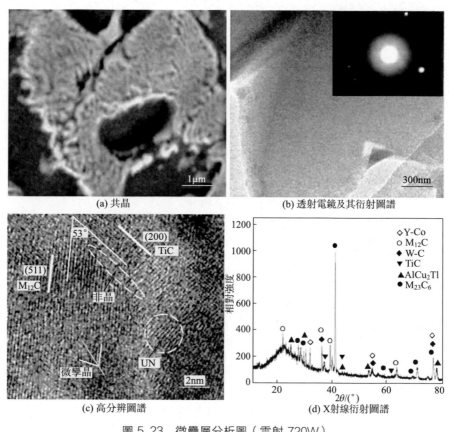

(a) 共晶

(b) 透射電鏡及其衍射圖譜

(c) 高分辨圖譜

(d) X射線衍射圖譜

圖 5.23　微疊層分析圖（雷射 720W）

　　在微疊層上層還觀察到共晶組織，見圖 5.23(a)。通常情況下合金的熔點明顯低於純金屬熔點，當液態合金的元素構成接近共晶成分時其熔點最低。圖 5.23(b) 呈現出界面區域 TEM 及該區域所對應的電子衍射斑點，非晶環出現表明該區域有非晶相產生。圖 5.23(c) 的高解析條紋圖譜表明 $M_{12}C(Co_6W_6C)$ 與 TiC 相所處區域非常接近，兩者之間晶體取向差 53°，為大角晶界。分析還表明，該晶界上還存在狹長非晶區域，表明部分超細奈米粒子在微疊層中被非晶相包圍，而超細奈米粒子是透

過溶解/析出機製及異質化形核而形成的。高解析條紋圖譜還證明有微孿晶存在於微疊層上層。微孿晶的產生未吞噬整個晶粒，晶粒中所含弗蘭克爾局部缺陷（伯格斯矢量 $1/6 < 112 >$）位於微孿晶的晶界處。微孿晶晶面具有較低界面能。微孿晶的產生主要歸因於位錯核心與堆積層錯的綜合作用結果。

5.4.3　多物相混合作用分析

奈米材料具有獨特的結構特徵，含大量內界面，表現出諸多與常規晶體材料不同的物理化學性能，如較好耐磨損、高溫、腐蝕等。非晶態合金亦兼具獨特的物理化學性能與力學性能，如高強度、韌性、抗磨損及耐蝕性。本節提出將 Stellite SF12-B_4C-NbC-Sb 混合粉末雷射熔覆於 TA15 基材表面改善基材耐磨性。試驗表明，透過該方法可在基材表面製備具有極強耐磨損性的非晶-奈米化增強複合材料。本節分析了 TA15 鈦合金表面雷射熔覆層的組織結構與摩擦磨損性能，為雷射熔覆技術在工業零部件生產與修復領域提供了理論與試驗依據[19]。

試驗材料包括基材與熔覆材料兩部分。基材為 TA15 鈦合金，其名義化學成分（質量分數）：6.06％Al，2.08％Mo，1.32％V，1.86％Zr，0.09％Fe，0.08％Si，0.05％C，0.07％O，餘為 Ti。熔覆材料：StelliteSF12（純度≥99.5％，50～200 目）、B_4C（純度≥99.5％，50～200 目）、NbC（純度≥99.5％，50～100 目）及 Sb（純度≥99.5％，1～30 目），其中 Stellite SF12 的名義化學成分：1.00％C，19.00％Cr，2.80％Si，9.00％W，3.00％Fe，13.00％Ni，餘為 Co。鈦合金熔覆試樣尺寸：10mm×10mm×10mm（局部組織分析）與 10mm×10mm×35mm（磨損測試）。將熔覆材料成分配比（質量分數）80％Stellite SF12-10％B_4C-7％NbC-3％Sb 混合粉末熔覆前烘乾並透過機械混粉器充分混合。混合粉末用水玻璃溶液調成糊狀，將其均勻塗敷於鈦合金表面，預置塗層厚度 0.7mm，自然風乾。

用雷射器對鈦合金試樣的預置塗層面進行雷射熔覆工藝處理，工藝參數：雷射功率 0.7～0.9kW，光斑直徑 4mm，掃描速度 2～8mm/s，多道搭接率30％，雷射熔覆在氬氣保護箱中進行。熔覆試驗後，將製備好的塗層採用 ENC-400C 切片劃片機切割成金相和磨損試樣。採用 HM-1000 型顯微硬度計測定雷射熔覆層的顯微硬度分布；採用 CSM950 型掃描電子顯微鏡觀察熔覆層的局部組織形貌；用 JEM-2010 高解析透射電鏡對從熔覆層上層取出的金屬薄膜試樣的高倍組織形貌進行觀察和電子

選區衍射分析；用 MM-200 型盤式摩擦磨損試驗機對熔覆層進行室溫干滑動摩擦試驗，磨輪為 20％Co-WC 硬質合金，硬度≥80HRA，磨損過程中試樣固定，磨輪線速度 0.95m/s。

　　圖 5.24(a) 為 TA15 鈦合金表面 Stellite SF12-B_4C-NbC-Sb 雷射熔覆層的結合區形貌。可見熔覆層與基材產生了良好的冶金結合且無明顯缺陷產生。大量棒狀析出物在熔覆層底部產生。這是由於基材對熔覆層強烈的稀釋作用，大量 Ti 由基材進入雷射熔池底部，使該區域 Ti 含量密度極高，利於 TiB 棒狀及 TiC 塊狀析出物生成。TiC 塊狀與 Ti-B 棒狀析出物同時產生，對彼此生長起到相互抑製作用，利於熔覆層組織結構細化。

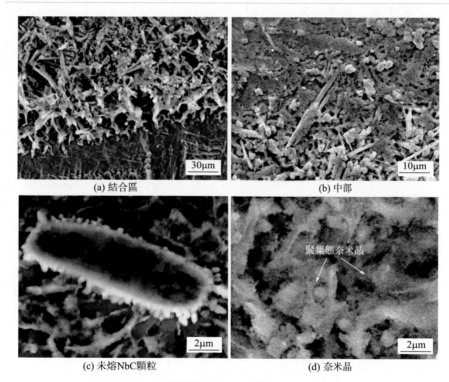

(a) 結合區　30μm

(b) 中部　10μm

(c) 未熔NbC顆粒　2μm

(d) 奈米晶　2μm　聚集態奈米晶

圖 5.24　雷射熔覆層不同位置的局部 SEM

　　如圖 5.24(b) 所示，熔覆層中部的組織結構發生了明顯變化，中部往上的組織結構趨於向無組織結構的非晶態結構轉變。雷射熔覆過程中所形成的熔池上層獲得較高能量，下層獲得的能量則較小。因此，部分塗層下層 NbC 預置粉末因無法獲得足夠能量熔化，導致未熔 NbC 顆粒出現，見圖 5.24(c)。在非晶合金中 Nb 與其他元素結合可使體系從能量

較高的亞穩態降到能量較低的亞穩態，在晶化過程中合金需吸收更多的能量突破勢壘發生晶化。因此，Nb 加入後可提高合金的晶化溫度，穩定非晶母相，易於非晶相生成。據此推斷，大量 NbC 粉末在預置塗層底部無法獲得足夠能量熔化，因此沒有足夠的 Nb 從 NbC 中釋放，導致熔覆層下層非晶化程度減弱。圖 5.24(d) 表明，大量超細奈米顆粒產生於熔覆層上層。雷射熔池具有擴散和對流兩種傳質形式，熔池在急速凝固過程中亞穩定相得不到向穩定相轉變的激活能而可能保存下來。隨著凝固速率進一步提高，亞穩定相析出也可能被抑製，已成形的晶核來不及長大熔池就已凝固，從而形成奈米晶相。

　　圖 5.25(a) 表明，熔覆層中部存在大量共晶組織，且含有部分塊狀初生相。雷射熔覆過程中，由於 StelliteSF12 粉末包含的 Co 與 γ-Fe 同為面心立方晶格結構，可無限互溶，Co 先與 γ-Fe 形成固溶體晶核，晶核不斷從處於熔融狀態的熔池中吸收大量 Co 原子而長大，並使大量 Co 元素發生聚集。另外，在共晶區中，除含大量 Fe、Co 元素外，還有少量 Si、Mo、Cr、Mn 等元素。Ti-B 及 TiC 等陶瓷相可顯著細化熔覆層晶界處網狀共晶結構。由於熔覆過程中熔池各位置受熱不均，諸多細小的陶瓷相因無法充分熔化而在熔池的冷卻過程中成為晶體結晶成核點，對熔覆層起到顯著的細化作用。

　　圖 5.25(b) 表明，大量奈米晶產生於共晶基底處，奈米晶相不僅鑲嵌於非晶相上，也分布於晶化相之中，整個熔覆層為非晶、奈米晶及其他晶化相共存，這種相組成有利於熔覆層組織結構緻密性及耐磨性的提升。

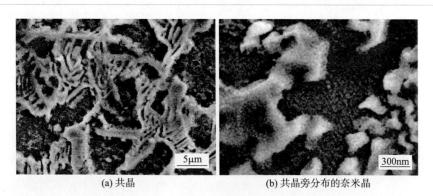

(a) 共晶　　　　　　　　　　　　(b) 共晶旁分布的奈米晶

圖 5.25　雷射熔覆層的局部 SEM

　　用高解析透射電鏡對由熔覆層上層取出的薄膜樣品進行局部結構分析，其 TEM 表明，由於雷射加工具有加熱及冷卻速度快的特點，熔體成

分在整體上保持均勻的同時，在局部上卻存在微區成分不均的現象，見圖 5.26。對所選區域上層進行電子選區衍射，觀察到一個漫散衍射暈環，確定為非晶相。電子選區衍射圖譜呈表徵非晶相的漫散暈環加奈米晶相的多晶衍射環。按透射電鏡相機常數計算、標定，此晶化相為 CoSb 多晶體，該多晶體沿（101），（102），（110），（212）平面生長。

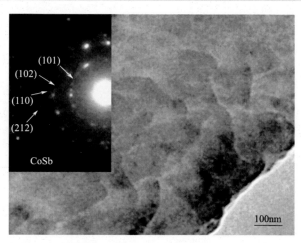

圖 5.26　熔覆層上層 TEM 和對應的選區電子衍射圖

雷射熔覆層的顯微硬度分布呈階梯狀，見圖 5.27。在第一階梯，顯微硬度範圍 $1250\sim1400HV_{0.2}$，表明此測試範圍在熔覆層上層。在第二階梯，顯微硬度範圍 $950\sim1050HV_{0.2}$，此測試範圍在熔覆層下層。由於雷射熔覆過程中基材對熔池具有強烈的稀釋作用，顯微硬度分布沿熔覆層深度呈下降趨勢。熔覆層顯微硬度較基材有顯著提升，這主要歸因於 TiC、Ti-B 等硬質相、細晶強化、固溶強化以及非晶-奈米晶綜合作用。熔覆層上層較下層的顯微硬度有所提升則歸因於上層在更多 Nb 作用下更強的非晶化趨勢。

當載荷 98N，經 60min 干滑動摩擦，磨損階段前 40min，熔覆層的磨損體積約為基材的 1/12；後 20min 熔覆層的磨損體積約為基材的 1/8，見圖 5.28。在干摩擦條件下，材料的耐磨性通常與其硬度有關，即材料的硬度越高，耐磨性越好。但本實驗所製備的熔覆層包含大量顆粒增強相，增加顆粒含量有利於耐磨性的提高。因此，熔覆層的耐磨性還與顆粒增強相的形態與硬度有關。熔覆層含大量高硬度且形態極為細小的奈米顆粒增強相，磨損過程中，該類增強相阻礙熔覆層基底塑性形變，有利於提高熔覆層的耐磨性。另外，StelliteSF12 合金粉末中包含大量 Cr

和 Fe 元素，在熔池高速凝固過程中，部分元素固溶於 γ-Co/Ni 中，對熔覆層起到固溶強化作用，而緻密的組織結構與低氣孔率也是熔覆層耐磨性好的重要因素。從局部角度分析，非晶與奈米晶相均具有極高的強度與硬度，在與摩擦副對磨過程中發揮出強烈阻磨作用。上層較下層耐磨性顯著改善也要歸因於上層在大量 Nb 作用下更為顯著的非晶化趨勢。

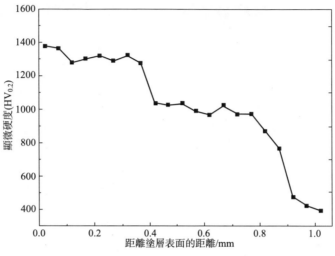

圖 5.27　雷射熔覆層的顯微硬度分布

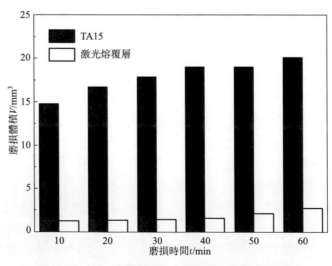

圖 5.28　雷射熔覆層與 TA15 磨損體積隨時間變化

參考文獻

［1］ Balla W K, Bandyopadhyay A. Laser processing of Fe-based bulk amorphous alloy[J]. Surface & Coatings Technology, 2012, 205（7）: 2661-2667.

［2］ Besozzi E, Dellasega D, Pezzoli A, et al. Amorphous, ultra-nano- and nanocrystalline tungsten-based coatings growth by pulsed laser deposition: mechanical characterization by surface brillouin spectroscopy[J]. Materials and Design, 2016, 106: 14-21.

［3］ Watanabe L Y, Roberts S N, Baca N, et al. Fatigue and corrosion of a Pd-based bulk metallic glass in various environments [J]. Materials Science and Engineering: C, 2013, 33（7）: 4021-4025.

［4］ Shu F Y, Liu S, Zhao H Y, et al. Structure and high-temperature property of amorphous composite coating synthesized by laser cladding FeCrCoNiSiB high-entropy alloy powder[J]. Journal of Alloys and Compounds, 2018, 731: 662-666.

［5］ 張培磊, 閻華, 徐培全, 等. 雷射熔覆和重熔製備 Fe-Ni-B-Si-Nb 係非晶奈米晶複合材料[J]. 中國有色金屬學報, 2011, 21（11）: 2846-2851.

［6］ Sahasrabudhe H, Bandyopadhyay A. Laser processing of Fe based bulk amorphous alloy coating on zirconium[J]. Surface and Coatings Technology, 2014, 240: 286-292.

［7］ 李剛, 王彥芳, 王存山, 等. 雷射熔覆 Zr 基塗層的組織性能研究[J]. 機械工程材料, 2003, 27（5）: 44-47.

［8］ Matthews D T A, Ocelik V, Branagan D, et al. Laser engineered surfaces from glass forming alloy powder precursors: Microstructure and wear[J]. Surface and Coatings Technology, 2009, 203: 1833-1843.

［9］ Li R F, Jin Y J, Li Z G, et al. M. F. Wu. Effect of the remelting scanning-speed on the amorphous forming ability of Ni-based alloy using laser cladding plus a laser remelting process[J]. Surface and Coatings Technology, 2014, 259: 725-731.

［10］ Wang S L, Zhang Z Y, Gong Y B, et al. Microstructures and corrosion resistance of Fe-based amorphous/nanocrystalline coating fabricated by laser cladding[J]. Journal of Alloys and Compounds, 2017, 728: 1116-1123.

［11］ Zhang L, Wang C S, Han L Y, et al. Influence of laser power on microstructure and properties of laser clad Co-based amorphous composite coatings [J]. Surfaces and Interfaces, 2017, 6: 18-23.

［12］ Taghvaei A H, Stoica M, Khoshkhoo M S, et al. Microstructure and magnetic properties of amorphous/nanocrystalline $Co_{40}Fe_{22}Ta_8B_{30}$ alloy produced by mechanical alloying[J]. Materials Chemistry and Physics, 2012, 134: 1214.

［13］ Katakam S, Kumar V, Santhanakrishnan S, et al. Laser assisted Fe-based bulk amorphous coating: Thermal effects and corrosion[J]. Journal of Alloys and Compounds, 2014, 604: 266-272.

[14]　李嘉寧, 鞏水利, 王西昌, 等. TA15-2合金表面雷射熔覆 Ni 基層物理與表面性能[J]. 中國雷射, 2013, 40（11）: 1103008.

[15]　Li J N, Craeghs W, Jing C N, et al. Microstractare and physical performance of laser-induction nanocrystals modifled high-entropy alloy composites on titanium alloy. Materials and Design, 2017, 117: 363-370.

[16]　Khan S A, Saravanan K, Tayyab M, et al. Au-C allotrope nano-composite film at extreme conditions generated by intense ultra-short laser[J]. Nuclear Instruments and Methods in Physics Re-

search B, 2016, 379: 28-35.

[17]　Li J N, Yu H J, Gong S L, et al. Influence of Al_2O_3-Y_2O_3 and Ce-Al-Ni amorphous alloy on physical properties of laser synthetic composite coatings on titanium alloys[J]. Surface and Coatings Technology, 2014, 247: 55-60.

[18]　Li J N, Liu K G, Craeghs W, et al. Physical properties and formation mechanism of carbon nanotubes-Ultrafine nanocrystals reinforced laser 3D print microlaminates. Materials Letters, 2015, 145: 184-188.

[19]　李嘉寧, 鞏水利, 李懷學, 等. TA15 鈦合金表面雷射熔覆非晶-奈米晶增強 Ni 基塗層的組織結構及耐磨性 [J]. 焊接學報. 2014, 35（10）: 57-60.

第6章
金屬元素
雷射改性
複合材料

　　不同金屬元素的添加對雷射增材製造技術所製備的複合材料的組織性能起到非常重要的影響。如在雷射複合材料中添加某些金屬元素將催生超細奈米粒子。而此類奈米粒子具有高擴散率，易引發晶格畸變，使塗層發生非晶化轉變[1]。不同金屬元素的添加還將使複合材料中產生新化合物，同樣將對雷射增材複合材料的組織性能起到重要影響。本章將對金屬元素改性雷射複合材料的組織性能進行詳細介紹。

6.1　Cu 改性複合材料

　　Cu 具有良好的導熱性和導電性，在 TC4 鈦合金表面的 Ti-Al/陶瓷預置塗層中加入適量 Cu，經雷射熔覆加工處理後，Cu-Ti 與 Al-Ti-Cu 金屬間化合物在所製備的雷射複合材料中產生，有利於提高熔覆層的顯微硬度與耐磨性。但 Cu 合金與熔覆層之間的物理性能差別很大，含 Cu 熔覆層運行中的界面失效問題有待解決。如 Cu 含量過高，易造成熔覆層韌性不足，在複合材料中易產生熱裂紋和殘餘應力等。因此，Cu 在預置塗層中的含量需嚴格控制。本節透過在 TC4 鈦合金表面的 Ti-Al/陶瓷預置塗層中加入適量 Cu，研究 Cu 加入對其熔覆層組織結構與性能的影響，達到改善雷射熔覆 Ti-Al/陶瓷複合塗層耐磨性的目的。

6.1.1　Cu 對複合材料晶體生長形態的影響

　　在 TC4 表面製備的 Al_3Ti-C-TiB_2-10Cu 複合材料中，TiB 作為非均質成核點，可細化複合材料的組織結構。圖 6.1(a) 表明，TiB 棒狀析出相產生在複合材料基底中，圖 6.1(b) 為熔覆層中 TiB 的高解析晶格像，圖中條紋間距 0.254nm，對應於其 (201) 晶面。而 Al_3Ti-C-TiB_2-10Cu 熔池為非富 Ti 熔池，所以只有少部分 TiB 產生在該熔覆層中。雷射熔覆是一個快速冷卻過程，大部分 TiB 沒有足夠時間上浮到熔覆層頂部，所以只有較弱 TiB 衍射峰出現在 XRD 圖譜中。圖 6.1(c) 表明，$Ti(CuAl)_2$ 在該複合材料中呈顆粒狀，$Ti(CuAl)_2$ 高解析晶格圖像表明其條紋間距 0.435nm，對應於其 (100) 晶面，見圖 6.1(d)。

　　SEM 分析表明，TiC 析出相在 Al_3Ti-C-TiB_2 雷射熔覆層結合區呈層狀分布 [見圖 6.2(a)]。雷射熔覆過程中，TiC 因密度較大而像雨滴似地降落，形成游離晶體，部分 TiC 析出相在熔池底部已經長大，另一部分 TiC 才剛析出，導致層狀析出情況發生。圖 6.2(b) 表明，少部分 TiB_2

棒狀析出相出現在 Al_3Ti-C-TiB_2 雷射熔覆層結合區。因 TiB_2 密度大於 Al_3Ti，所以在熔覆開始階段，TiB_2 有下沉趨勢。

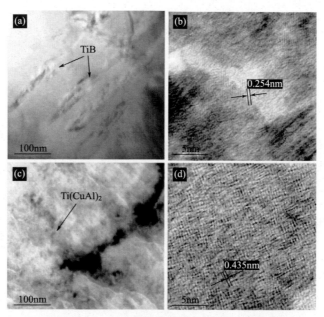

圖 6.1　Al_3Ti-C-TiB_2-10Cu 雷射熔覆層 TEM 形貌及高解析晶格條紋相

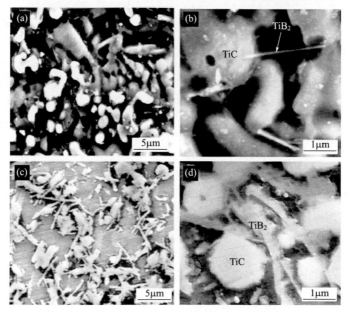

圖 6.2　Al_3Ti-C-TiB_2 與 Al_3Ti-C-TiB_2-5Cu 雷射熔覆層 SEM 組織形貌

　　TiC 與 TiB$_2$ 析出相彌散分布於 Al$_3$Ti-C-TiB$_2$-5Cu 雷射熔覆層中部，利於其顯微硬度提高［見圖 6.2(c)］。圖 6.2(d) 表明，在熔覆層中部，TiB$_2$ 析出相呈粗長形貌。實際上，隨著 Cu 加入，TiC 含量減少，TiB$_2$ 生長受 TiC 抑製程度明顯低於未加 Cu 的熔池，因此，TiB$_2$ 可在含 Cu 熔池中充分生長，呈較長棒狀形貌[2]。

　　圖 6.3(a)、(b) 表明，Al$_3$Ti-C-TiB$_2$-10Cu 雷射熔覆層結合區中析出相稀少。XRD 分析表明，Al$_3$Ti 與熔池中 Ti 發生化學反應，生成 Ti$_3$Al，Ti$_3$Al 密度高於 TiB$_2$。熔池形成一段時間後，TiB$_2$ 具有上浮趨勢。由於熔池存在時間極短，部分 TiB$_2$ 沒有足夠時間上浮到頂部。另一方面，TiC 熔點（3420℃）明顯高於 TiB$_2$ 熔點（2980℃），所以 TiC 先於 TiB$_2$ 析出。先析出的 TiC 也在一定程度上阻礙 TiB$_2$ 上浮及長大。

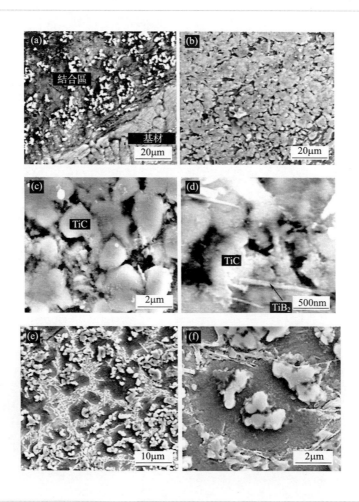

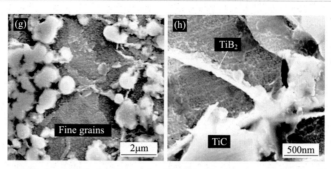

圖 6.3　Al_3Ti-C-TiB_2-10Cu 雷射熔覆層的 SEM 組織形貌

　　塊狀析出相在熔覆層頂部產生，這表明隨著 Cu 含量增加，TiC 上浮趨勢更為明顯。另外，熔池頂部受空氣冷卻作用，易於硬質相析出。圖 6.3(c) 表明，TiC 析出相在熔覆層為塊狀（$3\sim6\mu m$）。當碳化物與硼化物共同出現在雷射熔覆層時，TiC 無法生長為樹枝晶[3]。大量 TiC 析出相在熔池頂部產生，也在一定程度上阻礙 TiB_2 晶體生長。因此，TiB_2 在熔覆層頂部呈細小的針狀形貌，見圖 6.3(d)。

　　雷射熔覆是一個快速冷卻凝固的過程，部分 TiC 與 TiB_2 沒有充足時間上浮到熔池頂部。在 Al_3Ti-C-TiB_2-10Cu 熔覆層中部，析出相分布不像其在頂部分布那樣稠密〔見圖 6.3(e)〕。

　　TiB_2 對雷射熔覆層起到細化的作用。在熔覆層中部，大量 TiB_2 棒狀析出相出現在基底晶界上，成聚集狀〔見圖 6.3(f)〕。由於 TiC 分布較為稀疏，TiB_2 晶體有足夠空間沿 c 軸（＜０００１＞方向）生長。由 $Ti(CuAl)_2$ 小顆粒組成地毯形態膜分布在熔覆層基底處〔見圖 6.3(g)〕。圖 6.3(h) 表明，TiB_2 與 TiC 析出相聚集在熔覆層某些區域對彼此生長起一定阻礙作用。

6.1.2　Cu 對複合材料相組成的影響

　　鈦合金雷射熔覆試驗所用預置塗層材料與工藝參數見表 6.1。所有試樣的雷射功率與掃描速度都一致。雷射熔覆過程中，用 0.4MPa 氬氣側吹法保護熔池。

　　三組典型試樣的 X 射線衍射（XRD）分析表明，在雷射熔覆過程中，C 與 Ti 發生化學反應生成 TiC。如圖 6.4 所示，Al_3Ti-C-TiB_2 雷射熔覆層 XRD 結果表明，在 Cu 加入之前，Ti_3Al 為熔覆層基底主要組成相，因 TiC 密度（$4.93g/cm^3$）明顯高於 Al_3Ti（$3.4g/cm^3$）、TiAl

（3.9g/cm^3）及 Ti$_3$Al（4.7g/cm^3）的密度，所以 TiC 在 Al$_3$Ti-C-TiB$_2$ 熔池中有下沉趨勢。

表 6.1　雷射熔覆工藝參數與材料

雷射熔覆層	熔覆粉末成分 （質量分數）/%	雷射功率 /kW	掃描速度 /(mm·s^{-1})
Al$_3$Ti-C-TiB$_2$ Al$_3$Ti-C-TiB$_2$-5Cu Al$_3$Ti-C-TiB$_2$-10Cu	Al$_3$Ti-20C-15TiB$_2$ Al$_3$Ti-20C-15TiB$_2$-5Cu Al$_3$Ti-20C-15TiB$_2$-10Cu	0.8～1.2	5

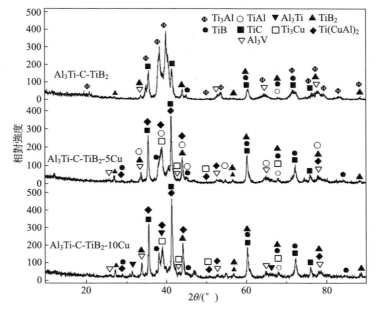

圖 6.4　雷射熔覆層的 X 射線衍射譜

X 射線衍射（XRD）分析表明，TiC 與 TiB$_2$ 的衍射峰值伴隨 Cu 含量增加而升高，且 Ti$_3$Cu 與 Ti(CuAl)$_2$ 衍射峰出現在含 Cu 熔覆層的 X 射線衍射圖譜中。Ti$_3$Cu（6.42g/cm^3）與 Ti(CuAl)$_2$（6.25g/cm^3）的密度遠大於 TiC（4.93g/cm^3）與 TiB$_2$（4.52g/cm^3）的密度。據此推斷，Cu 加入提高了熔池密度，使大量 TiC 與 TiB$_2$ 在熔池中有上浮趨勢，導致 TiC 與 TiB$_2$ 衍射峰明顯升高。

XRD 分析表明，TiAl 與 Al$_3$Ti 分別產生於 Al$_3$Ti-C-TiB$_2$-5Cu 與 Al$_3$Ti-C-TiB$_2$-10Cu 雷射熔覆層中。實際上，Ti$_3$Cu 與 Ti(CuAl)$_2$ 的產生消耗了熔池中大量的 Ti。隨著 Cu 加入，熔池富 Ti 狀態被破壞，Ti$_3$Al

衍射峰消失。Al_3Ti-C-TiB_2 雷射熔覆層與基材之間形成了冶金結合，但一條明顯分界線出現於熔覆層與基材之間，見圖 6.5(a)。

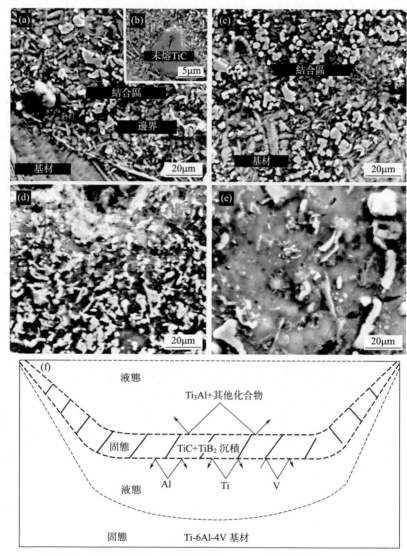

圖 6.5　Al_3Ti-C-TiB_2 與 Al_3Ti-C-TiB_2-5Cu 熔覆層的 SEM 組織

　　熔池底部在基材冷卻作用下具有極高的過冷度。大量 TiC 下沉到熔池底部產生聚集，部分 TiC 沒有充足時間熔化，導致大量未熔 TiC 塊狀物在此區域產生［見圖 6.5(b)］。

　　當 Al_3Ti-C-TiB_2 熔池底部溫度降到 3420℃（TiC 熔點）時，部分

TiC 在此區域首先析出。實際上，熔池頂部從雷射束中吸收的能量最大，熔池底部吸收的能量則最少。故可推斷，當 TiC 在熔池底部開始析出時，熔池中部或頂部的溫度要高於 3420℃。XRD 分析表明，$Al_3Ti-C-TiB_2$ 熔覆層基底主要組成為 Ti_3Al，且常溫下 Ti_3Al 熔點 1760℃，可知，當 TiC 在熔池底部開始析出時，熔池中部及上部為液態。TC4 熔點 1660℃，明顯小於 3420℃，當 TiC 在熔池底部開始析出時，在其下方緊靠 TiC 析出相區域也為液態，如圖 6.5(f) 所示，雷射熔覆過後的極短時間內，TiC 析出相在熔池底部上下液體之間形成一個固體薄膜，在一定程度上阻礙基材對熔池的稀釋。

$Al_3Ti-C-TiB_2$-5Cu 雷射熔覆層與基材之間沒有明顯界限，且析出相在結合區內分布較為稀疏〔見圖 6.5(c)〕。這表明 Ti_3Cu 與 $Ti(CuAl)_2$ 的產生提高了熔池的密度，此時熔池密度高於 TiC 及 TiB_2 的密度，使 TiC 及 TiB_2 在熔池中有明顯上浮趨勢。大量析出相在 $Al_3Ti-C-TiB_2$-5Cu 熔覆層頂部產生，如圖 6.5(d) 所示。而析出相在 $Al_3Ti-C-TiB_2$ 熔覆層上層分布則較為稀疏〔圖 6.5(e)〕。隨著 TiC 及 TiB_2 在熔池中上升，$Al_3Ti-C-TiB_2$-5Cu 熔覆層結合區無固體薄膜產生，提高了基材對熔池的稀釋率；另一方面，隨著 Cu 加入，Ti_3Cu 與 $Ti(CuAl)_2$ 化合物在熔池中產生，消耗了大量 Ti，一定程度上阻礙了 Ti 與 C 之間的化學反應，降低了熔池中的 TiC 含量。

6.1.3　Y_2O_3 對 Cu 改性複合塗層組織結構的影響

稀土氧化物 Y_2O_3 含量會對 Ti-Al/陶瓷複合塗層的組織結構及耐磨性產生重要影響。試驗所用材料和工藝參數見表 6.2。兩個典型樣品在試驗過程中雷射功率與掃描速度一致，採用 0.4MPa 氬氣側吹法保護雷射熔池。

表 6.2　雷射熔覆工藝參數與材料

雷射熔覆層	熔覆粉末成分 （質量分數）/%	雷射功率 /kW	掃描速度 /(mm·s^{-1})
$Al_3Ti-10C-TiB_2$-5Cu-1Y_2O_3 $Al_3Ti-10C-TiB_2$-5Cu-3Y_2O_3	69Al_3Ti-5Cu-15TiB_2-10C-1Y_2O_3 67Al_3Ti-5Cu-15TiB_2-10C-3Y_2O_3	0.8～1.2	5

隨著 1% Y_2O_3 在預置塗層中加入，雷射熔覆層組織明顯細化，見圖 6.6(a)。

圖 6.6(b) 表明，當預置塗層中 Y_2O_3 含量達到 3% 時，析出相在高含量稀土氧化物的作用下很難生長，熔覆層組織更為細化。另外，地毯

狀小顆粒薄膜出現在 Al_3Ti-10C-TiB_2-5Cu-3Y_2O_3 雷射熔覆層基底，該區域 EDS 能譜表明，主要有 B、Al、Ti 及 Cu 元素存在於該區域［見圖 6.6(c)、(d)］。結合 XRD/EDS 分析結果表明，主要有 $Ti(CuAl)_2$、Ti_3Cu、Ti-Al 金屬間化合物及少量 Ti-B 化合物存在於該區域。

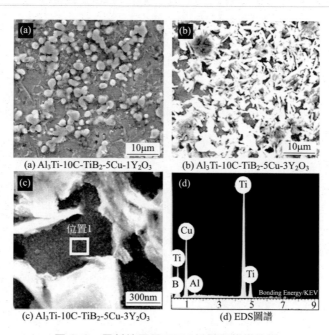

(a) Al_3Ti-10C-TiB_2-5Cu-1Y_2O_3

(b) Al_3Ti-10C-TiB_2-5Cu-3Y_2O_3

(c) Al_3Ti-10C-TiB_2-5Cu-3Y_2O_3

(d) EDS圖譜

圖 6.6　雷射熔覆層 SEM 組織與能譜分析

雷射熔覆過程中，部分 Y_2O_3 會分解為 Y 與氧氣。稀土元素 Y 產生減小了液態金屬的表面張力與臨界形核半徑，使同一時間內的形核點數目明顯增加，有利於細化雷射熔覆層組織，而未發生分解的 Y_2O_3 阻礙了晶體生長，可進一步細化熔覆層組織[4]。如圖 6.7(a) 所示，聚集態 Y_2O_3 出現在 Al_3Ti-10C-TiB_2-5Cu-3Y_2O_3 雷射熔覆層基底晶界處，且高含量 Y_2O_3 使熔覆層具有極大脆性，導致裂紋產生。圖 6.7(b) 所示，TiB 棒狀析出相也出現在該雷射熔覆層中，且 TiB 與 Ti 之間存在如下位向關係：$(001)_{TiB}//(\bar{1}101)_{\alpha\text{-}Ti}$，$(\bar{1}11)_{TiB}//(\bar{1}012)_{\alpha\text{-}Ti}$[113]。

在 Al_3Ti-10C-TiB_2-5Cu-3Y_2O_3 雷射熔覆層中顆粒狀物質為 Y_2O_3，見圖 6.8(a)，這表明大量 Y_2O_3 在熔覆層局部區域產生聚集。圖 6.8(b) 為 Ti_3Al［223］晶帶軸與 Y_2O_3［210］的複合電子衍射斑點，分析表明，基底 Ti_3Al 與 Y_2O_3 兩相之間存在著如下取向關係：$(001)Y_2O_3//(110)Ti_3Al$。結合 TEM 分析綜合結果，針狀馬氏體組織產生於雷射熔覆

層下部，見圖 6.8(c)。圖 6.8(d) 為針狀馬氏體組織晶帶軸的選區電子衍射斑點圖譜。

(a) Y_2O_3 與裂紋　　　(b) TiB

圖 6.7　Al_3Ti-10C-TiB_2-5Cu-$3Y_2O_3$ 雷射熔覆層的 SEM 組織

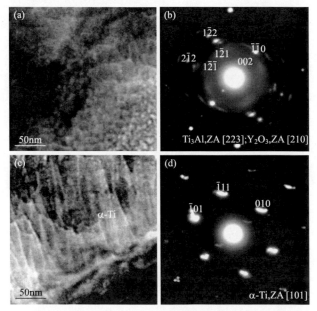

圖 6.8　Al_3Ti-10C-TiB_2-5Cu-$3Y_2O_3$ 熔覆層 TEM 形貌和選區電子衍射圖

　　圖 6.9(a) 所示為 Al_3Ti-10C-TiB_2-5Cu-$3Y_2O_3$ 雷射熔覆層中 Ti_3Al 基底的高解析晶格圖像，圖中條紋間距 0.288nm，對應於其 (110) 晶面。圖 6.9(b) 所示為該雷射熔覆層中 TiC 的高解析電鏡晶格圖像，圖中條紋間距為 0.249nm，對應於 TiC(111) 晶面。

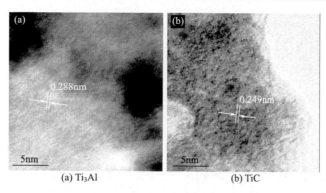

(a) Ti₃Al   (b) TiC

圖 6.9 Al₃Ti-10C-TiB₂-5Cu-3Y₂O₃ 雷射熔覆層的高解析電鏡晶格圖像

　　粗大的 TiC 及鈦硼析出相出現在 Al₃Ti-10C-TiB₂-13Cu 雷射熔覆層中，見圖 6.10(a)、(b)。隨著 Cu 含量大幅提高，大量 Ti₃Cu 與 Ti(CuAl)₂ 在該熔覆層中產生，消耗了熔池中許多 Ti，阻礙 Ti 與 C 之間發生化學反應生成 TiC。TiC 含量降低使熔池存在時間成長，因此，Ti-B 化合物在熔池中獲得了更長的生長時間。另外，片狀析出相出現在塊狀 TiC 析出相周圍，而顆粒狀 Ti(CuAl)₂ 則產生在 TiB 析出相之上，見圖 6.10(c)。

(a) 組織結構   (b) Ti-B化合物

(c) Ti(CuAl)₂   (d) 微裂紋與共晶

圖 6.10 Al₃Ti-10C-TiB₂-13Cu 雷射熔覆層 SEM 形貌

圖 6.10(d) 表明 Ti_5Si_3-TiC 共晶組織在 Al_3Ti-10C-TiB_2-13Cu 熔覆層中得到充分生長，但微裂紋卻出現在該熔覆層中。實際上，Ti-Cu 及 Ti-Cu-Al 化合物的熱脹係數與 Ti-Al 金屬間化合物及基材的差別很大。熱應力是由溫度梯度與熔覆層所包含化合物中巨大的熱脹係數差相互作用而產生的。該熱脹係數差與熔覆層中 $Ti(CuAl)_2$ 及 Ti_3Cu 的含量成正比。因此，隨著 Cu 含量增加，熔覆層中熱應力超過材料屈服強度，導致微裂紋產生。

6.1.4　Cu 對複合材料奈米晶的催生

基材：TA15-2 鈦合金。合金化材料：Stellite 12、B_4C 及 Cu。合金化材料成分配比（質量分數）：85Stellite 12-15B_4C（樣品 1）及 80Stellite 12-15B_4C-5Cu（樣品 2）。合金化前把粉末烘乾並充分混合。鈦合金試樣尺寸：10mm×10mm×10mm（局部組織結構分析）與 10mm×10mm×35mm（磨損測試）。

試驗工藝參數：雷射功率 1.1kW，光斑直徑 4mm，掃描速度 2.5～7.5mm/s，送粉率 25g/min。為避免雷射合金化過程中合金氧化，採用氬氣作為保護氣，經特製噴嘴直接吹向試樣合金化表面，氣流量 20L/min，多道搭接率 30％。進行雷射同軸送粉時雷射束、粉末輸送及保護氣供給同步進行，可有效提高塗層品質與粉末利用率。Stellite 12-B_4C 雷射合金化塗層的組織形貌如圖 6.11(a) 所示。大量塊狀與長條狀析出物彌散分布於塗層熔合區中。雷射合金化過程中，B_4C 在熔池中分解為 B 與 C，B 與 C 可分別與 Ti 發生化學反應生成 Ti-B（如 TiB_2 和 TiB）及 TiC 陶瓷相。TiB_2 和 TiB 等陶瓷相產生可顯著細化塗層晶界處的網狀共晶組織。

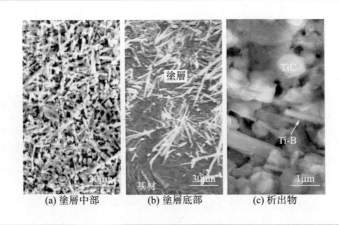

(a) 塗層中部　　　(b) 塗層底部　　　(c) 析出物

(d) 塗層中部　　　(e) 奈米顆粒　　　(f) 基底

圖 6.11　雷射複合塗層 SEM 形貌

　　由於合金化過程中熔池各部位受熱不均勻，許多細小的陶瓷相無法充分熔化而成為晶體結晶的形核點，有利於細化塗層組織。觀察發現大量棒狀析出物在塗層底部產生 [見圖 6.11(b)]，由於基材對塗層強烈的稀釋作用，大量 Ti 由基材進入熔池底部，有利於 TiB 棒狀析出物的形成。塗層中部存在 TiC 塊狀與 Ti-B 長條狀析出物 [見圖 6.11(c)]，彼此的生長相互抑製，有利於細化塗層組織結構。

　　Stellite12-B_4C-Cu 雷射合金化塗層的組織結構見圖 6.11(d)。Cu 加入後塗層組織結構變化不大。進一步觀察發現，許多奈米顆粒出現於塗層析出相之上，見圖 6.11(e)。圖 6.11(f) 表明，大量超細奈米顆粒均勻地彌散分布於塗層基底處。在雷射合金化過程中，由於基材對熔池的稀釋作用，大量 Al、Ti、Mo、V、Zr 元素由基材進入熔池，可顯著改善塗層的耐磨性。Mo、Zr、V 均屬於強碳化物形成元素，合金化過程中所生成的碳化物穩定且不易長大，質點細小，可有效阻止晶界移動，細化塗層組織。Mo 可顯著提高固溶原子間的結合力，增強塗層強度。Al 易與透過稀釋作用而由基材進入熔池的 Ti 發生化學反應，生成具有密度低、比強度與彈性模量高、抗氧化及耐蝕性能優異的 Ti-Al 金屬間化合物。因雷射合金化層中 Ti 主要來源於基材，在高能雷射束輻射下，大量 Ti 聚集於塗層底部。圖 6.12 為樣品 2 中塗層的 SEM 形貌及線掃描 EDS 圖譜。分析表明，自基材到塗層表面 Ti 含量呈明顯下降趨勢。說明 Ti 在塗層中各區域含量不同，合金化後產生 Ti 的化合物種類及其對塗層的強化作用也不相同。

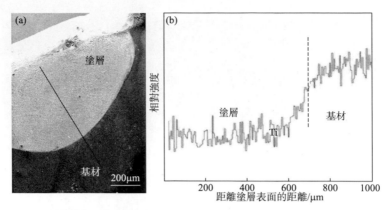

圖 6.12　樣品 2 中塗層整體 SEM 形貌與 EDS 圖譜

採用 TEM 對由樣品 2 塗層中部取出的薄膜進行觀察分析表明，由於雷射合金化具有加熱及冷卻速率快的特點，熔體成分在整體上保持均勻，在局部上卻存在微區內成分不均勻現象（見圖 6.13）。選區電子衍射（SAED）圖包含非晶相的漫散暈環與奈米晶相多晶衍射環，表明該選區存在大量非晶及奈米晶相。經標定，此晶相為 $AlCu_2Ti$ 多晶體，沿（200），（220），（311）及（400）面生長。

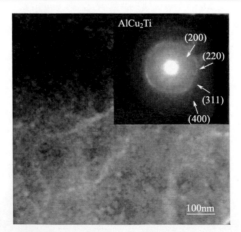

圖 6.13　樣品 2 中塗層的 TEM 及其對應的 SAED 譜像

6.1.5　Cu 改性複合材料的非晶化

圖 6.14(a) 的 HRTEM 像所選區域晶界取向差 38.5°，表明塗層中

存在大角晶界。界面上存在狹長非晶區。非晶-奈米晶界面具有高結合能，可在一定程度上抑製奈米晶生長。嚴重晶格畸變在圖6.14(b)箭頭所示區域中產生。由於有限大小晶粒自由能狀態會受到其邊界的影響，當組織結構細化之後，晶粒總自由能增加。奈米晶自由能增加，促使基材中點缺陷濃度增加，成為點缺陷的過飽和狀態，引起晶格畸變。

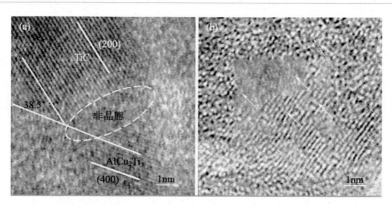

圖6.14　樣品2中塗層的 TEM 及其對應的 HRTEM 像

大量奈米晶相產生使晶界自由能提高，導致塗層中點缺陷密度提高與晶格畸變發生。非晶區產生原因如下。

（1）雷射合金化是一個極快速的動態熔化與凝固過程，該工藝製備非晶合金就是以快速冷卻來抑製晶化相形核及長大，形成接近氧化物玻璃的高黏度過冷熔體來抑製原子的長程擴散，從而將熔體「凍結」而形成非晶態。

（2）鈷基、鎳基、鐵基等非晶合金具有極強的玻璃形成能力，因此該類元素進入熔池有利於非晶相產生。

（3）在高能雷射輻射作用下，塗層所含晶體中產生大量缺陷而使其自由能升高，從而發生非晶化轉變，即從原先的有序結構轉變為無序結構。

（4）雷射合金化過程中，大量具有小原子半徑的非金屬元素，如 Si、B、C 等元素因合金化粉末熔化或基材的稀釋作用而進入熔池，增加了原子堆垛密度，有利於增強過冷液相穩定性，促使非晶相在塗層中產生[5]。

Cu 的加入改變了 Stellite 12-B_4C 雷射合金化塗層的局部組織結構與相組成，這主要歸因於其加入促使 $AlCu_2Ti$ 相產生。其中 Al、Ti、Cu 原子尺寸差異較大，因小原子半徑合金元素在塗層中產生壓應力，大原子半徑元素則產生拉應力，這兩種應力場相互作用可有效降低合金體系

應力，形成相對穩定的短程有序原子基團。該類原子基團具有極大的晶界聚集熔，有利於 $AlCu_2Ti$ 超細奈米晶相形成。由於 $AlCu_2Ti$ 超細奈米晶具有極小尺寸，只需等待極短時間就可從正常格點原子變為填隙原子[6]。同時，由於雷射熔池的溫度極高，$AlCu_2Ti$ 超細奈米粒子在此高溫熔池中具有極高擴散率，易引發晶格畸變，即從有序結構轉變為無序結構。這類轉變歸因於塗層所含晶體中產生的大量缺陷促使其自由能升高，使塗層發生非晶化轉變。

6.1.6　Cu 改性複合材料的組織性能

雷射合金化塗層顯微硬度分布如圖 6.15 所示，樣品 1 中塗層顯微硬度 1150～1350$HV_{0.2}$；樣品 2 中塗層顯微硬度 1350～1450$HV_{0.2}$，這 2 個樣品中塗層的顯微硬度都較 TA15-2 基材（約 380$HV_{0.2}$）提高了約 3～4 倍，這主要歸因於 W-C、Ti-B 及 TiC 等硬質相、細晶、固溶強化以及非晶-奈米晶綜合作用的結果。樣品 2 中塗層顯微硬度較樣品 1 略有提升，這是由於 Cu 的加入促使高硬度的非晶-奈米晶相生成。

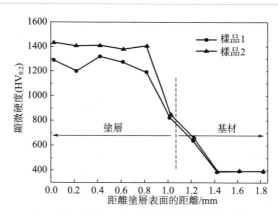

圖 6.15　雷射合金化塗層的顯微硬度分布

經典摩擦理論表明，隨摩擦表面硬度增加，摩擦係數減小，磨損量也隨之減少，摩擦係數高低表徵了雷射合金化塗層的減摩性能，反映出塗層的摩擦學特性。圖 6.16(a) 表明，樣品 2 中塗層的摩擦係數明顯低於樣品 1 的，這是由於樣品 2 中的塗層相比樣品 1 具有較高的顯微硬度。比較兩樣品中塗層的 COF 曲線可知，Cu 加入後塗層的 COF 曲線更為平穩。隨著大量非晶-奈米晶在樣品 2 塗層中產生，塗層的耐磨性更加穩定。伴隨載荷的增加，兩塗層的摩擦係數呈明顯下降趨勢，且樣品 2 中

塗層的 COF 曲線較樣品 1 下降的幅度更大，見圖 6.16(b)。此過程中，比較兩塗層摩擦係數降低幅度表明，在不同載荷量作用下，樣品 2 中的塗層較樣品 1 表現出更好的耐磨性。

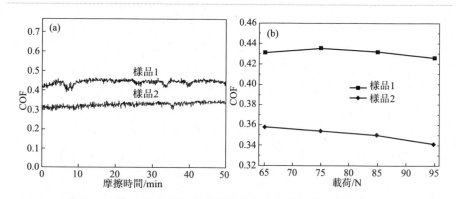

圖 6.16　塗層的摩擦係數隨時間變化曲線與隨載荷量變化曲線

　　圖 6.17 的磨損實驗結果表明，當載荷 98N，經 40min 干滑動摩擦後，樣品 1 中塗層的磨損體積約為 TA15-2 的 1/9。Cu 加入後，樣品 2 中塗層表現出更好的耐磨性，其磨損體積約為樣品 1 中塗層的 1/2，基材的 1/18。

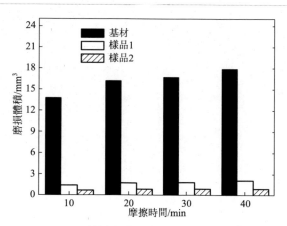

圖 6.17　基材與塗層磨損體積隨時間變化

　　在干摩擦條件下，材料的耐磨性通常與其硬度有關，即材料硬度越高，耐磨性越好。但本實驗所製備的塗層中包含大量顆粒增強相，增加塗層中顆粒的含量有利於耐磨性的提高。因此，塗層的耐磨性還與顆粒增強相的形態與硬度有關。樣品 2 中塗層含有大量高硬度且形態極為細

小的奈米顆粒增強相，磨損過程中，該類增強相阻礙塗層基底的塑性形變，有利於提高塗層耐磨性[7]。另外，Stellite 12 合金粉末中包含大量 Cr 和 Fe 等元素，在熔池高速凝固過程中，部分元素固溶於 γ-Co/Ni 中，對塗層起到固溶強化作用。緻密的組織結構與低氣孔率也是塗層耐磨性提高的重要因素。從局部角度分析，非晶與奈米晶相均具有極高的強度與硬度，在與摩擦副對磨過程中發揮出強烈阻磨作用[8]。

圖 6.18(a) 為載荷 98N，經 40min 干滑動摩擦後 TA15-2 的 SEM 磨損形貌。TA15-2 的磨損過程存在顯微切削與黏著損失，表面呈典型的黏著磨損形貌。磨輪表面的部分硬質點邊緣比較圓鈍，磨損過程中把基材金屬推到犁溝兩側而形成局部犁皺。由於磨輪反覆碾壓摩擦使犁皺發生硬化脫落，形成磨屑。同時，磨輪表面磨粒由於磨損過程中反覆碾壓和摩擦產生脫落，基材表面形成黏著磨損形貌。

圖 6.18　TA15-2 合金與塗層的磨損形貌

樣品 1 中塗層的磨損形貌則較為光滑平整，見圖 6.18(b)。其磨損表面的犁溝盡管存在，但已不明顯，摩擦痕跡細而淺，但方向紊亂。這主要是由於該塗層顯微硬度較高，磨輪表面微凸起對塗層的犁削作用減弱。樣品 2 中塗層的磨損形貌較樣品 1 更為光滑平整，見圖 6.18(c)，歸因為

奈米顆粒在與摩擦副對磨過程中發揮出強烈的阻磨作用。另外，由於非晶-奈米晶的反覆塑性變形量小，加之高硬度奈米晶的存在使裂紋擴展困難，因此塗層表現出良好的耐磨性，磨損表面形貌較為平整。圖 6.18(d) 為樣品 2 中塗層磨損表面經溶液腐蝕後的 SEM 形貌，表明大量奈米顆粒存在於塗層的磨損表面，可使塗層磨損表面光滑，有利於摩擦係數與磨損量的降低。另外，由於奈米顆粒形態細小，摩擦過程中脫落的奈米晶對基材顯微切削作用減弱，使磨損表面犁溝變得更加窄而淺。

6.2 Zn 改性複合材料

鋅（Zn）是一種淺灰色的過渡金屬，是第四「常見」的金屬，僅次於鐵、鋁及銅，其外觀呈現銀白色，為一相當重要的金屬。Zn 在高溫熔池中可與其他元素發生化學反應，生成具有奈米結構的析出物。

TC4 鈦合金上雷射熔覆 Co-Ti-B_4C-Zn-Y_2O_3 混合粉末，可形成奈米晶增強複合材料，用透射電鏡對由塗層中部取出的薄膜樣品進行觀察分析。如圖 6.19(a) 所示，Co_5Zn_{21} 奈米粒子被發現產生於該複合材料中，條紋間距 0.109nm，對應其 (733) 晶面；Y_2O_3 的加入有利於非晶相在複合材料中產生，觀察到 Co_5Zn_{21} 奈米顆粒附近存在大量的非晶區域。如圖 6.19(b) 所示，大量奈米級顆粒在薄膜樣品中被觀測到，根據 TEM 衍射斑點可知，此晶相為 TiB_2 多晶，該多晶沿 (010)，(111)，(024) 平面生長，證明 TiB_2 奈米顆粒在塗層中存在。實際上，在雷射熔池中，部分 Co_5Zn_{21} 奈米粒子與 Y_2O_3 在雷射束照射邊緣無法充分熔化，可保

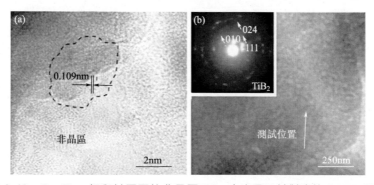

圖 6.19　Co_5Zn_{21} 相與其周圍的非晶區 TiB_2 奈米晶及其對應的 SAED 圖譜

持其原有形貌。因雷射熔池具有高溫及熔液超強對流特性，Co_5Zn_{21} 與 Y_2O_3 在熔池中具有高擴散性，這些粒子可快速擴散到熔池各個方位，對 TiB_2 生長起明顯抑製作用，有利於奈米級 TiB_2 的產生。該類奈米級 TiB_2 在雷射熔池中可作為異相形核點存在，進一步提高複合材料的細化程度[9]。

如圖 6.20(a) 所示，大量共晶組織產生於複合材料基底，利於非晶相產生。大量奈米粒子也產生，這些奈米粒子的產生利於改善複合材料的耐磨、耐蝕及抗高溫性能。當這些奈米粒子在晶界上產生時，利於阻礙位錯之間運動。由於雷射熔池具有急速冷卻特性，諸多元素如 Si、B、Zn 沒有足夠的時間從液相中析出，而固溶於 γ-Co 中，對複合材料起固溶強化作用，而緻密的組織結構與低氣孔率也是複合材料具有較好組織性能的重要因素。

如圖 6.20(b) 所示，點成分 EDS 測試結果表明，C、Al、Si、Ti、V、Co、Zn 元素存在於測試點上，Si 在 Ti-Al 金屬間化合物中的溶解度較低，利於形成 Ti-Si 化合物。而 Si 基合金元素的存在也利於非晶相產生。C、Al、Si、Ti、V、Co 及 Zn 元素也存在於測試點上。可以推測，測試區中塊狀析出物為 TiC，而測試電子探頭所發出的電磁波完全可以打穿塊狀析出物，部分基底中所包含的 Al、Ti 元素也包含在測試結果中。Zn、Co 元素的存在則因該測試區中包含 Co_5Zn_{21} 奈米顆粒。

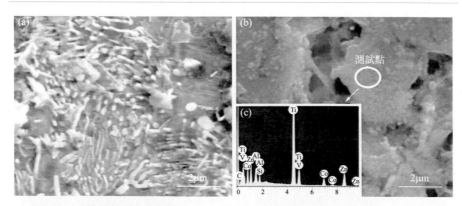

圖 6.20　共晶 SEM、奈米晶 SEM 及其對應的 EDS 圖譜

如圖 6.21(a) 所示，Co-Ti-B_4C-Zn-Y_2O_3 雷射熔覆複合材料的組織具有較高的緻密性，且存在大量奈米晶顆粒，見圖 6.21(b)。可見複合材料層與基材產生了良好的冶金結合且無明顯缺陷產生。圖 6.21(c) 表明，大量棒狀析出物在熔覆層底部產生。這是由於基材對熔覆層強烈的稀釋

作用，大量 Ti 由基材進入雷射熔池底部，使該區域 Ti 含量密度極高，利於 TiB 棒狀及 TiC 塊狀析出物生成。TiC 塊狀與 Ti-B 棒狀析出物同時產生，對彼此生長起到相互抑製作用，利於熔覆層組織結構細化。圖 6.21(d) 表明，塊狀 TiB_2 析出相在複合材料中產生，由於 TiB_2 具有較高熔點，在雷射熔池冷卻過程中，TiB_2 可首先析出，為其他晶相的析出提供形核點，利於細化複合材料的組織結構。

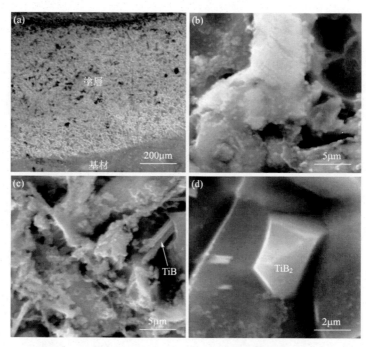

圖 6.21　Co-Ti-B_4C-Zn-Y_2O_3 雷射熔覆複合材料 SEM

6.3 Sb 改性複合材料

銻（Sb）是一種有毒的化學元素，它是一種有金屬光澤的類金屬，在自然界中主要存在於輝銻礦（Sb_2S_3）中。自 20 世紀末以來，中國已成為世界上最大的 Sb 及其化合物生產國。Sb 的工業製法是先焙燒，再用碳在高溫下還原，或者是直接用金屬鐵還原 Sb 礦。Sb 對於雷射加工所製備的複合材料組織性能改性也同樣起到非常明顯的作用。

6.3.1 Sb 改性純 Co 基複合材料

Sb 對 Co 基雷射合金化塗層的奈米化過程，是利用 Sb 在雷射熔池中原位生成的諸如 CoSb 及 CoCr 等奈米顆粒來抑製其他晶相長大的過程，也是大量奈米晶生成的過程。當在 TA15 鈦合金表面雷射熔覆 Co-Ti-B$_4$C-Sb 混合粉末時，可在鈦合金表面生成組織結構緻密的非晶-奈米化增強複合材料，見圖 6.22(a)。

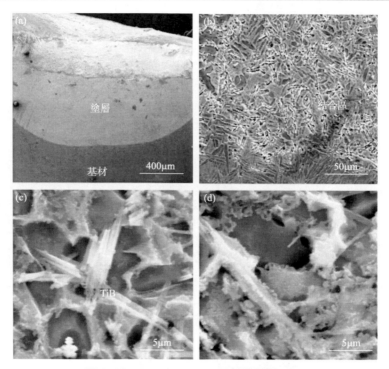

圖 6.22 Co-Ti-B$_4$C-Sb 雷射熔覆層 SEM

圖 6.22(b) 為 TA15 基材中熱影響區的 SEM 形貌，可見熱影響區的局部組織類型均為等軸組織，由初生等軸 α 相、較小次生等軸 α 相、被拉長的初生等軸 α 與 β 轉變基材構成，且各組形態與大小基本相當。TA15 鈦合金熱影響區中 $\alpha+\beta$ 兩相區存在 α 穩定元素 Al 與 Zr，又存在 β 穩定元素 Mo 與 V，可使 α 和 β 相同時得到強化。

Mo 是 Zr 的強化元素，在富 Zr 成分中，$\alpha+Mo_2Zr$（六方密排晶格）存在於溫度較低的區域中，而 $\beta+Mo_2Zr$（體心立方）則出現在高溫區

域。由於 TA15 基材對雷射熔池強烈的稀釋作用,大量 Ti 元素由基材進入熔池中,利於 TiB 棒狀析出物的產生,見圖 6.22(c)。如圖 6.22(d) 所示,大量奈米粒子緊貼塊狀析出物產生,呈奈米薄膜狀,這將明顯改善複合材料的力學性能[10]。

　　圖 6.23(a) 的 X 射線衍射圖譜表明,該複合材料表面主要包含 Ti-Al、Co-Ti、Co-Sb 金屬間化合物與 TiC、TiB_2、TiB 相。這些化合物的產生可歸因於雷射熔池原位生成化學反應。寬漫散峰出現於 $2\theta = 15° \sim 25°$ 與 $33° \sim 43°$,證明有大量非晶相生成。實際上,在雷射熔覆過程中,大量 Zr、Fe 及 Si 元素由於稀釋作用由基材進入到熔池中,這些化學元素都具備很強的玻璃形核能力,利於非晶的產生。許多不規則的非晶斑點出現在圖 6.23(b) 的高解析圖譜中。實際上,雷射熔覆由於其極高的加熱與冷卻速率可有效抑製晶相形核及長大,形成接近氧化物玻璃的高黏度過冷熔體來抑製原子的長程擴散,從而將熔體「凍結」而形成非晶態。實際上,合金熔點一般是低於純金屬熔點的,而一般的液態合金接近深共晶成分時熔點最低。部分專家在研究過冷熔體的晶相形核時認為,一旦非晶合金約化玻璃轉變溫度 $T_{rg} \geq 2/3$ 時,則晶體的最大均勻形核率就會很小以至於在試驗條件下檢測不到。下式為表徵非晶態合金玻璃形成

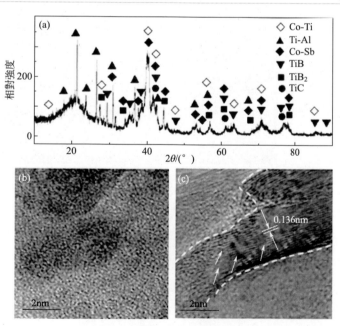

圖 6.23　Co-Ti-B_4C-Sb 雷射熔覆層表層 XRD 圖譜與非晶區 TiB 的 HRTEM

能力的約化玻璃轉變溫度

$$T_{rg} = T_g / T_1$$

式中，T_{rg} 為約化玻璃轉變溫度，T_g 為玻璃轉變溫度，T_1 為液相線溫度。

從中可以看出，T_1 越小，則非晶合金的玻璃形成能力越大，越容易獲得非晶態合金。在多組元的非晶合金中，T_g 主要與結合強度有關，並隨著合金成分的變化緩慢變化，因此 T_1 在玻璃形成能力中成為主要的影響因素。更具體地說，就是透過合金元素的添加來尋找具有最低的液相線溫度的那個成分。根據公式可知，液相線溫度最低則意味著此合金成分的 T_{rg} 最大，即此成分合金的玻璃形成能力最大。

圖 6.23(c) 表明，TiB 高解析條紋相被觀測到，對應著其（312）晶面。圖中箭頭則標出了其晶格畸變點。實際上，奈米晶的產生使晶界自由能升高，這也使點缺陷密度極大提升，利於形成一種過飽和點缺陷狀態，導致晶格畸變的產生。

如圖 6.24(a) 所示，對由試樣塗層中取出的經過離子減薄的樣品進行 TEM 測試，結果表明有大量 TiB_2 奈米晶相沿（001），（100）和（101）面生長。實際上，由於六方晶系 TiB_2 和斜方六面體 Sb 相互作用，

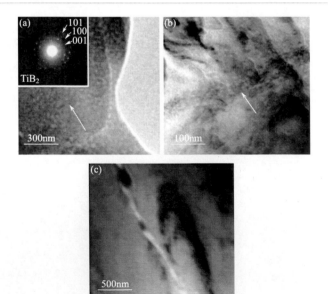

圖 6.24　Co-Ti-B_4C-Sb 雷射熔覆層中 TiB_2 及其對應的
SAED 圖譜和應力條紋穿晶裂紋

利於 TiB_2 奈米晶的形成。由於晶化系統不匹配以及化學元素間的不相容性，Sb 無法與 TiB_2 結合，所以在雷射熔池中形成一些孤立原子核。因此，TiB_2 生長將在一定程度上受 Sb 原子核阻礙，利於奈米晶生成。另外，雷射熔覆過程中，大量具有小原子半徑的非金屬元素，因合金化粉末熔化或基材稀釋作用而進入熔池，增加了原子堆垛密度，有利於增強過冷液相的穩定性，促使非晶相在塗層中產生。圖 6.24(b) 表明，有明顯的應力條紋在塗層中產生，實際上，由於雷射的激波加熱和冷卻原因，導致大量應力在塗層中產生。另外，在高應力作用下大量位錯和堆垛層錯在塗層的陶瓷相中產生，且滑移運動在位錯和堆垛層錯中進行，在塗層中產生了位錯塞積狀態，在一定程度上增加了塗層的顯微硬度與脆性，將產生穿晶裂紋，見圖 6.24(c)。

圖 6.25(a) 顯示，有諸多塊/片狀析出物產生，還有許多奈米粒子緊貼塗層基底處產生。圖 6.25(b) 顯示，在塗層邊界處有許多共晶結構的組織產生。實際上，Co-Sb 可作為 Co-Ti 合金異質形核的形核點，Sb 包含相可作為 Co-Ti 共晶形成的基點。由鑄造原理可知，共晶成分附近的合金具有最好的流動性，有利於降低液態合金的液相線溫度，促進非晶相生成。且 CoSb 奈米晶在高溫熔池中具有極高的擴散率，易引發晶格畸變，使塗層發生非晶化轉變。

奈米金屬粒子在晶界處的產生可以在一定程度上阻礙位錯的運動。由於熔池極高的冷卻速率，有部分元素，如 Si、B 及 Mo 沒有充足的時間從液相中析出，而固溶在 γ-Co 中，形成了超級固溶。由於基材的稀釋作用，許多 Mo 從基材進入熔池，Al 和 Si 原子可以運動到富 Mo 區域，圍遶 Mo 核心形成環狀物。還有一部分 Mo 可以與 Si、Al、C 及 Ti 在熔池中發生化學反應，生成化合物。圖 6.25(c)(d) 測試區域 EDS 圖譜表明，該區域主要包含 C、Al、Ti、Sb 和 Zr。由於基材的稀釋作用，大量的化學元素（包括 Zr 和 Mo）由基材進入熔池。根據 EDS 的測試結構可推測，Co-Zr 細化粒子已產生。另外，C、Ti 及 Sb 元素包含在該測試點中。具有立方體結構的 TiC 和斜方六面體結構的 Sb 相互作用，可形成奈米晶相。由於晶體系統的不匹配和元素之間的不融合，Sb 不會與 TiC 發生反應，而只會在熔池中阻礙其生長，這也在一定程度上有利於奈米晶的形成。Ti-B 相主要聚集在晶界處，因此 B 的衍射峰出現在 EDS 衍射圖譜中。圖 6.25(e) 表明，3 個 CoZr 相出現在了測試區域，CoZr 相主要被非晶做環繞。實際上，非晶和奈米晶界包含有高的結合能，可以在很大程度上阻礙奈米晶的生長，非晶在向晶體的形核與生長過程中受到奈米晶的很大阻礙。SAED 圖譜表明，CoZr 奈米晶主要沿 (110)，(111)，

（200）面生長，見圖 6.25(f)。

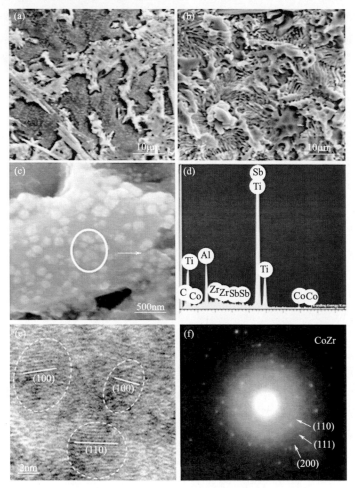

圖 6.25　Co-Ti-B$_4$C-Sb 雷射熔覆層分析

　　另外，在複合材料中存在的 B、Si 元素是多種非晶合金中都含有的元素，對非晶合金的玻璃形成能力和熱穩定性都有極大的影響。適量加入可以極大促進非晶相與奈米晶相的形成。同時，B 和 Si 也是大多數自熔合金中不可缺少的元素，在高溫下 B 和 Si 能使焊接熔池中的氧化物還原，從而起到清理熔池的作用，還原反應所生成的氧化矽和氧化硼又可複合成低熔點的良好溶劑——矽酸硼，這有利於液態金屬在基材表面上的潤濕。由於熔渣的密度小，流動性好，覆蓋在液態合金表面可以隔絕空氣，避免液態合金的進一步氧化。B 和 Si 元素還有助於形成固溶強化

和彌散強化，它們可以與其他化學元素生成化合物以硬質相的形式彌散分布於雷射熔覆層中，從而提高熔覆層的硬度與耐磨性。在液態合金的冷卻過程中，多種晶相之間的相互競爭也有利於阻礙原子團移動，促進奈米晶相、非晶相形成。但 B 含量過高就會形成高脆性相，引發塗層的脆化。此外，Si 的加入也可以增強 B 的作用。

在一定的工藝條件下，雷射熔覆製備的非晶-奈米化複合材料中非晶-奈米晶相的含量在很大程度上取決於所選非晶合金係的玻璃形成能力，也就是提高非晶合金玻璃形成能力可以相對提高複合材料中的非晶-奈米晶相含量。

非晶合金的形成實際上是在熔體快速冷卻過程中非晶相和晶相競爭的結果。由於熔體凝固過程中不同類型的晶相在析出、長大時相互製約，因此晶相析出的種類越大，抑製原子擴散的能力也就越強，也就越難達到晶相析出所需的化學濃度，從而在熔體高速冷卻時促進非晶相、奈米晶相的形成。非晶合金作為一種多元、複雜、混亂的合金體係，是在多種效應的共同作用下形成的。就固溶效應來説，固溶原子在基底中一般有兩種存在方式，即替換晶格點陣上的基材原子或存在於晶格間隙中，形成置換固溶體或間隙固溶體。當固溶原子半徑與基底原子半徑相差比較大時，將導致晶格畸變而產生較大的內應力；當間隙固溶原子半徑大於基底原子半徑時產生拉應力；間隙固溶原子半徑小於基底原子半徑時產生壓應力。隨著固溶原子濃度增加，晶格內部應力達到一定的臨界水準之後，造成晶體結構的失穩，可促進非晶相生成。在多元非晶合金系統中，一般至少含有一種大原子半徑和一種小原子半徑的元素，這有利於獲得穩定的非晶態結構。因為小原子半徑元素在基材中產生壓應力，大原子半徑合金元素在基材中產生拉應力，這兩種應力場相互作用能夠有效降低合金係的內應力，形成相對穩定的短程有序的原子基團，而這種短程有序的原子基團內部結構很難與固溶原子基團內部結構相同，這將進一步促進非晶與奈米晶相的形成。

非晶合金中組元的數量、性能以及其純度等都對非晶合金的玻璃形成能力有極大影響。由於微合金可以影響液態合金的形核，因此微合金化可以影響許多材料的製備、性能和構成。隨著非晶合金研究的逐步深入，微合金化技術已經被應用到開發和研究新型合金係，特別是提高非晶合金的玻璃形成能力方面。例如，在 PdNiP 非晶合金中使用 Cu 進行微合金化後，所形成的 PdNiCuP 非晶合金具有極大的玻璃形成能力，其最大臨界直徑可達 7～8cm，臨界冷卻速度可以降低到 0.02K/s。微合金化元素可以分為兩類：一是非金屬元素 C、Si、B 等，這類元素一方面極

易與主要金屬組元形成高熔點化合物，引起非晶合金的玻璃形成能力降低，另一方面，由於其原子半徑小，微量的加入非晶合金係可以增加原子堆垛密度進而增強過冷液相的穩定性，可以提高非晶合金的玻璃形成能力；另一類就是金屬元素，如 Fe、Co、Ni、Al、Cu、Mo Nb、Y 等。不同微合金化元素對相同的合金係具有不同的影響。相同的微合金化元素對不同合金係所起的作用也不相同。微合金元素具體含量也對合金係的玻璃形成能力有很大影響。

6.3.2　Sb 改性 Co 基冰化複合材料

雷射加工可針對鈦合金不同服役條件，利用雷射束加熱溫度高及冷卻速度快的特點在鈦合金表面製備奈米晶增強複合塗層，將奈米材料優異的耐磨性與金屬材料的高塑性及韌性有機結合，可大幅度提高鈦合金的使用壽命。將適量 Co 加入雷射熔覆塗層中，塗層將具有高硬度、耐蝕、耐磨及耐熱等特點。Sb 對 Co 基雷射熔覆塗層的奈米化過程，是利用 Sb 在雷射熔池中原位生成諸如 CoSb 等奈米顆粒來抑製晶化相長大過程，也是大量奈米晶生成過程。且 CoSb 奈米晶在高溫熔池中具有極高的擴散率，易引發晶格畸變，使雷射熔覆層發生非晶化轉變。

基於上述原因，本小節提出一種能夠增強鈦合金表面硬度的材料超細奈米化處理的方法。將一定比例 Co-Sb-TiB$_2$ 混合粉末在冰環境下雷射熔覆於鈦合金表面，將試樣放置於塑膠容器中，塑膠容器中水剛好沒過試樣，而後將小塑膠容器放置到冰箱冷凍室中直至其中的溶液完全凝固，凝固後待熔試樣的橫截面見圖 6.26。該試樣經雷射處理後定義為冰化試樣。

圖 6.27(a) 表明，雷射熔覆處理後諸多奈米棒在冰化試樣塗層中產生。根據 Ti-B 二元相圖可知，當 B 含量小於 50％、溫度低於 2200℃時，利於產生具有奈米棒狀結構的 TiB 相。實際上，由於基材對雷射熔池強烈的稀釋作用，大量 Ti 由基材進入熔池，導致 B 在熔池中的含量小於 50％。根據圖 6.27(a) 可知，大量棒狀 TiB 在塗層中產生，可推知，熔池溫度實際上低於 2200℃。圖 6.27(b) 表明，未經冰化處理的試樣雷射熔覆塗層的組織結構較為粗化，由此推斷，該試樣的雷射熔池溫度高於 2200℃。如圖 6.27(c) 所示，大量聚集態奈米粒子在冰化試樣塗層中產生且位於奈米棒附近，可在一定程度上阻礙奈米棒生長。圖 6.27(d) 表明，有共晶組織在塗層基底處產生，實際上非晶態的合金成分與共晶非常相似，且都具有較低熔點，共晶的產生也將伴隨著大量非晶合金的產

生[11]。隨著冰加入，雷射輻射下熔池存在時間將極大縮短，當熔池冷卻速率達到熔體均勻化和臨界冷卻速度的要求時，熔池在結晶過程中就會在極高冷卻速率作用下保持液態結構而被「凍結」形成大量非晶-奈米晶相。高雷射功率也會引起熔池過熱和基材過度熔化，造成液態熔體被熔化的基材所稀釋而偏離共晶成分，使非晶合金玻璃形成能力下降。

　　□ 預制塗層

　　■ TC17 鈦合金

　　■ 冰

圖 6.26　實驗待熔試樣的橫截面

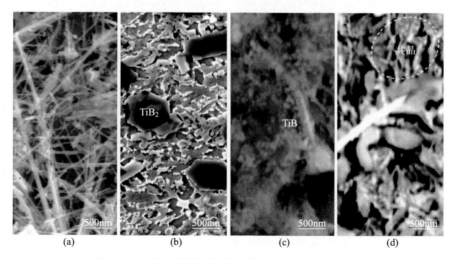

(a)　　　　(b)　　　　(c)　　　　(d)

圖 6.27　冰化試樣雷射熔覆塗層與普通試樣 SEM

　　圖 6.28(a) 表明，有孿晶在由冰化試樣塗層中部取出的金屬片中產生，表明部分原子可以獲得足夠的能量穿越勢壘，形成堆垛層錯。該圖

還表明，CoSb 與 TiB 兩相區域存在緊密接觸，且有一個大角晶界，晶界取向差 75°。此兩區域間的界面中還存在一個狹長的非晶區。實際上，在奈米晶與非晶的界面上存在較高的結合能，將在一定程度上阻礙奈米晶生長。圖 6.28(b) 高解析照片表明，奈米晶體被非晶包覆，不完整的多晶衍射環和非晶散漫暈環出現在圖 6.28(c) 的電子衍射圖譜中，表明許多非晶相剛開始發生晶相轉化，雷射熔池就已完成其結晶過程，有利於奈米晶的形成。該圖譜也表明，CoSb 多晶體是沿（101），（102），（201）及（211）面生長的。圖 6.28(d) 的 X 射線衍射圖表明，塗層表層主要包含 Co-Ti、Co-Sb 及 Ti-B 化合物，這些化合物經由高溫雷射熔池中原位合成而形成。寬漫散衍射峰出現於 $2\theta = 10° \sim 30°$，證明大量非晶相存在於該區域。

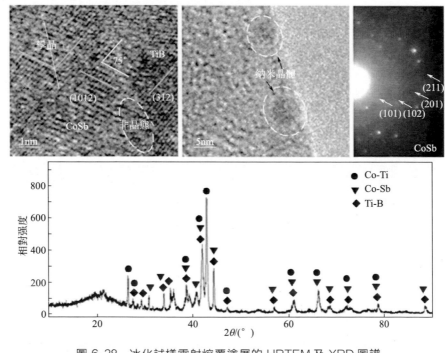

圖 6.28　冰化試樣雷射熔覆塗層的 HRTEM 及 XRD 圖譜

冰化與非冰化試樣塗層中的顯微硬度分布如圖 6.29(a) 所示。冰化試樣塗層的顯微硬度分布在 $1000 \sim 1100 HV_{0.2}$，明顯高於非冰化試樣塗層的顯微硬度，這主要歸因於其更為細化的組織結構及所產生的更多奈米晶體。

圖 6.29(b) 中該複合材料的 DTA 曲線表明三個放熱衍射峰存在，

在 200℃ 附近存在一個寬化峰，如圖中峰 1 所示，這是對應結構弛豫的放熱峰。基於雷射熔池所具有的極高冷卻速率，熔池快速冷卻後所形成的熔覆層中具有很高的非晶-奈米晶相含量，非晶-奈米晶具有能量高、內應力大的特點，所以在低於玻璃轉化溫度和晶化溫度的較低溫度退火時，塗層內部原子相對位置會發生較小變化，從而增加密度、減小應力並降低能量，向穩定的、內能較低的狀態轉變。這將引起原子分布、電子組態、化學鍵配位等的變化，也會導致原子擴散、缺陷運動及相變等。觀察證實，在 500～600℃ 出現了放熱峰 2 與峰 3，對應著非晶相的晶化峰。非晶相的晶化過程與凝固結晶過程類似，也是一個形核和長大的過程。

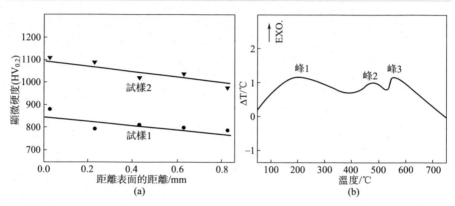

圖 6.29　冰化試樣雷射熔覆塗層與普通試樣塗層的顯微硬度分布及 DTA 曲線

　　但非晶相的晶化是一個固態反應過程，受到原子在固相中的擴散速度支配，所以晶化速度沒有凝固結晶那麼快。另一方面，非晶相比金屬熔體在結構上更接近於晶化相結構，所以晶化形核時形核勢壘中作為主要阻力相的界面能要比凝固結晶時的固/液界面能小，因而一般形核率高，這也是非晶相晶化後晶粒十分細小的一個原因。與標準的單個尖銳晶化峰相比，呈現出寬化及兩段晶化特徵。這兩個放熱峰峰值較弱且寬化，因此非晶相的含量比較低，並且其晶化過程受到奈米晶相的影響。引起放熱峰寬化的原因是奈米晶相與非晶相混合分布，非晶相在晶化成晶體的過程中，其形核與長大受到已存在的奈米晶阻礙，即奈米晶相對於非晶來說是穩定的，非晶相在晶化長大過程中遇到奈米晶相抑製不能自由長大，必須繞開這些類似釘扎作用的奈米晶相，因此需要更多能量，整體上使晶化峰表現為寬化特徵。

　　另外，從圖 6.29 中還可以看出，與普通的單純非晶不同，放熱峰不但較為寬化，而且呈現出兩個晶化峰特徵，造成這種現象的一個重要原

因是所形成的非晶不是均勻單一的非晶。分析可知，非晶相不僅在色澤上有所不同，且在成分上也存有差異，在晶化過程中易引發晶化溫度偏移，故呈兩段晶化特徵，這也是成分偏差引起晶化溫度的變化。從熱力學角度來看，只有過冷熔體的溫度低於晶化溫度時，非晶態的自由能值最低。此時，原子擴散能力幾乎為零，形成非晶的可能性也最大。但如果冷卻速度過低，原子的擴散能力依然很大，而實際的結晶溫度遠遠大於晶化溫度，其結果就是結晶占據優勢，形成穩定的晶體。在冷卻速度較高時，凝固是在晶化溫度附近發生的，此時在熔體的局部微區內會形成奈米晶相，但在冷卻速度較高的條件下，非晶相的形成阻止了過冷熔體中已形成的奈米晶繼續生長，從而形成了非晶-奈米晶共存的狀態。

與熔體急冷製備方式相比較，雷射製備非晶-奈米化複合材料的突出優點是它能夠在不規則的大尺寸工件表面形成與基材成分不同的非晶-奈米化複合材料。用雷射製備非晶-奈米化複合材料與熔體急冷非晶化在原理上是相同的，不同點是急冷過程發生於均勻熔體中，雷射非晶化則是一個急速熔化和凝固的過程，如果擴散程度不夠且無法均勻冷卻，則可能會存在較大的濃度起伏，造成成分不均，進而影響非晶相、奈米晶相的形成。在雷射製備非晶-奈米化複合材料時，可透過調節合金成分，調整雷射熔覆工藝控制外延生長速度實現非晶-奈米晶複合材料的形成。

6.3.3　含 Ta 陶瓷改性複合材料

TaC 陶瓷相也會對雷射熔覆層的組織性能產生極大影響。當在 TC4 鈦合金表面採用 3kW 功率雷射，雷射光斑直徑 6mm，掃描速度 5mm/s，雷射熔覆 NiCrBSi 時，可形成如圖 6.30 所示塗層。該塗層組織結構較為緻密，且無明顯裂紋及氣孔產生。採用同樣的工藝參數在 TC4 鈦合金表面雷射熔覆 NiCrBSi-5％TaC 混合粉末也可生成複合塗層。TC4 鈦合金表面 NiCrBSi 複合塗層與 NiCrBSi-TaC 複合塗層相組成見圖 6.31。XRD 圖譜表明，由於雷射輻射導致基材的部分熔化，大量 Ti 由基材進入雷射熔池形成富 Ti 熔池；高溫條件下，Ti 可與熔池中的 Ni、C、B 等元素發生化學反應，因此 NiCrBSi 雷射熔覆層主要由 TiNi、Ti_2Ni、TiC、TiB_2 及 TiB 組成。伴隨 5％TaC 加入，衍射峰形態並未與之前發生太大變化，但有新峰出現在 $2\theta = 40.4788°$、$73.4492°$、$87.4208°$，依據 JCDPS 卡，這些峰值都對應 TaC。

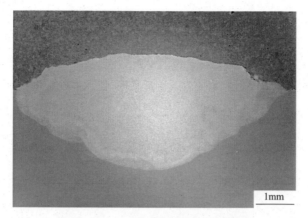

圖 6.30　NiCrBSi 雷射熔覆層組織

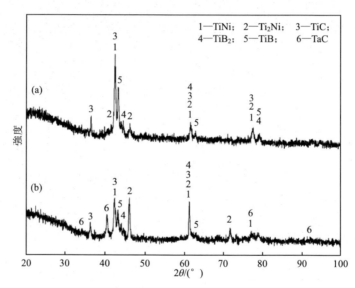

圖 6.31　NiCrBSi 與 NiCrBSi-5%TaC 雷射熔覆塗層相組成

　　雷射熔覆 NiCrBSi 和不同含量 TaC，可形成 TiNi/Ti$_2$Ni 基複合材料，該材料具有極強的耐高溫氧化特性。不同 TaC 含量將對複合材料的組織結構產生重要影響。圖 6.32(a) 表明有大量灰色的樹枝晶與黑色的塊狀晶作為強化相彌散分布在塗層中。圖 6.32(b)～(d) 表明，隨著 TaC 含量增加，黑色塊狀晶的含量逐漸減少，取而代之的是一些白色針狀和灰色的枝狀晶。

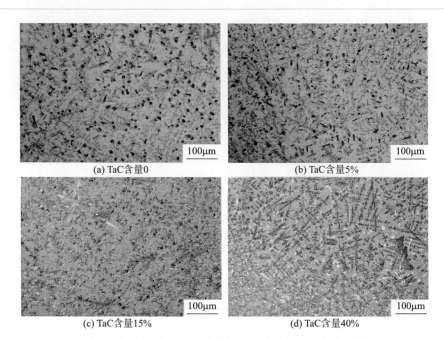

(a) TaC含量0 (b) TaC含量5%

(c) TaC含量15% (d) TaC含量40%

圖 6.32　NiCrBSi 不同含量 TaC 雷射熔覆層組織形態

　　表 6.3 為圖 6.33 中各點的 EDS 分析結果，據表可知點 1 和點 2 處富含 Ti 與 Ni 元素，推測主要為 Ti-Ni 基底固溶體；點 3 樹枝晶處則主要包含 Ti、C 元素，可知為 TiC 相；點 4 和點 5 處則主要包含 Ti、B 元素，推知為 TiB 相；點 6 和點 7 處同樣富含 Ti、Ni 元素，推測主要為 Ti-Ni 基底固溶體；點 8 處主要包含 Ti、C 和小部分 Ta，推知為 TiC 固溶體；點 9 和點 10 處則包含大量 Ti、B、C 和小部分 Ta，可知點 9 和點 10 處主要包含 Ti-B 和 TaC 相。

表 6.3　各點 EDS 分析結果（原子百分數）　　單位：%

位置	Ti	B	C	Ni	Al	Si	V	Cr	Ta
1	44.24	—	1.62	43.91	4.15	0.51	0.34	5.23	—
2	48.41	—	3.84	28.46	5.59	4.74	1.37	7.59	—
3	69.42	—	30.58	—	—	—	—	—	—
4	15.47	84.53	—	—	—	—	—	—	—
5	18.18	69.96	11.86	—	—	—	—	—	—
6	39.66	—	2.56	43.06	8.98	—	0.56	5.18	—

續表

位置	Ti	B	C	Ni	Al	Si	V	Cr	Ta
7	41.06	—	4.87	28.43	6.26	—	2.73	16.65	—
8	56.02	—	42.84	—	—	—	—	—	1.14
9	16.94	78.21	3.53	—	—	—	—	—	1.32
10	18.19	62.92	17.35	—	—	—	—	—	1.54

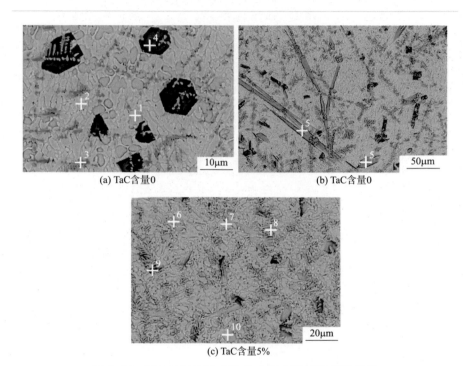

(a) TaC含量0　　　　　　　(b) TaC含量0

(c) TaC含量5%

圖 6.33　NiCrBSi 不同含量 TaC 雷射熔覆層組織形態

　　圖 6.34 為待熔 TaC 粉末的 SEM，平均尺寸 0.5μm，而相同尺寸的析出物卻未在塗層中被觀察到，故推測 TaC 已在高溫雷射熔池中完全熔化，由於 TaC 具有極高的熔點（約 3880℃），因此 TaC 在熔池的高速冷卻過程中首先形核；之後，如 TiC、TiB、TiB$_2$ 等就會在 TaC 表面析出並生長，從而形成 TiC、TiB、TiB$_2$ 固溶體；TaC 並未隨著其加入而在塗層中被觀察到，推測為基材熔化的原因。由於基材對熔池強烈的稀釋作用，極大降低了 Ta 在熔池中的聚集程度。在熔池的冷卻凝固過程中，TaC 將會首先在熔池中的富 Ta、C 處形核，而它的生長形態則主要取決

於 Ta 和 C 處的原子擴散情況。TaC 生長速率將因 Ta 集中程度下降而被顯著抑製；伴隨熔池溫度下降，TiC、TiB、TiB$_2$ 將在 TaC 表面析出[12]。由於熔池中存在大量 Ti，最初形成的 TaC 將具有非常小的形態，而後則成為析出相核心。由於 TiC、TiB、TiB$_2$ 等相包覆，在塗層中很難直接觀察到 TaC 存在。TaC 更多是作為一個細質形核點存在，利於塗層組織結構細化。

圖 6.34　TaC 粉末 SEM

800℃時，不同 TaC 含量 TC4 表面塗層的氧化增重曲線見圖 6.35。分析可知，伴隨氧化時間增加，所有試樣的曲線都呈上漲趨勢；而雷射熔覆處理試樣的氧化增重明顯低於單純基材的氧化增重，這表明雷射熔

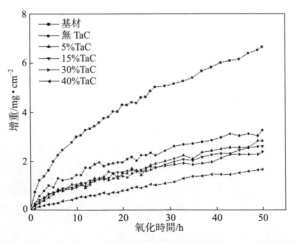

圖 6.35　TC4 基材及其表面雷射熔化塗層的氧化增重曲線

覆塗層可有效改善基材的抗高溫氧化性。另外，TaC 含量也將在很大程度上影響高溫氧化增重。對於沒有添加 TaC 的試樣，其氧化增重明顯高於 TaC 含量介於 5％～30％的試樣；TaC 含量 5％～30％試樣的高溫氧化增重則無特別明顯差異；當 TaC 含量達到 40％時，試樣的增重則明顯下降。可見，TaC 可有效改善鈦合金基材雷射熔覆塗層的高溫氧化功能。據圖 6.35 數據分析可知，試樣的高溫氧化過程均可明顯地分為兩個階段，一是急速的氧化階段，二是緩慢的高溫氧化階段。在第一階段，因整個試樣都暴露在空氣中，試樣有一個急速的高溫氧化階段；當第一階段完成，開始第二個緩慢氧化階段後，由於此時試樣表面已經產生緻密的氧化膜，所以此階段的氧化過程就會相對緩慢。

我們可以發現，試樣的氧化增重在第一階段呈線性成長趨勢，而在第二個階段就開始遵循各自的拋物線法則，兩個階段的氧化增重曲線可以表述為如下兩個公式

$$\Delta W_1 = k_1 t$$

$$(\Delta W_2)^2 = k_2 t$$

式中，t 為氧化時間，k_1 和 k_2 是在兩個不同階段的恆定增重速率，其對應的曲線如圖 6.36 所示，據圖可知，這些試樣的增重在氧化的第一階段是非常不同的，伴隨 TaC 含量增加，其氧化增重呈現一個明顯的下降趨勢。為了揭示這些試樣的氧化機製，XRD 被用來判定這些試樣表面的相組成。結果表明，氧化試驗結束後，這些氧化膜的相組成都非常接近。據 JCPDS 卡判定，這些氧化膜主要由 TiO_2 組成，由於 TaC 加入，TiO_2 峰值（$2\theta = 40.4788°$）呈成長趨勢。

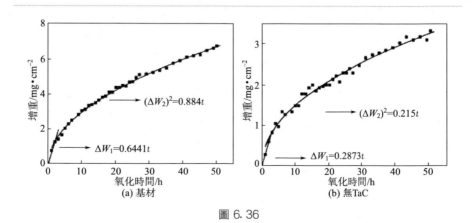

圖 6.36

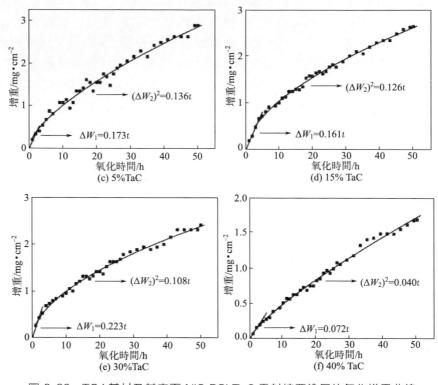

圖 6.36　TC4 基材及其表面 NiCrBSi-TaC 雷射熔覆塗層的氧化增重曲線

　　圖 6.37 的 X 射線衍射圖還表明，TaC 加入可以增加 Ta_2O_5 在氧化膜中的含量。氧化膜中的相組成與基材及未經氧化處理的塗層有很大區別；TiO_2 氧化膜中包含的其他合金元素卻不能在 X 射線圖譜中找到，這主要歸因於這些元素氧化物在塗層中含量過低。

　　XPS 被用來進一步分析不同試樣表面氧化膜的元素組成。圖 6.38 表明未添加 TaC 的試樣表面其氧化膜主要由 O、Ti、Al 組成，而 Ni、Cr、Si 元素也同樣在塗層中被檢測到，可以推斷，氧化膜主要是由這些元素的氧化物組成。

　　圖 6.39 為添加了 40％TaC 的塗層氧化膜的 XPS 與不包含 TaC 的塗層氧化膜做比較，這兩個氧化膜的 XPS 圖非常接近。由於 TaC 加入，Ta 峰值出現在氧化膜的 XPS 圖譜中，見圖 6.39(a)；如圖 6.39(b) 所示，Ta_2O_5 與 TaC 峰值分別出現在含有 Ta 化學元素化合物的衍射峰中，該類化合物主要包含 Ta_2O_5 與 TaC。Ta_2O_5 的產生是由於 TaC 在雷射熔池中發生分解後，Ta 在高溫中被氧化而形成的；而有部分 TaC 在熔池中

未發生分解，凝固後就保留於雷射熔覆塗層中，導致 TaC 衍射峰出現。

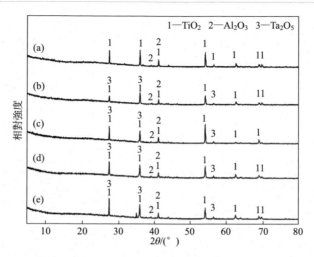

圖 6.37　TC4 表面雷射熔化塗層氧化物 XRD

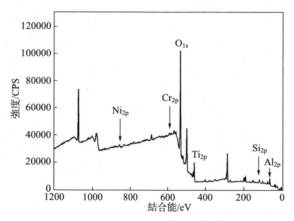

圖 6.38　TC4 雷射熔覆塗層 XPS

可見，在 TC4 鈦合金上雷射熔覆 NiCrBSi 或 NiCrBSi 與不同質量比例 TaC，可形成 TiN/Ti$_2$Ni 基複合塗層。該類複合塗層在高溫環境下會發生氧化，氧化過程包含急速與緩慢兩個氧化過程，TaC 增強 NiCrBSi 雷射複合塗層的被氧化速率明顯低於基材的，隨著 TaC 含量增加，氧化速率越來越慢。當氧化試驗完成後，包含 TaC 塗層主要由 TiO$_2$ 組成，且包含少量 Al$_2$O$_3$、NiO、Cr$_2$O$_3$、SiO$_2$；隨著 TaC 加入，TaC 與 Ta$_2$O$_5$ 相也產生於塗層中；由於 TaC 與 Ta$_2$O$_5$ 作用，塗層氧化性進一步提升。

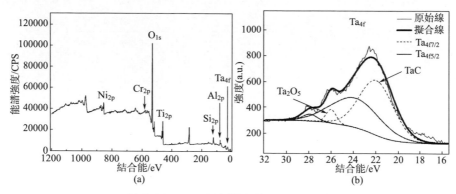

圖 6.39　TC4 雷射熔覆塗層 XPS 圖譜

參考文獻

[1] Li J N, Gong S L. Physical properties and microstructural performance of Sn modified laser amorphous-nanocrystals reinforced coating[J]. Physica E: Low-dimensional Systems and Nanostructures, 2013, 47: 193-196.

[2] Li J N, Chen C Z, He Q S. Influence of Cu on microstructure and wear resistance of TiC/TiB/TiN reinforced composite coating fabricated by laser cladding [J]. Materials Chemistry and Physics, 2012, 133 (2-3): 741-745.

[3] Weng F, Yu H J, Chen C Z, et al. Microstructures and wear properties of laser cladding Co-based composite coatings on Ti-6Al-4V[J]. Materials and Design, 2015, 80: 174-181.

[4] Xu P Q, Tang X H, Yao S, et al. Effect of Y_2O_3 addition on microstructure of Ni-based alloy + Y_2O_3/substrate laser clad [J]. Journal of Materials Processing Technology, 2008, 208 (1-3): 549-555.

[5] Wang Y F, Lu Q L, Xiao L J, et al. Laser Cladding Fe-Cr-Si-P Amorphous Coatings on 304L Stainless [J]. Rare Metal Materials and Engineering, 2014, 43 (2): 274-277.

[6] 李嘉寧, 鞏水利, 王娟, 等. Cu 對 TA15-2 鈦合金表面 Stellite12 基雷射合金化塗層組織結構及耐磨性的影響[J]. 金屬學報, 2014, 50 (5): 547-554.

[7] Gu D D, Hagedorn Y, Meiners W, et al. Nanocrystalline TiC reinforced Ti matrix bulk-form nanocomposites by Selective Laser Melting (SLM): Densification, growth mechanism and wear behavior[J]. Composites Science and Technology, 2011, 71 (13): 1612-1620.

[8] Wang J, Li J L, Li H, et al. Friction and wear properties of amorphous and nanocrystalline Ta-Ag films at elevated temperatures as function of working pressure [J]. Surface and Coatings Technology, 2018, 353: 135-147.

[9] Li J N, Gong S L, Shi Y N, et al. Microstructure and physical properties of laser Zn modified amorphous-nanocrystalline coating on a titanium alloy[J]. Physica E: Low-dimensional Systems and Nanostructures, 2014, 56: 296-300.

[10] Li J N, Gong S L, Sun M, et al. Effect of Sb on physical properties and microstructures of laser nano/amorphous-composite film [J]. Physica B: Condensed Matter, 2013, 428: 73-77.

[11] Li J N, Liu K G, Gong S L, et al. Physical properties and microstructures of nanocrystals reinforced ice laser 3D print layer[J]. Physica E: Low-dimensional Systems and Nanostructures, 2015, 66: 317-320.

[12] Lyu Y H, Li J, Tao Y.F, et al. Oxidation behaviors of the TiNi/Ti$_2$Ni matrix composite coatings with different contents of TaC addition fabricated on Ti6Al4V by laser cladding[J]. Journal of Alloys and Compounds, 2016, 679: 202-212.

第 6 章　金屬元素雷射改性複合材料

第7章

雷射熔覆及
增材製造
技術的應用

7.1 模具雷射熔覆增材

　　模具是工業生產的基礎工藝裝備，在電子、汽車、電機、電器、儀表、家電和通訊等產品中，60％～80％的零部件都要依靠模具成形。模具的種類很多，按照用途的不同，大致可分為四大類：冷作模具、熱作模具、注塑模具、其他模具。模具零件在服役過程中產生了過量變形、斷裂破壞和表面損傷等現象後，將喪失原有的功能，達不到預期的要求，或者變得不安全可靠，以致不能繼續正常工作，這些現象統稱為模具失效。模具的基本失效形式主要有斷裂及開裂、磨損、疲勞、變形、腐蝕。

　　隨著模具工業的發展，對其性能要求越來越苛刻，模具壽命問題日益突出。常規熱處理使模具基體獲得良好的強韌性之後，採用表面強化技術，再賦予模具表面高強度、高硬度、耐磨、耐蝕、耐熱和抗咬合等超強性能，可延長模具壽命數倍至數十倍。利用雷射熔覆技術可以在低成本的金屬基體上製成高性能的表面，從而代替大量的高級合金，以節約貴重、稀有的金屬材料，提高基材的性能，降低能源消耗，非常適於局部易受磨損、衝擊、腐蝕及氧化的模具再製造中，具有廣闊的發展空間和應用前景。

　　在模具上應用雷射熔覆處理可以改善模具的表面硬度、耐磨性、耐硬性、高溫硬度、抗熱疲勞等性能，從而不同程度上提高了模具的使用壽命。如在軋鋼機導向板上雷射熔覆高溫耐磨塗層，與普通碳鋼導向板相比其壽命提高了4倍以上；與整體4Cr5MoV1Si導向板相比軋鋼能力提高1倍以上，減少了停機時間，提高了產品的產量和質量，降低了生產成本等。模具雷射熔覆前後狀態如圖7.1所示。

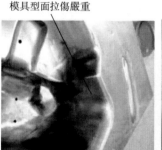

模具型面拉傷嚴重　　　　　　　　　製件拉毛開裂

(a) 雷射熔覆前模具型面狀態　　　(b) 雷射熔覆前製件開裂狀態

圖 7.1

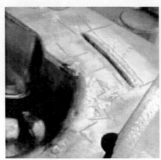

(c) 雷射熔覆後研配前凹模狀態　　(d) 雷射熔覆後研配前凸模狀態

圖 7.1　模具雷射熔覆前後狀態

(1) 冷作模具的雷射熔覆

冷作模具零件一旦被磨損，耐用度降低。表 7.1 所列是某廠在生產中所積累的經驗數據，即冷沖模在正常情況下的平均耐用度情況。

表 7.1　冷沖模的平均耐用度　　　　單位：件/每刃磨一次

工件材料	模具材料	工件材料厚度/mm	
		3~6	<3
35、45 （硬鋼）	T10A	4000~6000	6000~8000
	Cr12MoV	8000~10000	10000~12000
20、Q345(16Mn) （中硬鋼）	T10A	8000~12000	12000~16000
	Cr12MoV	18000~22000	22000~26000
08、10 （軟鋼）	T10A	12000~18000	18000~22000
	Cr12MoV	22000~24000	24000~30000

冷沖模在經過表 7.1 所列數據的生產後，應及時對沖模零件進行修磨。若超過表列數據，其結果是磨損量越來越大，從而降低了模具使用壽命，這樣做是極不經濟的。

① Cr12 冷作模具鋼的雷射熔覆　Cr12 是應用廣泛的冷作模具鋼，具有高強度、較好的淬透性和良好的耐磨性，但衝擊韌性差，主要用作承受衝擊負荷較小、要求高耐磨的冷沖模及沖頭、冷切剪刀、鑽套、量規、拉絲模、壓印模、搓絲板、拉延模和螺紋滾模等。

Cr12 原始材料（熱軋退火）硬度約為 HRC20。首先對試驗用基材 Cr12 模具鋼進行熱處理，980℃焠火，400℃回火 6h，硬度為 HRC58，達到一般模具使用要求。然後對基體用砂紙除銹，用丙酮清洗乾淨，對

熔覆面進行噴砂處理。如果對基體試樣材料表面進行預處理不嚴格，將極易導致預置層或熔覆層產生裂紋、起泡或剝落等。進行噴砂處理還可以明顯提高預置塗層和熔覆層與基體的結合，提高熔覆質量。熔覆材料選用合金粉末 Ni45、Fe310 和 Fe901，粒度為 140～320 目，使用黏結劑 5％的乙酸纖維素和丙酮，將合金粉末塗覆在基體待熔覆表面。Cr12 基材與熔覆材料化學成分見表 7.2。

表 7.2　Cr12 基體與熔覆材料的化學成分　單位：％（質量分數）

材料	化學元素						
	Cr	C	B	Si	Ni	Fe	Mn
Ni45 粉末	15	0.7	3	3.5	餘量	11	—
Fe901 粉末	13	—	16	1.2	—	餘量	—
Fe310 粉末	15	0.2	1	1	—	餘量	—
Cr12 基體	11.5～13.0	2.00～2.30	—	≤0.40	—	—	≤0.40

試驗使用 5kW 級 CO_2 雷射器、多維數控操作臺，氬氣保護。經過多次試驗，確定單層熔覆層厚度不超過 1.5mm，光斑 3.5mm×5mm，搭接率 40％。鎳基合金粉末熔覆層採用功率 1800W、掃描速度 240mm/min，鐵基合金粉末熔覆層採用功率 2000W、掃描速度 200mm/min。必須待有黏結劑的預置塗層完全乾燥後方可進行熔覆，否則會出現氣孔等缺陷，影響熔覆質量。由於大功率一次性熔覆會使熔覆層各道熔池所含合金含量有較明顯差異，造成凝固後熔覆層表面粗糙度較大（尤其是預置塗層較厚時），為進一步改善熔覆層表面質量，在正式熔覆前可進行預熱掃描。

熔覆層材料與基體的磨損量如圖 7.2 所示，熔覆層與基體的硬度對比見表 7.3。Ni45 熔覆層與 Cr12 焠火基體的硬度較接近，但耐磨性提高 1 倍多，兩種鐵基熔覆層硬度均為 HRC54，低於焠火基體，但是磨損量差別非常明顯。

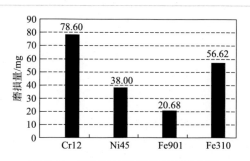

圖 7.2　熔覆層材料與基體的磨損量

表 7.3 熔覆層與基體的硬度對比

材料	平均硬度(HRC)
鐵基 Fe901 熔覆層	54
鐵基 Fe310 熔覆層	54
鎳基 Ni45 熔覆層	57
Cr12 鋼基體	58

② Cr12MoV 冷作模具鋼的雷射熔覆 Cr12MoV 冷作模具鋼具有淬透性好、熱焠火變形小及耐磨性好等優點。少量的 Mo、V 合金元素的加入，使材料具有良好的熱加工性能和高衝擊韌性，因此 Cr12MoV 鋼多用於製造高耐磨性及形狀複雜的冷作模具等工具，如冷切剪刀、切邊模、量規、拉絲模、螺紋滾模以及要求高耐磨的冷沖模及沖頭等模具。在模具使用過程中，除了受到力與熱的衝擊外，模具表面還與坯料間存在劇烈的摩擦作用，因此 Cr12MoV 模具鋼在使用過程中存在失效快、耐磨性低等情況，下面為 Cr12MoV 冷作模具鋼雷射熔覆實例。

基體材料為經過鍛造加工的 Cr12MoV，調質態，硬度為 35～40HRC，熔覆前對基體材料進行磨光，並用酒精清洗。選用自熔性合金粉末 PHNi-60A，粉末尺寸為 40～60μm，採用預置方式將粉末塗覆在基體表面，熔覆前在電阻爐內進行烘乾，120℃烘乾 2h 待用。Cr12MoV 鋼基體及熔覆材料的化學成分見表 7.4。

表 7.4 Cr12MoV 鋼基體、PHNi-60A 粉末的化學成分

單位:%（質量分數）

材料	化學成分								
	Ni	Cr	B	Si	Fe	C	Mn	V	Mo
Cr12MoV	≤0.25	11.0～12.5	—	≤0.40	—	1.45～1.70	≤0.40	0.15～0.30	0.40～0.60
PHNi-60A	餘量	15～20	3.0～5.0	3.5～5.5	＜5	0.5～1.1	—	—	—

用 5kW 橫流連續 CO_2 雷射器及配套的數控導光系統進行雷射熔覆，額定輸出功率為 2kW，離焦量為 40mm，掃描速度為 6mm/s，光斑直徑為 4mm，熔覆過程加氫氣保護以防止樣品氧化，熔覆後可進行保溫緩冷。不同熔覆工藝條件下熔覆層的耐磨性見表 7.5。

表 7.5　不同熔覆工藝條件下熔覆層的耐磨性

工藝	絕對磨損量/mg	相對耐磨性
400W 兩次預熱,1100W 熔覆	11.2	3.52
400W 兩次預熱,1100W 熔覆＋200℃×2h,空冷回火	13.6	2.90
700W 兩次預熱,1100W 熔覆	13.1	3.01
700W 兩次預熱,1100 熔覆＋200℃×2h,空冷回火	11.9	3.31
1100W 熔覆	11.4	3.46
1100W 熔覆 200℃×2h,空冷回火	9.8	4.02

(2) 熱作模具雷射熔覆

熱作模具鋼包括錘鍛模、熱擠壓模和壓鑄模 3 類,對硬度要求適當,側重於紅硬性,導熱性,耐磨性。熱作模具工作條件的主要特點是與熱態金屬相接觸,這是與冷作模具工作條件的主要區別。因此會帶來以下兩方面的問題。

一是模腔表層金屬受熱。錘鍛模工作時模腔表面溫度可達 300～400℃,熱擠壓模可達 500～800℃,壓鑄模模腔溫度與壓鑄材料種類及澆注溫度有關。如壓鑄黑色金屬時模腔溫度可達 1000℃ 以上。這樣高的使用溫度會使模腔表面硬度和強度顯著降低,在使用中易發生打垛。為此,對熱作模具鋼的基本使用性能要求是熱塑變抗力高,包括高溫硬度和高溫強度、高的熱塑變抗力,實際上反映了鋼的高回火穩定性。由此便可找到熱作模具鋼合金化的第一種途徑,即加入 Cr、W、Si 等合金元素可提高鋼的回火穩定性。

二是模腔表層金屬產生熱疲勞 (龜裂)。熱作模具的工作特點是具有間歇性,每次熱態金屬成形後都要用水、油、空氣等介質冷卻模腔的表面。因此,熱作模具的工作狀態是反覆受熱和冷卻,從而使模腔表層金屬產生反覆的熱脹冷縮,即反覆承受拉壓應力作用。其結果引起模腔表面出現龜裂,稱為熱疲勞現象,由此,對熱作模具鋼提出了第二個基本使用性能要求,即具有高的熱疲勞抗力。

① H13 鋼雷射熔覆 Co 基合金　在諸多種類的熱作模具鋼中,H13 鋼是目前世界範圍內應用較為廣泛的熱作模具鋼。H13 鋼主要含 Cr、Mo、V 等合金元素,具有良好的熱強性、紅硬性、較高的韌性和抗熱疲勞性能,故被用於鋁合金的熱擠壓模和壓鑄模。H13 鋼主要的失效形式為熱磨損 (熔損) 和熱疲勞,因此要求表面具有高硬度、耐蝕、抗黏結等性能[1]。

基體材料 H13 鋼經焠火及回火處理,組織為回火索氏體,試樣尺寸

為 30mm×50mm×10mm。雷射熔覆用 Stellite X-40 鈷基合金粉末為工業純度，平均粒度為 43～104μm，H13 鋼及 Stellite X-40 鈷基合金粉末化學成分見表 7.6。

表 7.6　H13 鋼及 Stellite X-40 鈷基合金粉末的化學成分

單位：%（質量分數）

材料	C	Si	Mn	Cr	Mo	V	Fe	Ni	Co
H13 鋼	0.32～0.45	0.80～1.20	0.20～0.50	4.75～5.50	1.10～1.75	0.80～1.20	餘量	—	—
Stellite X-40	0.85	0.30	0.30	25.0	—	—	1.0	10.0	餘量

H13 基體表面經 600 號 SiC 金相砂紙研磨、噴砂、脫脂及清洗乾燥後，用黏結劑將 Stellite X-40 鈷基合金粉末調製成糊狀，均勻地塗於待處理試樣的表面，預置合金粉末層厚度為 0.5mm，經 120℃烘乾 2h。採用 TJ-HL-2000 橫流 CO_2 連續雷射器進行雷射熔覆處理，工藝參數為輸出功率 1500W，光斑直徑 2.5mm，焦距 300mm，掃描速度 2.5～10mm/s。依據生產實際情況，熔覆過程中無氣體保護。

表 7.7 為 H13 基體及雷射熔覆樣品的磨損率，Stellite X-40 鈷基合金雷射熔覆層與 H13 鋼基材相比，由於硬質碳化物 Co_6W_6C、CoC_x 及金屬間化合物 σ-CrCo 等第二相強化和雷射熔覆的細晶強化、固溶強化，使得熔覆層的相對耐磨性提高約 2.6 倍。

表 7.7　H13 鋼及熔覆層的磨損率

材料	磨損率 $G/(10^{-6}\text{g} \cdot \text{N}^{-1} \cdot \text{m}^{-1})$
H13 鋼	9.04
Stellite X-40 熔覆層	3.42

圖 7.3 為 H13 鋼基材及雷射熔覆樣品在脫模劑介質中 23℃時的電化學陽極極化曲線，可以看出，與基材 H13 鋼相比，雷射熔覆 Stellite X-40 鈷基合金的耐蝕性能明顯提高，在同一電位條件下，Stellite X-40 鈷基合金雷射熔覆樣品的腐蝕電流比基材 H13 鋼減小 4 個數量級。這是由於熔覆層中富含大量的 Co、Cr 及 Ni 等合金元素，使腐蝕的動力學阻力因素增大，從而有利於提高塗層的抗腐蝕性能。

② H13 鋼雷射熔覆 Ni 基合金　所選模具為軋鋼機導向板，材料為 H13 鋼（4Cr5MoV1Si），承受溫度達 800～1000℃的扁鋼坯的擠壓和磨損，失效方式為工作部位的磨損造成扁鋼尺寸偏差。熔覆材料選用高溫耐磨粉末，由 Ni 基高溫合金和 $WC+W_2C$ 粒子組成，粉末粒度 200～

300 目，成分：Cr 為 4％～6％，Co 為 7％～10％，Fe＋Mo＋Ti＋Al＜12％，WC＋W$_2$C 為 30％，餘量 Ni。

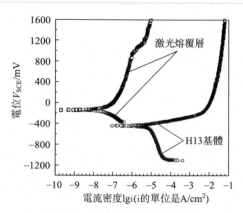

圖 7.3　電化學陽極極化曲線

雷射光路系統：使用 2kW 橫流 CO_2 雷射器，雷射經砷化鎵透鏡（$f=$ 300mm）聚焦，熔池位於離焦量 500mm 處，光束直徑 5mm。

送粉系統：包括 1 個鼓輪式送粉器和內徑 3mm 輸粉銅管，粉末由載粉氣體（氬氣）從銅管直接送到熔池。在試驗裝置中，有 3 個惰性氣體輸出口，1 個在載粉氣體閥門口處，1 個在送粉管口處，其作用是保護熔池減少氧化，還有 1 個在雷射器的鏡筒處，它不但有保護熔池作用，還保護鏡片在熔覆時免受烟霧污染。

在雷射工藝參數 $P=1500W$，送粉量 10g/min，送粉管端部距離熔池距離為 15mm，試件運行速度 3mm/s 條件下，試件熔覆一道後，橫向移動 2mm 再進行第二道熔覆，依次熔覆後最終得到多道搭接的熔覆層，厚度平均 0.9mm。

分別測定熔覆層在 600℃、800℃、950℃和 1050℃下的高溫維氏硬度，在 600℃時硬度最高。這是由於固溶在 γ 相中的 W、Cr、Mo、Al 等元素以碳化物形式析出造成二次硬化。在 800℃時，熔覆層硬度仍達到 HV400 以上，在 950℃時，硬度值 HV100～200。可見，在高溫下熔覆層仍有很高的強硬性，是較理想的高溫模具耐磨塗層。

③ 航空發動機製件熱作鍛模具的雷射熔覆　基材係貴航集團某廠提供的報廢高溫鍛壓模具，牌號 4Cr5W2SiV，化學成分（質量分數，％）為 C0.32～0.42、Si0.80～1.20、Mn≤0.04、Cr4.50～5.50、W1.60～2.40、V0.60～1.00、P≤0.30、S≤0.30、餘量 Fe。熔覆層粉末為鐵基合金粉末，粒度 36～74μm。

　　試樣採用鉬絲線切割，試樣尺寸 70mm×20mm×25mm，使用前用 400 號金相砂紙打磨表面，再用丙酮清洗備用。寬帶雷射熔覆試驗採用 TJ-HL-T5000 型 5kW 的 CO_2 雷射器，雷射輸出光束為多階模，輸出功率 $P=3500\text{W}$，掃描速度 $v=2\text{mm/s}$，光斑尺寸 $D=15\text{mm}×2\text{mm}$，焦距 $f=315\text{mm}$，在基材表面預置粉末，厚度約 1.5mm，雷射在預置粉末上進行單道掃描，所形成的熔覆層厚度約為 1mm。

　　結合界面的掃描電鏡（SEM）形貌如圖 7.4 所示，可見從結合區到熔覆層組織過渡良好，這樣的組織也表明熔覆粉末材料與基體材料之間有著良好的相容性，可使雷射熔覆修復後的模具在重新投入服役時，不會因為在結合界面局部區域存在裂紋而過早造成應力集中，進而引起模具再次報廢，這種結果可以保證熔覆層與基體之間不會出現開裂現象。

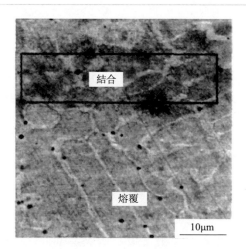

圖 7.4　結合界面 SEM 形貌

（3）注塑模具雷射熔覆

　　注塑模具在使用過程中由於長時間受到高溫、高壓、應力等複雜因素的影響，模具往往會出現形狀變化、尺寸超差等問題，基本失效形式表現為：表面磨損和腐蝕、斷裂、變形和模具的意外損壞。

　　隨著中國塑膠製品產量的增加，注塑模具的使用量也不斷增加，對模具壽命和質量的要求也不斷提高。運用雷射熔覆再製造技術對失效注塑模具進行修復，能提高模具的壽命週期、節約資源、降低成本。

　　P20 注塑模具鋼的熱處理狀態為調質，化學成分見表 7.8。試驗前對表面進行磨拋去銹、丙酮去油，採用一定的配比和黏結劑預置非晶的奈

米 Al_2O_3、WC、TiC 等陶瓷硬質顆粒熔覆塗料，成分見表 7.9。然後進行雷射熔覆，試驗採用 7kW CO_2 橫流雷射器，光斑面積為 4mm×6mm，光斑區域中雷射能量均勻分布，雷射功率 1.6～2kW，掃描速度 16～25mm/s。

表 7.8　P20 鋼的化學成分　　　　單位：%（質量分數）

C	Si	Mn	Cr	Mo	Fe
0.28～0.40	0.20～0.80	0.60～1.00	1.40～2.00	0.30～0.55	餘量

表 7.9　熔覆材料成分　　　　單位：%（質量分數）

C	O	Al	Ti	Co	Cu	W
79.36	11.32	0.15	1.08	2.42	0.65	5.02

雷射熔覆冷卻速度較快，故存在較大的溫度梯度，形成的組織形態也有很大的差異。一般熔覆層的橫截面分為 4 層：熔覆層、過渡區、熱影響區和基體，如圖 7.5 所示。熔覆層上部由於散熱快，生長的樹枝（胞）晶是沿散熱方向垂直生長，厚度約為 40μm，過渡區由於散熱方向已不明顯，故為尺寸較大的胞狀晶[2]；熱影響區主要為 P20 焠火組織，為板條和針片狀馬氏體。採用 HDX-1000 數位式顯微硬度儀測量了熔覆層面的硬度，如圖 7.6 所示。熔覆層平均硬度為 $620HV_{0.2}$，比基體高 2 倍以上，整個熔覆層的厚度在 1.5mm 左右，並隨著深度的增加，熔覆層硬度較為均勻地遞減。

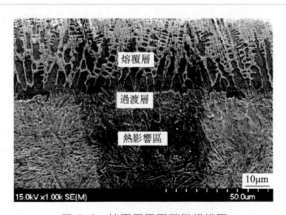

圖 7.5　熔覆層界面顯微組織圖

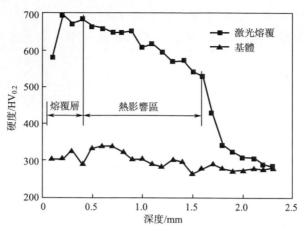

圖 7.6 熔覆層與基體的顯微硬度分布

7.2 航空結構件雷射增材製造

結合目前已有的技術成果以及航空發動機零部件的特點，增材製造技術在航空發動機中的應用主要有以下幾方面：①成形傳統工藝製造難度大的零件；②製備長生產準備週期零件，透過減少工裝，縮短製造週期，降低製造成本；③製備高成本材料零件，提高材料利用率以降低原材料成本；④高成本發動機零件維修；⑤結合拓撲優化實現減重以及提高性能（冷卻性能等）；⑥整體設計零件，增加產品可靠性；⑦異種材料增材製造；⑧發動機研製過程中的快速試製響應；⑨列印樹脂模型進行發動機模擬裝配等。對於航空發動機研製過程，增材製造技術的優勢在於能夠實現更為複雜結構零件的製造。例如，採用增材製造技術製備的發動機渦輪葉片，能夠實現十分複雜的內腔結構，這是傳統製造工藝很難實現的。對於發動機實際零件的製作主要是金屬零件的製備，包括零件鑄造和金屬零件直接列印以及構件修復。

（1）金屬零件直接成形

國外的航空發動機公司在金屬零件的直接增材製造技術應用方面做了大量研究與嘗試。其中以 SLM 成形的燃油噴嘴進展最為顯著，目前已應用於 CFM 國際公司開發的 LAEP-X 發動機並實現了首飛[3]。相較於採用傳統鍛造＋機加工＋焊接工藝生產的燃油噴嘴，採用增材製造技術

製備的燃油噴嘴減少了大量零件的焊接組裝工作，同時設計了更為複雜的內部結構提高零部件性能。該項技術被評為 2013 年全球十大突破技術之一，技術成熟度 TRL>8，已經透過 FAA 適航認證。

　　TiAl 基金屬間化合物具有低密度、高比強度、高熔點和高溫條件下優異的抗蠕變性和抗氧化性，被認為是可替代鎳基高溫合金的新型輕質高溫結構材料。TiAl 基合金傳統採用鑄錠冶金技術、精密鑄造、熱等靜壓等成形技術，但是製備過程中會出現粗大枝晶組織或成形率低等問題。採用電子束選區熔融（EBM）工藝製備 TiAl 基合金構件可以一次燒結形狀複雜的零件，而且能夠避免鑄造及熱等靜壓成形等方法存在的問題。美國 NASA、Boeing、歐洲 Airbus 等機構早在 2006 年起就投入了大量的精力開展複雜曲面 TiAl 基合金構件的電子束快速成形技術研究。意大利航空工業的 Avio 公司採用瑞典增材製造領域的 Arcam 公司所生產的電子束熔化裝備生產了 GEnx 發動機的 TiAl 低壓渦輪葉片，如圖 7.7 所示。與雷射相比較，電子束的能量更為集中，成形控制系統更靈敏，能量利用率更高，並具有更高的成形效率，尤其在高熔點金屬的快速成形方面可以填補雷射技術的空白。

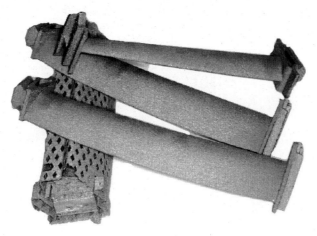

圖 7.7　低壓渦輪葉片採用 TiAl 材料替代鎳基高溫合金 [3]

　　MTU 航空發動機公司採用雷射選區熔化（SLM）技術直接製備 PW1100G-JM 齒輪傳動渦扇航空發動機的管道鏡內窺鏡套筒（圖 7.8），除可降低該零件的製造成本，增材製造技術還使得設計師在設計和製造零部件時擁有更多的選擇空間。

圖 7.8 MTU 航空發動機公司採用 SLM 技術製造管道鏡內窺鏡套筒[3]

(2) 大型複雜構件修復

在整體葉盤修復技術方面，德國弗朗恩霍夫協會與 MTU 公司合作利用雷射修復技術修復鈦合金整體葉盤，經測試修復部位的高周疲勞性能優於原始材料，圖 7.9 為 MTU 公司製定的整體葉盤修復流程圖。透過大量基礎技術研究工作，國外初步建立起整體葉盤的雷射修復裝備、技術流程和相應數據庫，推動了整體葉盤雷射修復技術的工程化應用。中國西北工業大學、中航工業北京航空製造工程研究所、北京航空航天大學、中科院金屬所均開展了整體葉盤的雷射修復技術研究工作，並取得了一定的成果。北京航空製造工程研究所採用雷射修復技術修復了某鈦合金整體葉輪的加工超差，並成功透過了試車考核。

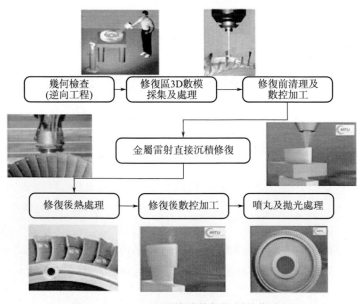

圖 7.9 MTU 公司整體葉盤雷射修復流程

（3）航空發動機零件增材製造技術的關鍵問題

要實現增材製造技術在航空發動機中的工程化應用，亟需解決原材料製備、成形工藝過程管控、成形零件質量控制、評估以及工程化標準等若干問題。

① 金屬材料　粉末材料是目前最常用的金屬類增材製造用材料。對於金屬增材製造技術來說，金屬粉末的質量顯著地影響著最終產品質量。研究表明，並非所有的金屬粉末都適用於增材製造成形。在相應的熱力學和動力學規律作用下，有些粉末的成形易伴隨球化、空隙、裂紋等缺陷。因此，需要透過分析試驗來確定航空發動機零件材料與各種增材製造技術的匹配性。由於航空發動機零部件的特殊工作環境及性能要求，一般進行增材製造所選用的粉末材料需要專門製備，價格昂貴，導致增材製造零件的材料成本較高，在一定程度上阻礙了增材製造技術在航空發動機中的應用。目前，中國增材製造所選用的粉末材料大多依賴於進口渠道，如何製備出能夠滿足發動機應用要求的低成本粉末材料，已經得到中國材料行業及增材製造領域的重視。

另外，目前中國還沒有形成成熟的評價方法或標準來判定粉末材料與增材製造工藝的適用性，增材製造用粉末的相關評價方法及指標需要進一步深入的研究與思考。中國的金屬粉末材料通常用於粉末冶金工業，針對粉末冶金工藝的技術特點，已經發展出了一套比較完善的粉末評價方法及標準，有相對比較完善的指標可用來衡量粉體材料的性能，如粒徑、比表面積、粒度分布、粉體密度、流速、鬆裝密度、孔隙率等。其中，粉末的流動性、振實密度等指標是衡量粉末冶金用粉末材料的重要指標。而增材製造工藝與粉末冶金工藝有明顯的區別，粉末材料在熱源作用下的冶金變化是極速的，成形過程中粉體材料與熱源直接作用，粉體材料沒有模具的約束以及外部持久壓力的作用。需要綜合考慮粉末製備技術、增材製造工藝以及航空發動機零件的性能要求，製定適用於航空發動機零部件增材製造的粉末材料評判準則。

② 質量控制　金屬材料增材製造技術的難點在於：金屬的熔點高，成形過程涉到固液相變、表面擴散及熱傳導等問題；雷射或電子束的快速加熱和冷卻過程容易引起零件內部較大的殘餘應力。而發動機零件對製造精度及性能等方面的要求往往高於常規零件，如尺寸精度、表面粗糙度及機械性能等。目前，增材製造技術在很多指標方面還不能完全滿足發動機零件的精度及性能需求，需要進行成形後處理或後加工，這在一定程度上阻礙了增材製造技術的推廣。要實現增材製造零件在發動機中的應用，還需解決很多關鍵工藝技術問題，實現對增材製造製件冶

金質量及力學性能的有效控制。

　　業界對增材製造過程中的常見缺陷類型及其影響因素和控制方法已做了一定研究。增材製造成形過程中，材料的熔化、凝固和冷卻都是在極快的條件下進行的，金屬本身較高的熔點以及在熔融狀態下的高化學活性，以致在成形過程中若工藝（功率波動、粉末狀態、形狀及尺寸和工藝不匹配等）或環境控制不當，容易產生各種各樣的冶金缺陷，如裂紋、氣孔、熔合不良、成分偏析、變形等。其中裂紋是最常見、破壞性最大的一種缺陷，可透過優化雷射增材製造工藝參數、成形之前預熱、成形後緩慢冷卻或熱處理、合理設計粉末成分等措施來控制裂紋的形成。當惰性氣氛加工室中的氧含量得到控制時，雷射快速成形一般不會出現裂紋，但可能會出現氣孔和熔合不良等冶金缺陷。氣孔多為規則的球形或類球形，內壁光滑，是空心粉末所包裹的氣體在熔池凝固過程中未能及時溢出所致，透過調節雷射增材製造工藝參數，延長熔池存在的時間，使氣泡從熔池中溢出的時間增加，可以有效減少氣孔的數量。熔合不良缺陷一般呈不規則狀，主要分布在各熔覆層的層間和道間，合理匹配雷射光斑大小、搭接率、Z 軸單層行程等關鍵參數能有效減少熔合不良缺陷的形成。增材製造層存在熱應力、相變應力和拘束應力，在上述應力的綜合作用下可能會導致工件變形甚至開裂，合理控制層厚並在成形前對基板進行預熱、成形後進行後熱處理，能有效減小基板熱變形和增材製造層的內應力，從而減小工件的變形。由於增材製造過程影響因素眾多，而且發動機中選用增材製造技術的零件大多結構複雜，對於特定零件特定材料的成形過程中的工藝控制方法仍需進行大量模擬及試驗工作，以確保最終零件的品質。

　　③ 熱處理/熱等靜壓工藝　對增材製造零件進行熱處理、熱等靜壓等後處理是當前金屬增材製造技術實現組織結構優化和性能提高的主要工藝手段。增材製造的成形材料呈粉末狀，透過雷射的逐行逐層掃描、燒結後，成形零件中會形成大量的孔隙，孔隙的存在將使零件的整體力學性能下降，嚴重影響增材製造零件的實際應用。透過熱等靜壓（HIP）處理，成形件中的大尺寸閉合氣孔、裂紋得以癒合，小尺寸閉合氣孔、裂紋得到有效的消除，同時晶粒發生再結晶現象，使得晶粒得到細化，組織緻密。內部裂紋修復癒合和再結晶使得成形件強度和塑性得到恢復和提升，力學性能的穩定性和可靠性也會得到提高。而透過對製件進行適當的熱處理，可以改善不同材料製件的顯微組織、力學性能和殘餘應力等。結合材料組織和力學性能表徵，針對不同的增材製造工藝製備的製件，獲取合理的熱處理/熱等靜壓製度，對航空發動機零件增材製造技

術具有十分重要的意義。

7.3 鎂合金的雷射熔覆

鎂的資源豐富，加之鎂材可以回收利用，因此鎂可謂為「用之不竭」的金屬。鎂在工程金屬中最顯著的特點是質量輕，鎂的密度為 1.738g/cm^3，約為鋼的 2/9，鋁的 2/3。同時鎂合金具有比強度、比剛度高，吸振性能好，良好的鑄造性能，尺寸穩定性高，優良的切削加工性能及良好的電磁屏蔽性等諸多優點，廣泛用於汽車、3C 產品及航空航天等領域，成為 21 世紀很有發展潛能的環保節能型材料。但鎂合金的某些性能缺陷使其應用受到很大限製。由於鎂元素是實用金屬中極活潑的金屬，標準電極電位為 2.36V，在空氣中易氧化，在表面生成疏鬆狀氧化膜，導致鎂合金的抗接觸電化學腐蝕性能較差。因此，對鎂合金進行適當的表面處理以增強其抗蝕能力，已受到海內外對鎂及鎂合金研究開發的業界人士的普遍重視。目前鎂合金所採用的表面處理措施主要有化學轉化處理、陽極氧化處理、微弧氧化、表面充填密封、物理氣相沉積、離子注入、化學鍍、電鍍、雷射表面改性等。其中雷射表面改性技術具有雷射功率密度大、加熱速度快、基體自冷速度高、輸入熱量少、工件熱變形小、可以局部加熱和加工不受外界磁場影響以及易於實現自動化操作等特點。筆者主要綜述幾種鎂合金雷射表面改性技術，根據雷射與材料表面作用時的功率密度、作用時間及方式不同，雷射表面改性技術分為雷射表面重熔、雷射表面合金化及雷射表面熔覆等。

（1）雷射表面重熔

鎂合金雷射表面重熔技術是 1980 年代發展起來的表面快速凝固技術，它主要是採用雷射大能量輸入使鎂合金表面迅速熔化，然後由於金屬基底的傳熱使其迅速凝固，表面獲得很薄的一層快速凝固組織，從而對鎂合金起到表面改性的作用。這種處理可以使表面組織晶粒細化、顯微偏析減少、生成非平衡相，進而引起表面強化包括表面及亞表層顯微硬度提高，使合金表面耐磨性和減摩性增加。J. D. Majumdar 等[4] 在保護氣環境中分別對 MEZ 和 AZ31 鎂合金材料進行了雷射表面重熔處理，證實當雷射功率為 1.5kW～3kW、掃描速度為 100～300mm/min 條件下，雷射重熔層與 MEZ 鎂合金基材實現了良好結合，無明顯氣孔和裂紋等缺陷，組織結構也較為細化緻密，基材表面的耐腐蝕及抗磨損性能均有顯著改善；雷射處理後在 AZ31 鎂合金表面獲得約 1mm 厚且組織結構

也較為細化緻密的重熔層，極大改善了 AZ31 鎂合金基材表面的耐腐蝕性能。

不過也有雷射表面重熔處理後鎂合金表面的耐蝕性未見改善的報導，如高亞麗等使用 10kW 橫流 CO_2 雷射器在真空條件下重熔處理 AZ91HP 鎂合金表面，改性層產生細晶強化，硬度提高，耐磨性和減摩性均增加，但經雷射重熔後鎂合金的表面耐蝕性有所降低，且改性層耐蝕性隨掃描速度的降低而降低，其原因為在處理過程中鎂的蒸發使熔凝層中 $\beta-Mg17A112$ 第二相增多，增加了可形成微電流的陰陽極對數，從而導致熔凝層的耐蝕性下降。採用 Nd：YAG 雷射器對 AZ91D 和 AM60B 兩種 Mg-Al-Zn 係合金進行雷射表面重熔處理，使改性層的晶粒得到細化，而耐蝕性能沒有顯著提高。以上的研究結果在一定程度上反映了鎂合金表面經過雷射重熔處理後，其改性層的晶粒得到了細化，硬度與耐磨性均得到提高，但耐蝕性的變化存在較大差異。因此雷射表面重熔對耐蝕性的影響機理還有待於進一步研究。

（2）雷射表面合金化

雷射表面合金化是在雷射束輻照熔化金屬表面的同時，加入經過設計確定的合金元素，加入方式有預先塗覆合金元素膜層或者在表面熔化的同時注入合金粉末兩種。透過雷射快速加熱凝固後在表面形成一層合金表面層，以提高基體性能。與傳統的固相滲合金元素相比，雷射表面合金化具有加熱區域小、零件變形小、可選區合金化、便於調整零件表面的成分及組織結構的優點。1990 年代 Galun R 等對 4 種鎂合金（cp Mg，A180，AZ61，WE54）採用鋁、銅、鎳和矽元素進行雷射表面合金化，表面硬度可達 $250HV_{0.1}$，改性層深度為 $700\mu m \sim 1200\mu m$，合金元素含量達 15％～55％。4 種合金元素表面改性層相比較，銅合金層的耐磨性最好，而鋁合金層的耐蝕性最好。

為了進一步提高 MEZ 鎂合金的表面性能，分別採用 Al＋Mn、SiC 和 Al＋Al_2O_3 合金粉末對其進行表面合金化處理。結果表明，合理選擇雷射功率、掃描速度和送粉速率可獲得無裂紋、氣孔等缺陷且與基體呈良好冶金結合的表面改性層。對於 SiC 和 Al＋Al_2O_3 合金改性層，SiC 和 Al_2O_3 粒子既未溶解和熔化，也未和基體元素發生反應，兩種粒子在改性層中的平均面積分數隨雷射功率和掃描速度增大而降低；Al＋Mn 合金改性層中，Al 和 Mn 反應生成了 $AlMn_6$ 和 Al_8Mn_5 相，Al 和 Mg 反應生成了 Al_3Mg_2 相。從性能上看，3 種合金粉末改性層顯微硬度均大幅度提高，Al＋Mn 和 Al＋Al_2O_3 合金表面改性層的顯微硬度均由基體的 35VHN 提高到改性層的 350VHN，而 SiC 合金表面改性層顯微硬度提高

到 270VHN，三者最大硬度均在改性層的表面處，隨距表面距離增加硬度逐漸降低，耐磨性則顯著提高。

可以看出鎂合金雷射表面合金化後，其表面性能得到了較大程度的改善，不過不同合金粉末對耐磨性和耐蝕性的改善作用不同，故在實際應用中可根據使用要求選擇合適的粉末進行表面處理。此外，SiC 和 Al_2O_3 等陶瓷材料具有高抗氧化性、高硬度、耐磨性好、高抗壓強度等特性，因此，使用雷射技術成功地將鎂合金與陶瓷材料的優異特性有機地結合起來，得到緻密無缺陷的金屬/陶瓷複合改性層，將成為提高鎂合金表面性能的又一有效措施。

(3) 雷射表面熔覆

雷射表面熔覆和雷射表面合金化均具有改變基材表面組織和基材表面成分的能力。這兩種方法沒有嚴格的定義和區別，一般認為母材表面成分改變相對較少的方法稱雷射合金化，而對母材表面成分改變較大或熔覆一層與母材成分完全不同的表面層的方法稱雷射熔覆。熔覆層與基體材料呈冶金結合，主要用來提高材料的耐磨性和耐蝕性。

中國研究者在 ZMS 鎂合金表面雷射熔覆稀土合金粉末 Al＋Y，得到與基體呈冶金結合、無裂紋氣孔等缺陷且顯微結構細化、並生成了奈米級新相的熔覆層，熔覆層為富鋁基體上分布有 $Mg_{17}Al_{12}$ 和 Al_4MgY 第二相，其顯微硬度比基體提高 2～3 倍，最高硬度出現在熔覆層和基體交界區域，硬度值最高達 224HV。為了提高 AZ91D 鎂合金的表面耐磨性，採用 Al-Ti-C 奈米粉末為原料對其表面雷射熔覆，可得到無缺陷、結構均勻的表面熔覆層。熔覆層的顯微結構包含分散的 TiC 顆粒和 $TiAl_3$＋ $Mg_{17}Al_{12}$ 共晶相。粉末中鋁含量為 40％時，熔覆層中存在大量的強化相 TiC 顆粒及少量的 $TiAl_3$ 和 $Mg_{17}Al_{12}$，耐磨性顯著提高。利用寬帶進行雷射熔覆處理也受到了重視，可採用寬帶雷射熔覆技術在 AZ91HP 鎂合金表面製備 Cu-Zr-Al 合金塗層。合金塗層與基體呈良好的冶金結合，無氣孔、裂紋等缺陷。合金塗層由 ZrCu、Cu_8Zr_3、$Cu_{10}Zr_7$ 和 $Cu_{51}Zr_{14}$ 金屬間化合物和 α-Mg 所構成。熔覆區和熱影響區間的界面結合特徵為犬牙交錯型。熱影響區是由細小的 α-Mg＋β-$Mg_{17}Al_{12}$ 共晶組織構成。合金塗層具有高的硬度、彈性模量、耐磨性和耐蝕性。

近些年，國外相關人士在鎂合金的雷射熔覆方面也做了較多的研究，並且採用的熔覆材料大多是以 Al 為主的合金粉末。可採用 Al-Cu、Al-Si 和 A1Si30 合金粉末對 AZ91E 和 NEZ210 鎂合金進行雷射熔覆試驗。從顯微結構特徵上看，Al-Cu 熔覆層為富鎂基體上鑲嵌（Al,Cu）$_2$Mg 顆粒，其顆粒尺寸和形狀與輸入功率和掃描速度有密切關係，熔覆層基體中 Mg

的含量隨雷射功率增加、掃描速度降低而增大；Al-Si 熔覆層為富鋁基體上分布初相 Si 粒子和 Mg_2Si 樹枝晶，Mg_2Si 的含量隨雷射功率降低而減少，熔覆層的基體主要是 Al 及少量的 Mg，Mg 含量隨掃描速度降低而減少；A1-Si30 熔覆層中均勻分布著尺寸為 $1\sim5\mu m$ 的 Si 粒子；3 種合金粉末熔覆層的耐蝕性相比較，Al-Si 熔覆層的耐蝕性好於 Al-Cu 熔覆層的耐蝕性，Al-Si30 熔覆層的耐蝕性最好。在碳纖維強化的 AS41 鎂合金複合材料表面上雷射熔覆 Al-12Si 粉末，得到與基體有良好交界區且無明顯氣孔的熔覆層，熔覆層的耐蝕性提高，但雷射輸入功率增大，耐蝕性相對降低。單純使用 Al 粉及使用少量 Al-Si 粉混和多量 WC 粉末（40％ Al/Si＋60％WC）的鎂合金雷射表面熔覆也得到了研究，均獲得與基體結合良好、無氣孔和裂紋的表面熔覆層。

從以上海內外的研究報導中不難看出，含鋁的熔覆材料對鎂合金的表面耐蝕性大多起到了改善作用，並且在雷射處理過程中反應生成強化相或者以硬質顆粒的形式分布於熔覆層中，從而提高了鎂合金的表面耐磨性。基體與熔覆材料的相互作用對改性層的顯微結構和性能尤其是耐蝕性影響較大。熔覆材料中合金元素的合適配比對鎂合金表面性能的提高有著重要的影響。

（4）雷射表面多層熔覆

雷射表面多層熔覆是指在原熔覆層上再熔覆一層或多層熔覆層的工藝。其作用一是增加熔覆層的厚度，二是當塗層與基體之間性能差別大時解決界面失效問題。陳長軍等採用雷射多層熔覆的方法對鎂合金成品件進行了本體塗覆。結果表明雷射塗覆層與基體材料為冶金結合，具有良好的結合力；熔覆區晶粒細化，無裂紋、氣孔等缺陷，氧化和蒸發得到一定程度的抑制。此外，為使塗層的組織和性能沿厚度方向呈梯度變化，近來已出現功能梯度塗層的設計思想。採用氧乙炔火焰噴塗法在 AZ91D 鎂合金表面製備 $Al-Al_2O_3/TiO_2$ 梯度塗層取得了較好的效果，但是，用雷射表面多層熔覆方法在鎂合金表面獲得梯度塗層的研究筆者還未見到相關報導。

中國是鎂的資源大國、生產大國和出口大國，但鎂合金研究開發方面還很薄弱。在能源緊張的當下，更加迫切需要從技術、資源角度進行全面考慮，擴大鎂合金應用及開發，以適應 21 世紀高新技術產業發展的需求，增強中國在國際上的競爭力。

總之，鎂合金雷射表面改性技術已受到海內外材料科學工作者的重視並已取得了一定的進展。但目前的研究報導中，實際應用並取得良好經濟效益的較少，大多屬於理論研究，在中國更是處於起步階段。目前

的文獻研究表明：第一，在雷射處理的幾種方法中，各有優缺點。雷射表面重熔相對來說工藝簡單，便於操作，但處理後表面性能提高有限，雷射表面合金化及熔覆能形成與基體呈冶金結合的高性能表面改性層，但工藝較複雜，不易控制；第二，窄帶處理較多，寬帶處理較少，實現大面積雷射處理研究和直接面向產品的工藝研究較少；第三，由於實驗條件及工藝參數的不同而使雷射表面處理所得到的結果也不盡相同，尤其是對表面耐蝕性的影響，而鎂合金表面耐蝕性差是影響其廣泛應用的主要原因。由此可以看出，還需加大鎂合金雷射表面改性研究的力度，以提高鎂合金表面性能，將雷射表面處理推廣到實際生產中，使鎂合金得到更加廣泛的應用及取得顯著經濟效益。

7.4　鎳基高溫合金的雷射熔覆

在工業生產中，重載零件在服役過程中易發生磨損或腐蝕失效，約有 80％的機械零件是因磨損而失效報廢的。雷射熔覆技術被廣泛用於重要零件的再製造及表面改性。該技術以高能雷射束作為熱源，採用同步或預置的方法添加填充材料，最終在金屬表面獲得具有優異耐磨或耐蝕性能的熔覆層。雷射束的能量密度大，能束穩定，可使零部件表面很薄的一層金屬與填充材料快速熔化，而後再快速凝固，可在基本不損傷金屬零部件的基礎上獲得達到冶金結合且組織緻密的熔覆層，從而達到表面改性及修復失效零部件的目的。雷射熔覆技術基本上可對所有的金屬材料零件進行表面處理，或在零件表面熔覆一層具有特殊性能的強化層。GH4169 鎳基高溫合金（美國牌號 IN718）在 650～700℃之間具有優異的高溫力學性能和表面耐蝕性能，是航空航天與電力等行業高溫渦輪葉片的主要材料。葉片等零件在高溫重載條件下易出現磨損和裂紋等，可採用雷射熔覆技術對其進行修復再製造，以降低成本。趙衛衛和卞宏友等的研究表明，熱處理 GH4169 合金的力學性能高於鍛造合金的，且其力學性能與雷射束的行走方向相關；分析不同的熱處理工藝對雷射熔覆 GH4169 合金元素偏聚的影響，發現熔覆層不同區域中的 Laves 相含量及鈮元素的偏聚程度與熱處理相關；熱等靜壓和熱處理均能減小雷射熔覆 IN718 合金的晶粒尺寸，消除組織的方向性，促進己相和強化相析出，從而顯著提高熔覆層的力學性能；熱處理對雷射熔覆 IN718 合金組織和力學性能將會產生明顯的影響，標準熱處理能顯著改善熔覆層中的元素偏聚行為，並可提升合金的力學性能。

　　目前有關熱處理對熔覆層性能影響的研究並不全面，為此筆者採用雷射熔覆技術在 GH4169 合金表面製備了熔覆層，分析了不同熱處理對雷射熔覆層組織和力學性能的影響，為雷射熔覆技術應用於 GH4169 合金高溫渦輪葉片的再製造提供參考。熔覆材料為採用旋轉電極法製備的 GH4169 鎳基高溫合金粉體，化學成分（質量分數,%）：Ni52.84，Cr19.20，Fe18.1，Nb4.92，Mo3.19，Ti0.97，Al0.54，Si0.20，Mn0.04。雷射熔覆基板採用尺寸為 70mm×50mm×10mm 的 GH4169 高溫合金板，採用機加工去除板材表面的氧化膜，再用丙酮擦拭表面以去除表面的油污。先將合金粉在 150℃下烘乾 1.5h，然後採用 WF300 型 Nd：YAG 雷射噴焊機在 GH4169 合金板表面製備熔覆層，雷射功率為 1200W，雷射能量密度為 90J，熔覆掃描速度為 10mm・s^{-1}，送粉速率為 8g・min^{-1}，保護氣流量為 15L・min^{-1}，雷射噴嘴與基板表面的距離為 15mm，採用同軸送粉機構將合金粉體同步輸送到熔池中。採用多道多層堆積的方式製備熔覆層，熔覆層搭接率為 50%，熔覆層沿堆積方向的偏移距離為 0.3mm，熔覆層堆積高度約為 1.8mm。

　　將熔覆層試樣按照 3 種熱處理工藝分別進行熱處理。採用 LMT 5105 型微機控制電子萬能拉伸試驗機進行拉伸試驗，拉伸速度為 1mm・min^{-1}。採用 JSM-6460 型掃描電子顯微鏡觀察拉伸斷口的形貌。從圖 7.10 可看出，熔覆層的頂部組織由大量的細等軸晶組成，中部和底部為等軸晶和樹枝晶的混合區，樹枝晶的生長方向基本垂直於基體表面。由於基體的傳熱速度較快，熔池底部的過冷度很大，晶粒在熔池與基體的界面處形核後易於沿著熱量流失速率最大的反方向外延生長。熔池內部的傳熱速率慢，晶粒會沿著優先生長的方向長大，而其他方向生長的

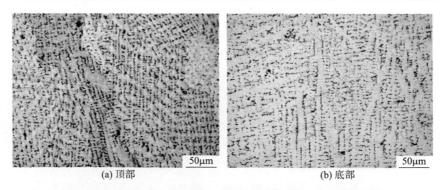

(a) 頂部　　　　　　　　　　　(b) 底部

圖 7.10　熱處理前熔覆層不同位置處橫截面的顯微組織[5]

晶粒會因周圍晶粒的生長而受到限製，故而形成了尺寸較大且具有方向性的樹枝晶。熔池中最大溫度梯度的方向從熔池底部和中部的垂直於基板方向轉變為趨於平行於雷射束行走方向，使得頂部組織主要呈現等軸晶形態。

　　對熔覆層的 SEM 形貌進行觀察後發現，熔覆層中的析出相呈現較強的方向性，如圖 7.11 所示。對熔覆層中的白色析出相進行 EDS 分析，結果發現析出相中鈮元素的質量分數超過了 28％，可以判斷該白色析出物為 Laves 相。

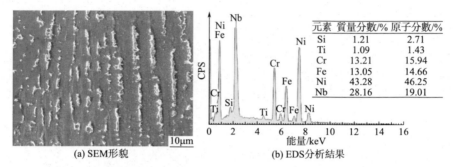

(a) SEM形貌　　　　　(b) EDS分析結果

圖 7.11　熱處理前熔覆層中析出相的 SEM 形貌及 EDS 分析結果[5]

　　從圖 7.12(a) 可看出，熔覆層在 1150℃下均勻化熱處理 1h 後出現了完全再結晶，雷射熔覆的快熱快冷使熔覆層中的成分和內應力分布極不均勻，在高溫固溶過程中各區域的回復程度不同，導致各區域的晶粒大小不同，熔覆層中高熔點的 δ 相在晶界附近保留下來。由圖 7.12(b) 可以看出，經完全熱處理後，熔覆層的組織為細小的等軸晶，這是因為在 1150℃保溫 1h 後的均勻化處理過程中，熔覆層中的 Laves 相完全固溶到奧氏體基體中，在後續的熱處理過程中，奧氏體中過飽和的鈮元素的溶解度降低，再次以較細小的 Laves 相析出。

　　從圖 7.13 中可看出，由於 980STA 熱處理和雙時效熱處理的溫度較低，故而熱處理後熔覆層組織的細化程度不大（與熱處理前相比）。熔覆層中樹枝晶狀（Laves＋γ）共晶的熔點根據成分不同在 650～1150℃之間變化。980STA 熱處理和雙時效熱處理的溫度都處於 Laves 相的溶解溫度範圍內，說明在這兩種熱處理過程中都有一定量的 Laves 相溶解。根據兩種熱處理熔覆層的組織形態與熱處理工藝可知，與熱處理時間相比，熱處理溫度對 Laves 相的細化作用更大。980STA 態熔覆層的組織更為均勻細小，熔覆層中具有方向性的樹枝晶基本被破壞，雙時效態熔覆層中

的樹枝晶仍然被保留。

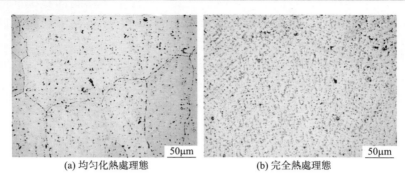

(a) 均勻化熱處理態　　　　　　(b) 完全熱處理態

圖 7.12　均勻化熱處理態和完全熱處理態熔覆層的顯微組織[5]

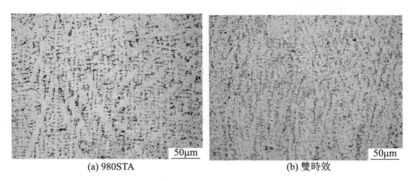

(a) 980STA　　　　　　(b) 雙時效

圖 7.13　980STA 和雙時效熱處理後熔覆層的顯微組織[5]

　　由圖 7.14 可見，熱處理前熔覆層的硬度為 230～280HV，且硬度隨熔覆層深度的增加而逐漸增大。脆硬 Laves 相的形態及分布使熔覆層的硬度呈現逐漸增大的趨勢。熔覆層橫截面頂部的晶粒尺寸較大，底部的晶粒尺寸較小，故熔覆層橫截面硬度隨著熔覆層深度的增加而增大。雙時效態熔覆層的硬度為 420～465HV，其硬度的分布規律與熱處理前的相似，主要是因為在雙時效熱處理過程中大量強化相析出，從而使熔覆層的硬度顯著增加。但由於雙時效熱處理的溫度相對較低，對 Laves 相形態與分布的影響程度有限，故其硬度分布規律與熱處理前的基本相同。經完全熱處理及 980STA 熱處理後，熔覆層的峰值硬度分別達到了 515HV 和 490HV，這是因為在高溫固溶處理和低溫固溶處理過程中，有更多的 Laves 相被回溶到奧氏體中，而它們在後續的雙時效熱處理過程中再次以強化相的形式析出，從而表現出更高的顯微硬度。同時，較高的熱處理溫度消除了熔覆層中的殘餘應力，使橫截面上硬度的分布較雙

時效態及熱處理前的更為平緩。

　　由圖 7.14 可見，熱處理前熔覆層試樣的抗拉強度為 876MPa，雙時效態、980STA 態和完全熱處理態熔覆層試樣的抗拉強度分別為 1106MPa，1257MPa，1319MPa。這是因為，熱處理後的熔覆層中析出了大量強化相，阻礙位錯運動，且熔覆層的再結晶在一定程度上消除了組織缺陷和殘餘應力。雙時效態熔覆層試樣的伸長率較低，這主要是因為雙時效熱處理不能消除熔覆層中的殘餘應力，且強化相析出產生相變應力促進了裂紋的形成與擴展。

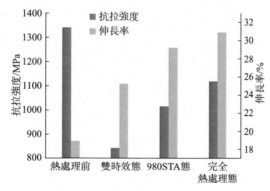

圖 7.14　熱處理前後熔覆層試樣的拉伸性能

　　從圖 7.15 可以看出，熱處理前熔覆層試樣的拉伸斷口由呈方向性生長的纖維區和剪切階梯區組成，纖維區呈韌窩形貌，階梯狀的韌窩表明該熔覆層為沿晶斷裂。完全熱處理態熔覆層的拉伸斷口完全由韌窩組成，這是因為完全熱處理態熔覆層中析出的大量強化相能有效阻礙位錯運動，從而使得晶內的強度高於晶界的強度，故其斷裂形式為韌性斷裂。980STA 態和雙時效態熔覆層的斷口均由韌窩和少量解理面組成，且斷裂面上的凹陷區或凸起區整體上比完全熱處理熔覆層斷口上的多且深，說明它們的斷裂過程也受脆性斷裂機製的影響，即這兩種熱處理熔覆層斷裂為韌性斷裂和脆性斷裂混合的斷裂。

　　熱處理前，熔覆層的頂部組織為等軸晶，中部和底部組織為等軸晶和樹枝晶混合區。熱處理後，粗大的樹枝晶組織有不同程度的細化，完全熱處理態熔覆層內發生完全再結晶，組織為細小的等軸晶，過飽和的鈮元素在後續的熱處理過程中析出，形成較為細小的 Laves 相。熱處理後，熔覆層的顯微硬度和抗拉強度顯著提高，但伸長率均有不同程度的降低。這主要歸因於熱處理在不同程度上消除和細化了 Laves 相，且有

大量強化相析出。完全熱處理態熔覆層主要為韌性斷裂，980STA 態和雙時效態熔覆層為韌性斷裂和脆性斷裂共存的混合型斷裂。

(a) 熱處理前　　　　　　　　(b) 完全熱處理態

(c) 980STA態　　　　　　　　(d) 雙時效態

圖 7.15　熱處理前後熔覆層試樣的拉伸斷口形貌

7.5　鋼軋輥的雷射熔覆增材

　　軋輥是軋材企業生產設備中的一個主要裝備，是軋材企業生產品質的重要保證，同時也是軋材企業生產的主要備件消耗。

　　軋輥按工藝用途可以分為冷軋輥和熱軋輥。一般軋輥工作時的溫度在 700～800℃，有時軋輥溫度高至 1200℃，在高溫條件下，輥材表面要承受非常大的壓力，並且由於工件高速移動，輥件表面受到非常大的摩擦，生產工藝又要求輥材不斷加熱和冷水降溫，溫度大幅地波動易造成輥材的熱疲勞。因此，生產工藝要求輥材必須具備較高的表面硬度、韌性以及抗磨性。熱軋輥材主要有以下幾種：鍛造鋼、無限冷硬鑄鐵、普通冷硬鑄鐵、NiCrMo 鑄鐵、鑄鋼、球墨複合鑄鐵、半鋼和高硬度特殊半鋼、高鉻鑄鐵、半高速鋼和高速鋼等。

　　從生產環境和軋機軋製力來看，熱軋輥材須滿足以下幾個性能要求。

① 良好的抗磨性。抗磨性是輥件的主要技術指標，直接製約著生產效率和產品的表面質量。熱軋輥的表面損傷既與輥材的負荷大小、工作環境及溫度波動有關，又與輥材的性質、表面機理及性能有關。

② 輥材的質地均勻，輥面結構緊密，硬度分布均勻。

③ 具有較低的熱脹係數，以具備較低熱應力積累。

④ 具有較高的散熱能力。輥件能及時將熱量傳導出去，減少熱應力積累。

⑤ 具有較高的高溫屈服強度。可以減少輥件表面網裂情況的發生。

⑥ 具有較高的抗氧化性和高溫蠕變強度。

熱軋輥主要失效形式有熱疲勞引起的熱龜裂和剝落、軋輥表面磨損、軋輥斷裂、過回火和蠕變、纏輥、失效面幾乎覆蓋整個工作面。其中軋輥表面剝落和磨損是熱軋輥失效的主要方式，如圖 7.16 所示。

(a) 軋輥表面的大面積剝落   (b) 軋輥表面的磨損

圖 7.16 鋼製熱軋輥的常見失效

軋輥質量的好壞直接影響軋機作業率和軋件的質量。因此，如何提高軋輥的使用壽命及對報廢軋輥進行修復再製造、提高軋材單位的生產效率和經濟效益，成為降低軋製產品成本的一個重要途徑，具有非常大的研究價值和應用價值。利用雷射熔覆技術對軋輥表面進行改性和修復已成為海內外普遍關注的實際問題。

(1) 高速鋼軋輥的雷射熔覆

試驗材料為某精密薄帶軋製用高速鋼軋輥用材 (W6Mo5Cr4V2)，化學成分（質量分數，%）為：C 0.83，Si 0.25，Mn 0.30，S 0.013，P 0.022，W 6.14，Mo 4.84，Cr 3.98，V 1.92。脈衝 Nd：YAG 雷射器的主要參數如下：波長 $1.064\mu m$，平均輸出功率 500W，採用的雷射熔覆工藝參數見表 7.10，焦距 150mm，採用側吹的高純氬氣對熔池進行保護。由此得到不同

雷射熔覆工藝參數條件下的熔覆層。雷射熔覆粉末是由 WC 粉末＋Ni 基粉末混製而成。

表 7.10 雷射熔覆工藝參數

編號	1	2	3	4	5
電流/A	250	350	300	200	150
頻率/Hz	4.0	4.0	4.0	4.0	4.0
脈衝/ms	3.0	3.0	3.0	3.0	3.0

熔覆層與基材實現良好的冶金結合，熔覆層組織細小緻密，顯微硬度達到 900HV，較基材提高約 1 倍，起到了表面強化效果，表面硬度的提高能夠顯著延長軋輥的使用壽命[6]。

(2) 鑄造半鋼軋輥的雷射熔覆

鑄造合金半鋼 ZUB160CrNiMo 含有多種微量合金元素，力學性能處於鋼和鐵之間。由於組織中含有 5%～15% 的碳化物，其耐磨性很好。實際中常應用於型鋼軋機粗軋和中軋機架、熱軋帶鋼連軋機粗軋和精軋前段工作輥。

試驗所用鑄造合金半鋼 ZUB160CrNiMo 的化學成分和力學性能分別見表 7.11 和表 7.12。鑄造半鋼軋輥試塊尺寸為 60mm×30mm×20mm，表面經機械磨削加工，除去表面氧化物，經無水酒精清洗乾淨。採用重量比 40% 的 TiN 和石墨粉末，與重量比為 60% 鐵基自熔合金粉末混合後作為熔覆層材料，鐵基合金粉末 Fe-Cr-B-Si-Mo 的平均尺寸為 120～150μm。TiN 顆粒純度 99.0%，平均尺寸 40μm。用自製的黏結劑預先塗覆在鑄造合金軋輥半鋼試塊表面上，預塗層厚度 0.8～1.2mm。

表 7.11 鑄造合金半鋼 ZUB160CrNiMo 的化學成分

C	Si	Mn	P	S	Cr	Ni	Mo
1.5～1.7	0.3～0.6	0.7～1.1	≤0.035	≤0.030	0.8～1.2	0.2～1.0	0.2～0.6

表 7.12 鑄造合金半鋼 ZUB160CrNiMo 的力學性能

輥身肖式硬度 HSD	抗拉強度 R_m/MPa	伸長率 A/%	衝擊韌性 A_k/J
38～45	≥540	≥1.0	≥4.0

試驗採用國產 DL5000 型 CO_2 雷射器，光斑直徑 2.8～3.2mm，採用的雷射功率 3400～3500W，雷射掃描速度 5.0mm/s，為了保證熔覆層的質量及均勻程度，採用多道掃描，每道雷射掃描線間的搭接率為 30%。雷射熔覆過程中用純度 99.9% 氫氣側向保護，流量 25～30L/min。

在熔覆層和基材之間有兩個明顯的分界區域，如圖 7.17 所示，分別為擴散層和熱影響區，熱影響區、擴散層與熔覆層之間已形成良好的冶金結合。

圖 7.18 為鐵基複合熔覆層的顯微硬度分布曲線，可知熱影響區的顯微硬度在 $530 \sim 650HV_{0.2}$ 之間，稍高於半鋼基體的顯微硬度 $400 \sim 450HV_{0.2}$，這是由於在雷射熔覆過程中，靠近熔覆層的基體組織發生奧氏體化，碳化物溶解或部分溶解，由於加熱時間較短和冷卻速度極快，碳來不及進行均勻擴散就形成淬硬組織細小的高碳馬氏體和少量的殘餘奧氏體。因此造成了該區域硬化現象的發生。含有 Ti(C，N) 的鐵基合金熔覆層顯微硬度在 $800 \sim 900HV_{0.2}$ 之間。顯然，熔覆層的強度和硬度得到了較大幅度地提高，這主要是由於硬質相的析出有效地釘扎晶粒的晶界，阻止了晶粒的長大，細化了熔覆層中基材的晶粒[7]。

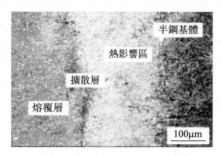

圖 7.17　基體與熔覆層結合界面的金相組織

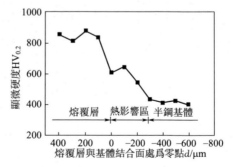

圖 7.18　鐵基複合熔覆層顯微硬度分布曲線

(3) 高速線材軋輥的雷射熔覆

軋輥基體材料為 34CrNiMo 鋼，形狀如圖 7.19 所示，最大直徑 $\phi178mm$，總長度 789mm。軋輥工作的環境較惡劣，轉速高且承受頻繁地

衝擊和較大的扭矩，尤其是安裝在輥軸上的錐套的錐面，在軋鋼過程中處於微振磨損狀態，是軋輥磨損最快、最大的部位。輥軸需要修復的主要部位是左端錐面，其次是左端螺紋和右端軸頸。錐面磨損一般為 0.3～0.8mm，螺紋和軸頸磨損一般為 0.5～1.0mm，最深可達 2.5mm。

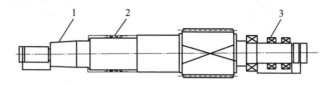

圖 7.19　軋輥軸
1—錐套安裝位（錐面）；　2—油膜軸承位；　3—承載軸承位

選用雷射熔覆合金粉末時，既要考慮熔覆材料與基材線性膨脹係數、熔點的匹配，也要考慮熔覆材料對基材的潤濕性，還應考慮熔覆材料自身的使用性能。根據輥軸的使用要求和機械性能，決定選用 HUST-324 雷射熔覆金屬粉末。該材料韌性好、強度高、熔點高、不易產生氣孔，熔覆層硬度為 HRC25～30，其化學成分見表 7.13。

表 7.13　HUST-324 雷射熔覆粉末的化學成分　　單位：%（質量分數）

成分	Ni	Cr	Si	Pb	Fe
含量	11～14	15～20	0～1.0	0.01～0.05	餘量

在進行雷射熔覆修復前進行外形尺寸檢測和無損探傷檢測，檢查錐面是否有深裂紋，一般情況下，由於雷射熔覆厚度只能達到 2mm，超過這一厚度，此軸將報廢；如沒有深裂紋，則進行機械清理，去除鍍層、表面氧化層、油污和疲勞層，以保證熔覆時的結合力。將表面已經處理過的輥軸裝夾在機床的主軸箱卡盤上。雷射熔覆過程採用同步送粉工藝，將乾燥後的合金粉末裝入送粉器中，並接好保護氣體和輸送氣體。雷射熔覆過程主要的工藝參數為雷射功率、掃描速度、掃描寬度、光斑直徑和焦距等，參數值設定如下。

① 雷射功率 2.7～3.0kW　單位面積的功率大小稱為功率密度。由於不同功率密度的光束作用在基體材料表面會引起不同變化，從而影響熔覆層的稀釋率（隨著功率密度的增大而增大）。當功率密度較低時，稀釋率小，可得到細密的熔覆層組織，使設計的熔覆層元素充分發揮作用，提高了熔覆層的硬度和耐磨性。當功率密度較大時，稀釋率大，基體對熔覆層的稀釋作用損害了熔覆層固有的性能，加大了熔覆層開裂變形的

傾向。在比較合適的功率下，微粒熔化比較充分，熔覆層結合良好，零件耐磨性才能明顯提高，產生裂紋的可能性減小。

② 掃描速度 7～8mm/s　掃描速度是指零件與雷射束相對運動的速度，它在很大程度上代表光束能量效應。在雷射功率和光斑尺寸一定的情況下，隨著掃描速度的增大，溫度梯度增大，相應的內應力增加。當掃描速度增大到某一值時，熔覆層中內應力引起的應變剛好超過熔覆層合金粉末在該溫度下的最低塑性，從而產生開裂以至形成整體裂紋。同時由於掃描速度過快，光束照射時間太短，輸入的能量將不能達到焠火溫度，而使表面硬度降低。通常的掃描速度為 3～10mm/s，考慮質量與效率的關係，本次設定為 7～8mm/s。

③ 掃描寬度 4mm　在雷射功率和光斑尺寸一定的情況下，掃描寬度越小，熱應力越集中，熔池溫度高，氣孔、夾渣少，但晶粒粗大，組織性能下降，並且生產效率低，掃描寬度過大，熔覆層搭接少，不利於後續加工，熔覆功率密度小，熔池聚集效果差，易產生氣孔、夾渣，甚至熔化不透。通常的掃描寬度為 3～6mm，本次設為 4mm。

④ 光斑直徑 2.5mm　在雷射功率一定的情況下，光斑大小反映雷射能量的集中程度。光斑小，能量密度大，熔化好，但生產效率低；光斑大，能量分散，可導致熔化不夠，光斑形狀變化，出現橢圓形光斑，不利於雷射熔覆。

⑤ 焦距 380mm　雷射熔覆是一種光加工方式，光加工時光的聚焦點必須落在需加工的零件表面，這樣才能使雷射能量的應用最大化，不合適的焦距都會使雷射效率降低。

雷射熔覆後用保溫材料對熔覆部位適當保溫，防止產生裂紋。輥軸修復面一般都能滿足裝配要求和使用要求，且使用壽命較長，可達 8 個月左右，達到了新軸的使用壽命，中國製精軋輥軸的修復面的光潔度和耐磨性能明顯好於新軸，且修復週期短，價格約為新軸的三分之一。

7.6　汽車覆蓋件的雷射熔覆

在汽車覆蓋件製造中，拉毛問題受到越來越多的關注。汽車覆蓋件表面拉毛涉及的因素很多，大體可分為以下 3 個方面。

① 模具　包括模具材料，模具壓料面、拉深筋、拉深凸、凹模圓角等工作面的表面粗糙度，模具關鍵成形參數的設計等。

② 板料　包括材料成形工藝性、板料厚度、表面局部形貌、纖維分

布狀態等。

③ 模具零件與板料的接觸界面狀態　包括潤滑條件、接觸壓力、摩擦狀態、熱傳導特性等。

一般認為汽車覆蓋件表面拉毛是由於板料與模具零件之間的摩擦狀態惡化，二者在突出接觸點的瞬間摩擦高溫產生冷焊效果，形成積屑瘤，造成黏著磨損，使得在板料表面形成劃痕，在模具零件表面產生磨損。造成這一現象的原因很多，模具零件方面的因素被認為是最主要的，有研究表明模具零件的工作表面材料硬度越高、與基體結合越牢固，抗拉毛效果越好[8]。

以下基於某車型覆蓋件拉深模，針對覆蓋件易拉毛相應的模具型腔部位，運用機器人雷射熔覆技術進行修復的應用研究。

模具本體材料為 MoCr 鑄鐵，材料成分見表 7.14。雷射熔覆合金粉為 Co 基合金粉 XY-27F-X40、Fe40 合金粉和鎳鉻稀土自熔合金粉 GXN-65A。3 種粉末材料粒度均為 140～325 目，成分見表 7.14。

表 7.14　實驗材料化學成分

材料	元素(質量分數)/%												
	C	Si	Mn	Cr	Mo	Cu	Ni	S	P	Fe	Co	B	Nb	Y
MoCr	3.2～2.9	1.8～2.0	0.5～0.7	0.2	0.4	0.6	—	≤0.12	≤0.15	餘量	—			
XY-27F-X40	0.75～0.95	0.2～0.4	≤0.10	24.0～26.0			9.3～11.3		—	≤2.0	餘量			
Fe40	0.15～0.25	2.0～3.5	0.5～1.5	17.0～20.0	0.5～1.0		10.0～12.0		—	餘量	—	1.5～2.5		
GXN-65A	1.02	3.99	—	17.53	2.32	2.2	餘量	—	—	4.94	—	3.06	0.61	0.01～0.5

所用雷射熔覆系統中，雷射器為 Lasedine 公司的 LDF3000-60 半導體雷射器，熔覆頭是 Fraunhofer 公司的 Coax8 _ lang。光斑直徑為 1.5mm，運動系統是 ABB IRB4600 45/2.05 型機器人。

出光模式為連續，採用正離焦 2mm 進行掃描，以增大熔池面積、提高粉末利用率和熔覆效率。熔覆 3 種合金塗層時均採用功率 650W，掃描速度 30mm/s，送粉參數 0.6r/min。

實施的熔覆策略如圖 7.20 所示，雷射熔覆工藝參數除已確定的功率、掃描速度、送粉參數、離焦量等以外，還需確定單道熔覆路徑寬度搭接率及淨增平均層厚。先探索並確定形成具有較好單道截面形貌的具體參數，高度則需分別測量 3 種不同金屬粉末對應熔覆層的淨增厚度。上述路徑寬

度、搭接率及淨增平均層厚是熔覆路徑編程的主要工藝依據。其中 Fe40 作為打底熔覆層，該合金粉標稱硬度與模具基體材料相當，且成本較低可大量用於打底層。GXN-65A 和 XY-27F-X40 合金粉分別用於強化部位的上、下部分，因為不同部位的硬度要求不同。在原模具 CAD 三維模型的基礎上，結合模具實際要求設計出坡口輪廓，以備機器人掃描路徑編程之需。再根據不同部位的性能和熔覆工藝進行分區編程、熔覆。

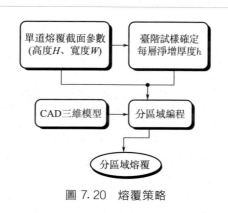

圖 7.20　熔覆策略

（1）工藝參數

將設備參數設定為：功率 650W，掃描速度 30mm/s，送粉參數 0.6 r/min；按不同合金粉末，分別熔覆 3 條單道路徑，如圖 7.21 所示。用線切割將單道路徑橫向切割，鑲嵌金相試樣，拋光後用 4％的硝酸酒精腐蝕，在體視顯微鏡下觀察測量，其截面如圖 7.22 所示，測得的數據如表 7.15 所示。

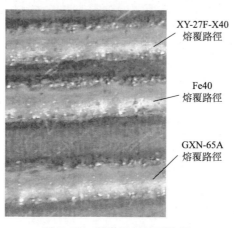

圖 7.21　單道雷射熔覆路徑

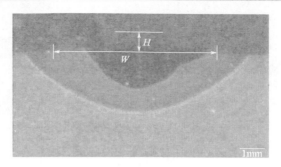

圖 7.22　單道雷射熔覆路徑截面

表 7.15　單道雷射熔覆路徑截面形貌參數　　單位：mm

熔覆層材料	單道熔覆路徑寬度 W	單道熔覆路徑高度 H
XY-27F-X40	6.5	0.77
Fe40	4.9	0.67
GXN-65A	4.9	0.56

　　用獲得的單道參數來熔覆臺階試樣，設計的臺階試樣 CAD 模型如圖 7.23(a) 所示，根據 CAD 模型用專用機器人離線編程軟體生成掃描路徑。參照單道熔覆路徑截面輪廓，搭接率均設為 60％。考慮到熔覆層局部組織的外延生長特性，掃描路徑在相鄰兩層之間方向偏轉 45°〔見圖 7.23(b)〕，以減輕組織的各向異性，使組織更均勻。在熔覆模具型腔部位時，也採用同樣路徑，製備的實際臺階試樣如圖 7.23(c) 所示。繪製相應的折線圖，表 7.15 數據作為不同熔覆層厚的編程依據，也將作為在實際模具型腔部位上熔覆的編程依據。

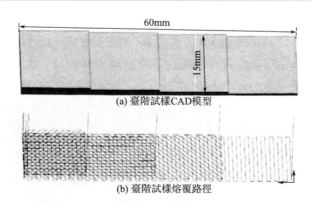

(a) 臺階試樣CAD模型

(b) 臺階試樣熔覆路徑

(c) 實際熔覆的臺階試樣

圖 7.23 臺階熔覆試樣

從圖 7.24 及表 7.15 數據可看出，在相同工藝參數下（功率、掃描速度、送粉轉速相同，同一層數），不同合金粉末熔覆層厚度有明顯差別：XY-27F-X40 熔覆層厚度最小，GXN-65A 最大，Fe40 處於兩者之間。引起這一差別的誘因很複雜，大致歸納如下。

① 粉末粒度分布以及鬆裝密度不同引起的實際送粉速率不同，造成單道以及多道搭接的熔覆層厚度不同。

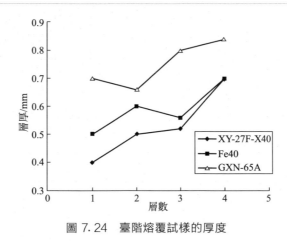

圖 7.24 臺階熔覆試樣的厚度

② 合金粉末成分不同，熔池的鋪展程度就不同，引起合金粉末的實際捕捉率有所差異，造成熔覆層厚度的不同。

③ 單道路徑截面形狀、搭接率不同引起的熔覆層表面紋理狀態不

同，進一步影響熔池的鋪展，進而影響熔覆層厚度。

④ 熔池鋪展、粉末捕捉、表面紋理狀態之間交互影響，造成最終熔覆層厚度的較大差異。

(2) CAD 模型的建立

汽車覆蓋件拉深模實物如圖 7.25(a) 所示，需熔覆強化部位在圖中已指出。對應的模具 CAD 模型如圖 7.25(b) 所示，其中 A、B 兩處即為熔覆位置。根據圖 7.25(a) 實際加工出的坡口形狀，在 CAD 模型上修改為與實物一致的輪廓，以保證編程路徑的精度，如圖 7.25(c) 所示。在已修改的 CAD 模型上提取熔覆區域邊界如圖 7.25(d) 所示，以備機器人離線編程所需。

(a) 汽車覆蓋件拉深模

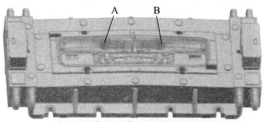

(b) 汽車覆蓋件拉深模CAD模型(標記A、B)

(c) 熔覆區域放大

(d) 提取的熔覆區域邊界

圖 7.25　汽車覆蓋件拉深模實物及 CAD 模型

（3）機器人熔覆策略

先用 Fe40 合金粉末熔覆打底層，搭接率為 60％，連續熔覆 3 層，按每層厚度 0.55mm 編程，編程路徑如圖 7.26 所示。

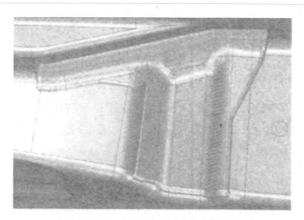

圖 7.26　Fe40 打底層熔覆路徑

在實際操作中按圖 7.26 所示路徑一次性熔覆整個區域存在的弊端是：由於曲率變化較大，熔覆過程中機器人姿態也頻繁變換，造成熔覆頭作業時產生震顫，從而影響熔覆精度，同時也不利於設備的保養維修。在熔覆 XY-27F-X40 和 GXN-65A 塗層時，分 3 個區域編程，如圖 7.27 所示。

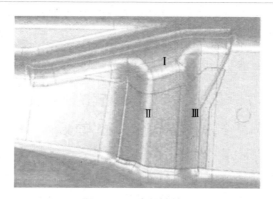

圖 7.27　分區域編程

首先熔覆Ⅱ、Ⅲ區域，再熔覆Ⅰ區域。Ⅱ、Ⅲ區域熔覆 2 層，Ⅰ區域熔覆 3 層，搭接率均為 60％。最終熔覆效果如圖 7.28(a) 所示，機加

工後效果如圖 7.28(b) 所示。機加工後，用便携式硬度儀進行測量，測得 XY-27F-X40 塗層硬度為 63HRC，GXN-65A 塗層硬度為 42HRC。

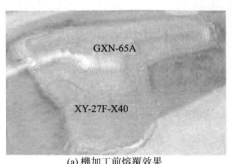

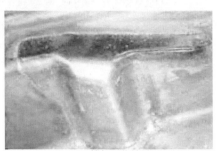

(a) 機加工前熔覆效果　　　　　　　　　　(b) 機加工後效果

圖 7.28　最終熔覆效果

利用機器人雷射熔覆技術對覆蓋件拉深模進行局部熔覆強化，取得了較好效果。工藝實施過程首先應確定不同合金粉末單道熔覆路徑的高度和寬度以及臺階試樣中的不同層厚，再以所得相應參數為依據進行機器人掃描路徑離線編程，分區熔覆可有效克服由機器人姿態變換頻繁引起的熔覆頭震顫，從而提高熔覆精度。

7.7　數控刀具的雷射熔覆

金屬陶瓷是由一種或幾種陶瓷相與金屬相或合金所組成的非均質的複合材料，是陶瓷和金屬的機械混合物。陶瓷主要是氧化鋁、氧化鋯等耐高溫氧化物或它們的固熔體，黏接金屬主要是鉻、鉬、鎢、鈦等高熔點金屬。將陶瓷和黏接金屬研磨混合均勻，成型後在不活潑氣氛中燒結，就可製得金屬陶瓷。

透過雷射熔覆技術使刀具表面形成緻密的金屬陶瓷層，這樣既可以節省貴、稀金屬的使用量，又可以擁有耐熱、耐磨、耐蝕、抗高溫氧化及較高紅硬性等優越性能，這樣可以在不改變刀具基體材料的基礎上改善刀具性能。由於提高了刀具表面性能，減少了刀具磨損，進而可減少重複更換刀具和對刀次數，提高加工生產效率。同時用金屬陶瓷雷射熔覆可以減少生產刀具時對貴重金屬的消耗，從而降低同品質刀具生產成本。由於金屬陶瓷的硬度和紅硬性高，其橫向斷裂強度較大，化學穩定性和抗氧化性好，耐剝離磨損，耐氧化和擴散，具有較低的黏結傾向和

較高的刀刃強度，金屬陶瓷刀具的切削效率和工作壽命高。由於金屬陶瓷與鋼的黏結性較低，因此用金屬陶瓷刀具取代塗層硬質合金刀具加工鋼製工件時，切屑形成較穩定，在自動化加工中不易發生長切屑纏繞現象，零件稜邊基本無毛刺[9]。

將雷射熔覆技術與金屬陶瓷結合起來用於刀具的實際生產，將會成為未來刀具的一個重要發展方向。

由於雷射聚焦直徑很小，功率密度極高，所以熔覆質量高，效率也高。熔覆層消耗的貴金屬少，投資也少，同時雷射加工是非常潔淨的加工方式，在整個雷射熔覆過程中產生的污染物非常少，對環境保護、可持續發展有著深遠的意義。刀具基體就是普通機床刀具，獲取容易且價格便宜。而改性材料則利用金屬陶瓷礦物資源，球磨成粉末，然後透過雷射熔覆技術改善刀具表面硬度、強度、耐磨性、耐蝕性和耐高溫性。

雷射熔覆技術可有效降低刀具生產成本並提升其性能。由於改性後的刀具具有很好的耐熱、耐磨、耐蝕、抗高溫氧化及較高紅硬性等性能，在生產過程中可以減少更換刀具的數量，進而降低機床加工產品的生產成本；同時，由於採用雷射加工技術，污染量非常少，是一種環保的加工方式。生產工藝方面，所使用的刀具表面雷射改性技術也比傳統得到了簡化，應用性更好。例如，傳統一般將硬質合金粉末燒結獲得硬質合金塊，然後在氣焊條件下，添加釺劑（如硼砂），將合金塊黏在刀架上，分兩個步驟來完成，污染大，粉末使用量大。雷射方式卻是將硬質合金配方粉末透過水玻璃黏在刀架上，使用雷射直接熔覆獲得，一步同時完成硬質合金固化並與刀架冶金結合，污染小，粉末使用量小。

由於雷射熔覆是一個複雜的物理、化學冶金過程，所以熔覆過程中的參數對熔覆件的質量有很大影響。其中雷射熔覆中的主要影響參數有雷射功率、光斑直徑、離焦量、送粉速度、掃描速度、熔池溫度等，它們同時相互作用並影響熔覆層的稀釋率、裂紋、表面粗糙度以及熔覆零件的緻密性。同時，熔覆配方粉末的成分也直接影響著熔覆層的性能。因此，研究的複雜程度也變得更加困難。如，陶瓷與自熔金屬配比的表面設計和雷射參數的優化選擇；耐磨材料磨損率極小，透過稱重等方法獲得試驗前後的重量差比較困難；再有合金化表面的平整性的要求較高，在摩擦磨損實驗的前處理時，可能因磨削使合金化層受損較大。

在整個研究的過程中重點從以下幾個方面著手，並對合金化表面盡可能採用小面積試樣，可減小平整表面的加工量；利用窄環狀接觸的試樣，透過測長法獲取磨損量等措施解決。

① 初步選取熔覆陶瓷粉末配方材料進行實驗，研究不同雷射工藝參數、運動方式、掃描圖案及雷射焦距對刀具的影響。

② 考慮數控機床的特點，如：依靠數控系統誤差補償，結合高精度機械零件共同提高加工精度，合理選擇優化熔覆參數。

③ 根據試驗結果的機械性能進行比對分析，提出反饋意見，修改調整實驗參數。

④ 在優化的雷射熔覆參數條件下，選取不同陶瓷粉體進行試驗，研究出雷射熔覆數控刀具陶瓷粉體的合理配方。

參考文獻

[1] Tran V N, Yang S, Phung T A. Microstructure and properties of Cu/TiB2 wear resistance composite coating on H13 steel prepared by in-situ laser cladding [J]. Optics and Laser Technology, 2018, 108: 480-486.

[2] Chen J Y, Conlon K, Xue L, et al. Experimental study of residual stresses in laser clad AISI P20 tool steel on pre-hardened wrought P20 substrate[J]. Materials Science and Engineering: A, 2010, 527: 7265-7273.

[3] 閆雪, 阮雪茜. 增材製造技術在航空發動機中的應用與發展[J]. 航空製造技術, 2016, 21: 70-75.

[4] Dutta Majumdar J, Galun R, Mordike B L, et al. Effect of laser surface melting on corrosion and wear resistance of a commercial magnesium alloy[J]. Materials Science and Engineering: A, 2003, 361 (1-2): 119-129.

[5] 張堯成, 黄希望, 楊莉, 等. 熱處理前後鎳基高溫合金雷射熔覆層的組織和力學性能[J]. 機械工程材料, 2016, 11: 22-26.

[6] 陸偉, 郝南海, 陳愷, 等. 採用雷射熔覆技術生產高速線材軋輥的工藝研究[J]. 航空製造技術, 2004, z1: 86-88.

[7] 齊勇田, 鄒增大, 王新洪, 等. 雷射熔覆原位生成 Ti（CN）顆粒強化半鋼軋輥熔覆層[J]. 焊接學報, 2008, 29（8）: 69-72.

[8] 劉建永, 楊偉, 李行志, 等. 機器人雷射熔覆局部強化汽車覆蓋件拉深模的應用研究[J]. 模具工業, 2015: 41（7）: 25-29.

[9] 劉宇剛, 游明琳, 李安書. 雷射熔覆技術在數控刀具表面改性中的應用[J]. 工程與試驗, 2010, 1: 58-60.

複合材料雷射增材製造技術及應用

作　　者：李嘉寧, 鞏水利

發 行 人：黃振庭

出 版 者：崧燁文化事業有限公司

發 行 者：崧燁文化事業有限公司

E-mail：sonbookservice@gmail.com

粉 絲 頁：https://www.facebook.com/
　　　　　sonbookss/

網　　址：https://sonbook.net/

地　　址：台北市中正區重慶南路一段六十一號八
　　　　　樓 815 室

Rm. 815, 8F., No.61, Sec. 1, Chongqing S. Rd.,
Zhongzheng Dist., Taipei City 100, Taiwan

電　　話：(02) 2370-3310

傳　　真：(02) 2388-1990

印　　刷：京峯彩色印刷有限公司（京峰數位）

律師顧問：廣華律師事務所 張珮琦律師

國家圖書館出版品預行編目資料

複合材料雷射增材製造技術及應用
/ 李嘉寧, 鞏水利著 . -- 第一版 . --
臺北市：崧燁文化事業有限公司,
2022.03
　　面；　公分
POD 版
ISBN 978-626-332-122-9(平裝)
1.CST: 材料科學 2.CST: 工程材料
440.3　　111001507

電子書購買

臉書

定　　價：600 元

發行日期：2022 年 03 月第一版

◎本書以 POD 印製